萜类化合物研究与应用丛书

萜类驱避化合物合成与活性研究

王宗德　廖圣良　范国荣　陈尚钤　宋　杰　姜志宽　著

科学出版社

北　京

内 容 简 介

昆虫驱避剂是一类自身无杀虫活性但可防止昆虫停落和叮咬的化学物质，萜类驱避剂是其中的重要种类。本书在综述萜类驱避剂研究进展的基础上，介绍了项目组所取得的相关研究成果，包括萜类驱避化合物的合成与活性测定，所筛选新型萜类驱避剂的优化合成条件、制剂实验与应用效果，萜类驱避化合物的活性规律探讨，驱避化合物的定量构效关系研究，驱避化合物与引诱物的缔合作用及其对驱避活性影响的理论计算，驱避化合物与引诱物缔合的模拟驱避实验、触角电位反应模拟实验及二者各自的效应评价与定量计算。

本书可供林特产品、卫生杀虫化学品、农用化学品、日用化学品、精细化学品等领域研究与开发的高校师生、科研机构研究人员和企业产品开发人员参考。

图书在版编目（CIP）数据

萜类驱避化合物合成与活性研究/王宗德等著. —北京：科学出版社，2023.3

（萜类化合物研究与应用丛书）

ISBN 978-7-03-074013-7

I. ①萜⋯　II. ①王⋯　III. ①萜类化合物-研究　IV. ①O629.6

中国版本图书馆 CIP 数据核字（2022）第 225611 号

责任编辑：陈　新　闫小敏/责任校对：郑金红
责任印制：吴兆东/封面设计：无极书装

科学出版社 出版
北京东黄城根北街 16 号
邮政编码：100717
http://www.sciencep.com

北京中科印刷有限公司 印刷
科学出版社发行　各地新华书店经销

*

2023 年 3 月第 一 版　开本：720×1000　1/16
2023 年 3 月第一次印刷　印张：18 1/2
字数：372 000
定价：248.00 元
（如有印装质量问题，我社负责调换）

序

我国具有丰富的松节油等萜类林特资源，充分利用其独特的分子结构特征和可再生的绿色特性，实现创新利用和附加值提升，对于林业和林产化工产业都具有十分重要的意义，也是相关研究者孜孜以求的研究目标。

王宗德教授自 2001 年在中国林业科学研究院林产化学工业研究所从事博士后研究开始，就注意到松节油等天然萜类资源在化学结构和反应性能方面十分有利于合成昆虫行为信息素类化合物，从而有可能充分利用其化学特性和天然特性，推动深度加工利用新途径的开辟和新型昆虫行为信息素的开发。自此，他选定了萜类驱避化合物合成与活性研究这个方向，并且深耕不辍。近些年，他带领课题组先后获得多个国家级项目和省部级项目的资助，并联合中国林业科学研究院林产化学工业研究所、美国密歇根大学（弗林特分校）、南京军区军事医学研究所（现为东部战区疾病预防控制中心）等相关科研院所、高校及企业开展研究，同时指导多名研究生参与研究。通过十多年努力，他收获了从基础研究、应用基础研究到中试化生产等多方面的研究成果，得到了国内外相关研究者的广泛关注和认可，并获得多项省部级科技奖励。《萜类驱避化合物合成与活性研究》正是在这样的背景下完成的。

该书对萜类驱避剂的研究进展进行了综述，比较完整地介绍了作者课题组开展相关研究的成果，包括萜类驱避化合物的合成、活性筛选及高活性驱避剂合成条件优化和制剂的实验开展情况与应用效果，还包括萜类驱避化合物的活性规律和定量构效关系、驱避化合物与引诱物的缔合作用等方面的研究成果。该书不仅内容丰富，而且有新化合物的合成、新型驱避剂的筛选和驱避机理方面新认识的提出，具有很好的系统性、学术性和探索性，因此有助于推动相关学科的研究和相关产业的发展。

是以为序，权表祝贺。

中国工程院院士　宋湛谦
2022 年 8 月

前　言

许多媒介昆虫不仅骚扰人类，而且传播多种严重的疾病。近年来西尼罗河热、登革热和寨卡病毒病等疾病的流行，说明随着全球气候变暖和人类生产生活方式变化，媒介昆虫的防治形势更趋严峻。使用杀虫剂是重要的防治手段之一，但近年来研究显示几乎所有的媒介昆虫都对常用杀虫剂产生了不同程度的抗药性。非杀生性的昆虫驱避剂（insect repellent）因作用机理异于杀虫剂而不会导致抗药性，因此越来越被人们重视。

驱避剂中使用最广泛的是避蚊胺，但也存在对某些媒介昆虫效果较差和具有一些潜在毒副作用的问题。因此，国内外一直在寻找安全高效的新型驱避剂，尤其是具有绿色属性的植物源驱避剂。植物源驱避剂中的萜类驱避剂（如对蓋烯二醇-1,2）不仅驱避效果好，具有芳香性，而且毒性低，刺激性小，对人体和环境友好，这些优点是其他种类驱避剂难以同时兼备的。但是萜类驱避剂的品种单一，深入系统研究不足。我们注意到我国丰富的松节油等天然萜类资源在合成萜类驱避剂方面，既具有化学结构和反应性能方面的有利条件，又具有资源优势，可快速制备得到较多萜类驱避化合物，并进行深入研究和产品开发。

因此，自2001年以来，我们以天然萜类资源为原料，开展驱避化合物的合成、活性测定、筛选、中试化生产、制剂与应用、活性规律、定量构效关系、缔合作用与驱避机理研究，取得了一定进展。为了与同行交流，我们将相关研究成果汇总整理成本书。本书基本上按照研究的逐步深入进行撰写。第1章包括萜类驱避剂研究的历史、现状与展望，驱避剂构效关系研究和作用机理研究的进展；第2章包括萜类驱避化合物的合成研究，所筛选新型驱避剂R1和R2的合成条件优化研究；第3章是萜类驱避化合物对7种昆虫的驱避活性测定；第4章是新型萜类驱避剂的多种制剂研究与现场应用情况介绍；第5章是萜类驱避化合物活性规律的初步探讨；第6章是萜类驱避化合物定量构效关系的研究；第7章是驱避化合物与引诱物分子双分子和三分子缔合作用的理论计算；第8章包括驱避化合物与引诱物双分子和三分子缔合作用的模拟实验、效应评价及定量计算。

本书的相关研究得到江西省引进培养创新创业高层次人才"千人计划"项目（JXSQ2019201016）、国家自然科学基金项目（31660178、31060101、30860223、30360085）、霍英东教育基金会第十届高等院校青年教师基金资助项目（101031）、教育部留学回国人员科研启动基金项目（[2010]1561）、江西省科技支撑计划项目（20132BBF60057）、江西省主要学科学术和技术带头人培养计划项目（20133BCB22004）、江西省青年科学家（井冈之星）培养对象计划项目（[2009]235）等的资助,在此诚挚感谢。

本书的相关研究得到了国家林业和草原局木本香料(华东)工程技术研究中心、国家林业和草原局樟树工程技术研究中心、江西省樟树工程技术研究中心、江西省竹子种质资源与利用重点实验室和江西农业大学植物天然产物与林产化工研究所的条件支持,在此由衷感谢。

除了本书作者,参与和支持本书相关研究的还有江西农业大学陈金珠老师、王鹏老师,其间在江西农业大学攻读硕士学位的王小孟、姚绪杰、伊廷欣、蔡美萍、赵玲华、忻伟隆、刘艳、许锡招、翁玉辉、余冬冬、林雨、沈博瑞、冯雪贞等研究生,中国林业科学研究院林产化学工业研究所宋湛谦院士、商士斌研究员、叶伯蕙实验师、饶小平研究员,江西师范大学化学化工学院肖转泉教授,东部战区疾病预防控制中心韩招久研究员、陈超研究员,新疆军区保障部疾病预防控制中心张桂林主任医师,南昌市疾病预防控制中心郑卫青博士,江西麻山化工有限公司(现为江西芮祺源科技有限公司)李新俊董事长,江西山峰日化有限公司贾丕淼总工程师,江西大地生物科技有限公司李沐正董事长等,在此表示衷心的感谢。

书稿整理和修改完善过程中得到了硕士研究生李益雯、冯雪贞、彭云的热情帮助,还得到了博士后张丽的大力支持,中国林业科学研究院林产化学工业研究所宋湛谦院士欣然为本书作序,在此致以真诚的感谢。

本书的出版得到江西省林学一流学科和江西省林产化工一流专业建设经费资助,特致谢忱。

由于作者水平有限,书中不足之处在所难免,敬请读者指正。

著 者

2022 年 8 月

目 录

第1章 绪论 ··· 1
  1.1 萜类驱避剂的研究进展与展望 ··· 1
    1.1.1 萜类驱避剂的研究历程与现状 ··· 1
    1.1.2 萜类驱避剂的特点分析与展望 ··· 4
  1.2 蚊虫驱避剂的构效关系研究进展 ·· 5
    1.2.1 定性构效关系研究 ·· 5
    1.2.2 半定量构效关系研究 ·· 6
    1.2.3 定量构效关系研究 ·· 7
  1.3 蚊虫驱避剂的作用机理研究进展 ·· 9
    1.3.1 干扰嗅觉系统以阻断蚊虫对宿主气味识别的机理假说 ······················· 9
    1.3.2 激活嗅觉神经元引起昆虫主动躲避行为的机理假说 ························ 10
    1.3.3 驱避剂与引诱物相互缔合从而影响活性的研究 ···························· 12

第2章 萜类驱避化合物的合成 ·· 14
  2.1 四元环萜类驱避化合物的合成 ··· 14
    2.1.1 蒎酮酸的合成 ··· 16
    2.1.2 蒎酮酸酯类化合物的合成 ··· 16
  2.2 六元环萜类驱避化合物的合成 ··· 17
    2.2.1 8-羟基别二氢葛缕醇及其衍生物的合成 ·································· 17
    2.2.2 4-(1-甲基乙烯基)-1-环己烯-1-乙醇酯类衍生物的合成 ····················· 21
    2.2.3 薄荷醇酯类衍生物的合成 ··· 23
  2.3 桥环萜类驱避化合物的合成 ··· 25
    2.3.1 诺卜醇及其衍生物的合成 ··· 25
    2.3.2 异莰烷基醇酯类衍生物的合成 ··· 31
  2.4 开链萜类驱避化合物的合成 ··· 36
    2.4.1 羟基香茅醛缩醛类衍生物的合成 ······································· 36
    2.4.2 羟基香茅醛乙基醚的合成 ··· 38
  2.5 8-羟基别二氢葛缕醇甲酸酯的合成条件优化 ································· 39
    2.5.1 合成条件优化实验 ··· 40
    2.5.2 优化的合成条件 ··· 41
  2.6 羟基香茅醛-1,2-丙二醇缩醛的合成条件优化 ································· 42
    2.6.1 合成条件优化实验 ··· 43

2.6.2 优化的合成条件···44

第3章 萜类驱避化合物的活性测定···50
3.1 蚊虫驱避活性测定···50
3.1.1 活性测定···50
3.1.2 结果与分析···58
3.1.3 高活性蚊虫驱避剂 R1 和 R2 的活性评价···················59
3.1.4 高活性蚊虫驱避剂 R2 的空间驱避剂活性评价············60
3.1.5 高活性蚊虫驱避剂 R1 和 R2 的毒性评价···················63
3.1.6 驱蚊剂 R1 和 R2 的总体初步评价·····························63
3.2 小黄家蚁驱避活性测定···64
3.2.1 活性测定···64
3.2.2 测定结果···68
3.3 赤拟谷盗驱避活性测定···71
3.3.1 活性测定···71
3.3.2 测定结果···72
3.4 德国小蠊驱避活性测定···75
3.4.1 活性测定···75
3.4.2 测定结果···77
3.5 臭虫驱避活性测定···82
3.5.1 活性测定···82
3.5.2 测定结果···83

第4章 新型萜类驱避剂的制剂与应用··87
4.1 复配研究···87
4.1.1 材料与方法···87
4.1.2 结果与分析···88
4.2 制剂研究···89
4.2.1 低酒精喷雾剂···90
4.2.2 水基型喷雾剂···91
4.2.3 凝胶剂···102
4.2.4 湿纸巾···111
4.3 现场应用···116
4.3.1 东南沿海现场防蚊蠓应用······································116
4.3.2 新疆伊犁地区现场防蚊应用···································118

第5章 萜类驱避化合物活性规律的初步探讨····································121
5.1 不同碳骨架萜类驱避化合物的活性规律初步探讨···············121
5.1.1 四元环萜类驱避化合物驱避活性规律分析················121

  5.1.2 六元环萜类驱避化合物驱避活性规律分析 ········· 122
  5.1.3 桥环萜类驱避化合物驱避活性规律分析 ············· 123
  5.1.4 开链萜类驱避化合物驱避活性规律分析 ············· 123
  5.1.5 小结与讨论 ··········· 125
 5.2 不同官能团氢化诺卜醇衍生物的活性规律初步探讨 ·········· 126
  5.2.1 材料与方法 ··········· 127
  5.2.2 氢化诺卜醇衍生物的驱避活性 ·········· 131
  5.2.3 不同官能团氢化诺卜醇衍生物驱避活性规律分析 ············· 132
  5.2.4 小结与讨论 ··········· 135

第6章 驱避化合物的定量构效关系研究 ········· 137
 6.1 萜类驱避化合物蚊虫驱避活性的定量构效关系研究 ·········· 137
  6.1.1 六元环萜类驱避化合物的定量构效关系研究 ·········· 137
  6.1.2 桥环萜类驱避化合物的定量构效关系研究 ············· 143
 6.2 酰胺类驱避化合物蚊虫驱避活性的定量构效关系研究 ············· 148
  6.2.1 材料与方法 ··········· 149
  6.2.2 蚊虫驱避活性定量构效关系计算结果 ············· 151
  6.2.3 小结 ··········· 153
 6.3 萜类驱避化合物小黄家蚁驱避活性的定量构效关系研究 ········· 154
  6.3.1 材料与方法 ··········· 154
  6.3.2 小黄家蚁驱避活性定量构效关系计算结果 ············· 156
  6.3.3 小结 ··········· 160
 6.4 萜类驱避化合物德国小蠊驱避活性的定量构效关系研究 ········· 160
  6.4.1 材料与方法 ··········· 161
  6.4.2 德国小蠊驱避活性定量构效关系计算结果 ············· 161
  6.4.3 小结 ··········· 168
 6.5 萜类驱避化合物臭虫驱避活性的定量构效关系研究 ·········· 169
  6.5.1 材料与方法 ··········· 169
  6.5.2 臭虫驱避活性定量构效关系计算结果 ············· 171
  6.5.3 小结 ··········· 175

第7章 驱避化合物与引诱物分子缔合作用的理论计算 ········· 176
 7.1 萜类驱避化合物与引诱物双分子缔合作用的理论计算 ············· 176
  7.1.1 双分子缔合作用的计算 ············· 176
  7.1.2 缔合体特征区域描述符的设计与计算 ············· 187
  7.1.3 双分子缔合对驱避活性影响的定量计算 ············· 194
  7.1.4 小结 ··········· 204
 7.2 酰胺类驱避化合物与引诱物双分子缔合作用的理论计算 ············· 206

    7.2.1 双分子缔合作用的计算 ·· 206
    7.2.2 双分子缔合对驱避活性影响的定量计算 ···························· 216
    7.2.3 小结 ·· 220
  7.3 避蚊胺类似物与引诱物双分子缔合作用的理论计算 ················ 220
    7.3.1 双分子缔合作用的计算 ·· 220
    7.3.2 双分子缔合对驱避活性影响的定量计算 ···························· 224
    7.3.3 小结 ·· 227
  7.4 驱避化合物与引诱物三分子缔合作用的理论计算 ···················· 228
    7.4.1 计算方法 ··· 229
    7.4.2 三分子缔合作用的计算结果 ·· 231
    7.4.3 三分子缔合对驱避活性影响的计算结果 ····························· 242
    7.4.4 小结 ·· 245

第 8 章 驱避化合物与引诱物缔合的模拟实验和定量计算 ················ 247
  8.1 驱避化合物与引诱物缔合的驱避模拟实验及效应评价 ············ 247
    8.1.1 驱避化合物与引诱物缔合的模拟驱避实验 ························· 247
    8.1.2 驱避化合物与引诱物缔合的活性效应评价 ························· 248
    8.1.3 小结 ·· 253
  8.2 驱避化合物与引诱物缔合的触角电位反应模拟实验及效应评价 ······ 254
    8.2.1 驱避化合物与引诱物缔合的触角电位反应模拟实验 ············· 254
    8.2.2 驱避化合物与引诱物缔合的触角电位反应效应评价 ············· 256
    8.2.3 小结 ·· 264
  8.3 驱避化合物与引诱物缔合效应的定量构效关系研究 ················ 265
    8.3.1 定量构效关系计算方法 ·· 265
    8.3.2 缔合作用驱避活性效应的定量构效关系研究 ······················ 266
    8.3.3 缔合作用触角电位反应效应的定量构效关系研究 ················ 269
    8.3.4 小结 ·· 272

参考文献 ·· 274

第 1 章 绪　　论

许多媒介昆虫不仅骚扰人类，而且传播多种严重的疾病。近年来，媒介昆虫传播的疾病流行，如西尼罗河热、登革热和寨卡病毒病等，说明随着全球气候变暖和人类生产生活方式转变，媒介昆虫的防治形势更趋严峻。

使用驱避剂是重要的防护手段。在驱避剂中，避蚊胺（N,N-二乙基间甲苯甲酰胺，N,N-diethyl-3-methyl benzoyl amide，DEET）曾被认为是很理想的产品，使用时间长，使用范围最广（Yasue et al.，2021）。但近年来它被发现除了具有不良气味、油感较重，还对某些昆虫，如重要的疟疾传播媒介白端按蚊（*Anopheles albimanus*）效果非常差；同时不耐汗、不抗洗，对某些塑料和合成材料有损害；更严重的是在毒性方面陆续发现一些问题，如儿童过敏、长期或大量使用会出现神经系统症状等（Qiu et al.，1998），因此我国建议在儿童和老人使用的驱避产品中 DEET 的用量不可超过 5%。

尽管如此，由于没有更合适的替代产品，DEET 仍被广泛使用，目前市场上驱蚊产品的有效成分大多为 DEET。

植物源萜类化合物的驱避效果较好，具有芳香性，令人乐于接受，更重要的是来源天然，毒性低，刺激性小，对人体和环境无害，使用安全（李洁等，1997a；Moraes et al.，2001；Plata-Rueda et al.，2020）。因此，萜类驱避剂已引起人们越来越多的研究和开发兴趣，具有广阔的前景。

近年来，直接将富含萜类驱避化合物的植物精油用作驱避剂的例子很多，也有人工合成萜类驱避剂的研究报道。但从目前萜类驱避剂研究的总体情况来看，相关研究主要偏重于植物精油的直接利用，合成具有驱避效果的萜类化合物新品种的研究尚不多，萜类驱避剂的实际应用状况不理想，对萜类驱避剂作用机理的认识也不清晰。

以下是对萜类驱避剂发展历史和研究进展的综述，并对构效关系和作用机理研究进行了简要介绍。

1.1　萜类驱避剂的研究进展与展望

1.1.1　萜类驱避剂的研究历程与现状

1.1.1.1　萜类驱避剂的研究与发展历程

近年来，几乎所有媒介昆虫都有对常用杀虫剂产生抗性或交互抗性的报道，而且许多杀虫剂对人类、温血动物、水生动物等非靶标生物及其生存环境均具有不同程度的危害。因此,人类意识到只有从生态系统的总体观念出发,有机地综合运用各种措施,才可能安全、有效、经济、简便地控制虫害。

在这样的背景下,"有害生物防治"(pest control)和"有害生物综合治理"(integrated pest management,IPM)的理念与策略被提出。因此,非杀生性防治手段、灭杀性防治手段与其他防治方法统筹结合形成的方案,得到了越来越多的认同和实施。在非杀生性手段中,使用驱避剂是重要的选择之一(吴文君,2000)。

目前,针对驱避剂的研究和开发报道越来越多,而有关萜类驱避剂的研究和发展过程可以粗略地分为以下3个阶段。

第一阶段是20世纪50年代以前,这一阶段主要是直接利用富含萜类驱避化合物的植物精油,并进行一些简单制剂的加工。

第二阶段是20世纪50年代初至70年代初,这一阶段主要是进行各种驱避化合物的合成,对萜类驱避剂的研究较少。从第二次世界大战起,由于军事上的需要,美国农业部主导了合成驱避剂的研究和筛选。后来筛选到的标志性驱避剂是美国McCabe等(1954)合成的避蚊胺(DEET),它是目前使用最广泛的主流驱避剂之一。

第三阶段是20世纪70年代初以后,其显著特点是植物源与化学合成萜类驱避剂共同发展。在这个阶段的初期,我国科技工作者首次发现了新结构类型的植物源驱避剂对盖烷二醇-3,8和8-乙酰氧基别二氢葛缕酮,并进行了合成生产。用单环含氧萜类作为双翅目吸血昆虫的驱避剂,在当时居于世界领先水平(李世新,1984)。但后期的研究与开发则进行得较少。

1.1.1.2 萜类驱避剂的研究现状

1. 植物提取物及其分离

驱避实验表明,胡椒薄荷油对两种按蚊(*Anopheles annularis* 和 *Anopheles culicifacies*)的驱避率分别达到100%和93.3%,对致倦库蚊(*Culex quinquefasciatus*)的驱避率为84.5%(Ansari et al.,2000);Hebbalka等(1992)对马鞭草科黄荆中有效成分进行了提取、分离和初步鉴定,证明是单萜类和倍半萜类化合物,提取物不同馏分的驱蚊效果不同;Trongtokit等(2005)研究了38种含有萜类化合物的精油对埃及伊蚊、库蚊等的驱避活性,证明有些精油具有较好的驱避活性。开展同类研究的还有Barnard(1999)、Hadis等(2003)、Traboulsi等(2005)。

Tyaig等(1998)研究了4种香茅属植物挥发油对蚊虫的驱避效果,结果表明亚香茅(*Cymbopogon nardus*)挥发油效果最好,在印度某地实验对致倦库蚊的有效作用时间达8~10h。陈敬亭等(1989)在一项专利中利用中药藿香提取物制备成涂抹剂,具有一定的驱蚊活性。

丁德生和孙汉董（1983）从野薄荷精油中分离得到一种白色结晶，结构鉴定后证明是右旋 8-乙酰氧基别二氢葛缕酮，该化合物具有较好的驱蚊活性。

黄明达等（1990）开发了一种含有天然植物油的蚊虫驱避剂，其特征在于含有薄荷油等植物精油。

2. 化学合成萜类驱避剂

（1）醇类驱避剂

含羟基的萜醇是人们最早认识到有驱避活性的萜类化合物。目前，合成的此类驱避剂主要有对蓋烷二醇-1,2、对蓋烷二醇-3,4、对蓋烷二醇-3,8、对蓋烯二醇-1,2、蒎烷二醇-2,3、莰烷-二醇-3,4、2-甲基-对蓋烷二醇-3,8 和 2-亚甲基-对蓋烷二醇-3,8（李世新，1984；朱成璞，1988；Yuasa et al.，2000）。

（2）酯类驱避剂

在驱避剂筛选的过程中人们逐渐认识到，不少萜类化合物具有一定的驱避作用；苧烯经过加氢得到对蓋烯-1，再用过氧乙酸环氧化，开环得到对蓋烷二醇，在乙酸存在下进行酯化得到 1-羟基对蓋烷乙酯-2（陈素文，1997）。

（3）酮类驱避剂

以 α-蒎烯为原料，用过氧乙酸作用，得到 2,3-环氧蒎烷，再经过稀酸水溶液和二氧化锰作用后，得到 8-羟基别二氢葛缕酮，再经乙酰化作用得到 8-乙酰氧基别二氢葛缕酮（孙汉董等，1995）。

（4）酰胺类驱避剂

酰胺基团是一个重要的具有生物活性的功能团。日本 Fumakills 公司合成了酰胺系列化合物 R_1—CO—NR_2R_3（R_1=单萜烯基，R_2=H 或烃基，R_3=H 或烃基），对蚊、蝇、蟑螂等昆虫有一定的驱避活性；由紫苏醛合成了几个酰胺类驱避剂，如 N,N-二甲酰胺、N,N-二乙酰胺等（李洁等，1997a）。

另外，Takikawa 等（1998）以柠檬烯为原料合成了从单叶蔓荆（*Vitex rotundifolia*）中提取分离到的一种具有五元环的二醛，此二醛具有较好的驱避活性。

3. 萜类驱避剂的剂型开发

萜类驱避剂的制剂一般是酊剂和膏剂，随着国内外制剂技术的发展，萜类驱避产品也有不少新剂型的报道，主要有固体制剂、微胶囊制剂和聚合物制剂。

（1）固体制剂

将萜类驱避剂与其他驱避剂复配，加入固态憎水性溶剂或多聚乙二醇混合物制成固态状，或以多孔材料作为驱避剂载体制成粒状或块状，既可减少对皮肤的刺激，使用方便，易于携带，又增加了驱避持效性。

舒国欣等（1992）报道了一种用于皮肤涂抹的固态驱蚊剂，该驱避剂以 DEET 为基础，按照 3∶2 加入对䓝烷二醇-3,8，再加入固态憎水性溶剂作为成型剂，同时加入脂溶性添加剂。与液体配方相比，该固态驱蚊剂驱避效果更为持久。

有报道用萜类驱避剂浸渍聚苯乙烯泡沫等多孔基质材料，然后以多孔塑料薄膜层压，可制得具有良好持效性的驱避剂（李洁等，1997a）。

王学铭和丁德生（1987）使用 5%~15% 的对䓝烷二醇-3,8、5%~15% 的轻质碳酸钙、2%~8% 的碳酸镁、1%~5% 的硬脂酸锌及一定数量的滑石粉混合制成驱蚊爽身粉，其具有驱蚊、爽身、祛汗和止痒的作用。同类报道还有张贵举（1991）的专利。

（2）微胶囊制剂

用高分子材料和亲水性聚乙烯等作为囊壁材料，将药剂包裹于囊内而制备成微小颗粒，这种颗粒的直径一般不超过 200μm。微胶囊制剂的释放率相对恒定，可以达到控制释放的目的，且可稳定原药和减少其对人体的刺激，是一种使用领域广阔的新剂型（Francisco et al., 2021）。

有报道用聚酰胺作为囊壁材料包裹萜类驱避剂，包裹率 80%，其与分子聚合物配合使用，有效驱避可以持续数月（蔡美萍，2012）。

还有报道用异硫氰酸酯作为囊壁材料包裹萜类化合物，制得的控制释放剂可有效地驱避蚊、蝇及其他动物（李洁等，1997b）。

（3）聚合物制剂

聚合物作为驱避剂成膜剂的主要作用是缓释和持效。

有报道将萜类化合物吸附于天然黏土等矿物质上，加入有机硅聚合物作为覆膜，可制得缓释型驱避剂（Takao and Toshiji, 1986）。

也有在萜类及其衍生物中加入含有胺基或酰胺基聚合物的报道，实验表明驱避效果更为持久（Anthony, 1994）。

另外，目前市场上的驱蚊产品出现了比较多的喷雾剂，但绝大多数产品是通过加入 4%~5% 的避蚊胺或驱蚊酯作为驱蚊有效成分，或者是以精油等提取物直接制作成的（Kim et al., 2004），而以萜类驱蚊剂单剂或复配剂作为有效成分的产品却非常少见。

1.1.2 萜类驱避剂的特点分析与展望

1.1.2.1 萜类驱避剂的特点分析

在植物源驱避剂中，萜类占据了大部分。从目前所掌握的情况来看，萜类驱避剂一般都是醇类、酯类、羟基酯类或羟基酮类化合物，它们的碳和氧原子数的和一般在 15 以内，与挥发性较好的香料相似。因此，萜类驱避剂既可用作驱避剂，又可作为香料使用。

对多种植物驱蚊剂有效成分进行分离、鉴定和驱蚊效果研究，经过比较分析得出一些规律性的认识：植物驱蚊剂的有效成分多属于单环含氧萜类化合物，也有单环萜酯酮类；绝大多数驱蚊剂的有效成分具有两个基团，且多为极性基团，如羟、酮、酯、酰胺等；在二醇、酯酮或羟酮分子内极性基团是不对称的；涂抹驱避剂的沸点一般在 250～350℃（Jalil et al.，2021）。

还有研究者认为驱避剂分子中的 C、N、O 原子数的总和在 10～15 比较合适，沸点在 170～250℃比较好。

已有的研究和我们的应用实验显示，萜类驱避剂除了驱避效果较好，还具有芳香性，在嗅觉上宜人，在心理上易于接受，更重要的是毒性低、刺激性小，对人体与环境友好，使用安全。

1.1.2.2 萜类驱避剂需要解决的几个问题

1. 高驱避活性驱避剂的合成与应用

直接使用植物精油和提取物驱避活性一般不够，往往还需添加 DEET 等驱避剂。而从植物中提取分离高活性驱避剂又存在技术难度大、分离成本高的不足。

因此，如何利用天然萜类资源来合成高活性的驱避剂，得到具有天然特性的驱避剂，并进一步开展应用研究，推出合适的制剂和产品，就成了一个迫切需要解决的问题。

2. 构效关系及活性规律的探索与总结

萜类化合物的化学结构、物理性质及分子大小对其驱避活性都有一定的影响，并存在一定的关系。目前对此还没有足够的认识。其重要原因之一是，已报道的萜类化合物的化学结构及其驱避活性数据还不足，无法进行系统的构效关系研究。

开展构效关系及活性规律的探索与总结，可以提高我们对萜类驱避剂构效关系的认识水平，从而有助于对萜类驱避剂驱避机理的探讨和进一步合成高活性的萜类驱避剂。

1.2 蚊虫驱避剂的构效关系研究进展

1.2.1 定性构效关系研究

这类研究主要是从定性的角度探讨影响活性的结构或理化性质因素（姜志宽和郑智民，2005）。

早期的研究认为影响驱避活性的主要因素是沸点（蒸气压或挥发度）、分子的形状和大小。理由是要在较长的时间里保持较好的驱避效果，驱避剂就必须一直产生蒸汽作用于昆虫的感受器，同时要有比较合适的形状和大小，从而堵塞住昆虫的感受器。

此后的研究认为驱避活性跟驱避剂分子的亲脂性（疏水性）有很大的关系。与此同时，分子形状和大小对活性的影响得到了更详细的研究，如分子长度、分子形状、分子量大小、分子中碳氧氮原子数总和的影响。

另外，有人对驱避剂的红外光谱进行了对比分析，希望找到可反映驱避作用的特征吸收峰或者指纹区中的特别之处。

从化合物类型的角度研究分析认为，酰胺类化合物活性表现最好，具有羰基和羧基的化合物其次，烷烃类最差，但后来的研究并不完全支持这一结论。化合物的结构分析认为，取代基和不对称中心与活性关系密切。

这些研究能够对结构与活性的关系进行一定的定性解释，并在驱避剂的寻找方面起到一定的指导作用。

1.2.2 半定量构效关系研究

这类研究分析单个结构参数或理化性质参数与活性的关系，并提出合适的范围。但往往某个参数处于这一范围是高活性的必要条件，而非充分条件。

半定量构效关系研究大多是对以上定性构效关系进一步深入分析，包括围绕沸点（蒸气压或挥发度）、分子大小（分子量、长度、形状等）、亲脂性等展开。

Skinner 和 Johnson（1980）通过卡方检验等研究探讨了理想驱避剂挥发度和亲脂性的合适范围，并针对所研究化合物探讨了分子长度的范围。

有研究对不同的化合物进行分析后，认为分子的尺寸（Sugawara et al., 1977）和形状（Wright，1975）对于化合物的驱避活性是很重要的，并给出了相应的范围。

Suryanarayana 等（1991）报道了 40 个 DEET 及其类似物的合成和活性数据，Ma 等（1999）对其中的 30 个用软件 Spartan4.0 和 AM1 进行了电子性质参数计算，将其分组分析后，得出了几个活性影响参数比较合适的范围，如 N 原子和 O 原子之间的范德瓦耳斯表面静电势、N 原子的电荷值、偶极矩的范围。

Bhattacharjee 等（2000）选择了 3 个保幼激素、1 个保幼激素类似物 JH-mimic 和 Suryanarayana 等（1991）研究当中的 15 个化合物来进行结构参数的计算与对比分析，认为这三类化合物在偶极矩、最高占据分子轨道（highest occupied molecular orbital，HOMO）能量、最低未占分子轨道（lowest unoccupied molecular orbital，LUMO）能量等几个方面非常类似，并且都在一定的数值范围内。

由于这类研究只是单独地提出不同参数的合适范围，且处于这一范围仅仅是高活性的必要条件，而非充分条件，同样没有确切的定量关系，因而其认识还是有限的。

Bhattacharjee 等（2005）选择 Suryanarayana 等（1991）研究中的 11 个化合物进行了药效团模型分析，结果表明药效团可能是 3 个疏水部位和 1 个氢键接受部位。同时进行了筛选和预测的探索,结果不是很理想,没有得到定量计算模型,但提示这种方法也许是定量构效关系(quantitative structure-activity relationship, QSAR)研究的一个方向。

Natarajan 等(2005)选择羟哌酯(picaridin)和 AI3-37220 这两个都具有 2 个不对称中心的驱避剂作为研究对象,采用软件 Chem3DPro8 中计算物质构象能量最低值(MM2)的方法,对所有 8 个异构体进行了几何优化,然后进行覆盖对比分析,并跟 DEET 进行对照后得出,哌啶环上 N 原子连接的 α-碳原子保持 S 构型手性的三维异构体具有较好的驱避活性。Basak 等(2007)采用改进的几何优化方法(AM1、STO3G、B3LYP/6-31G、B3LYP/6-311G),经过分级分子覆盖度分析,根据均方根偏差(root mean square deviation,RMSD)来进行各异构体的活性排序。该方法对于结构非常相似异构体的活性比较分析具有较大借鉴意义。

1.2.3 定量构效关系研究

Suryanarayana 等(1991)对 DEET 及其类似物总共 40 个化合物进行 QSAR 研究,结果表明蒸气压、亲脂性和分子长度 3 个参数中,没有一个参数单独与活性存在定量关系;全部 40 个化合物的多元线性回归方程的 R、R^2 分别只有 0.551、0.304;虽然结果不理想,无法用该方程进行活性预测,但该研究为后续的 QSAR 研究提供了思路和参考。

Katritzky 等(2006)选择上述 40 个化合物中的 31 个,利用软件 HyperChem 和 Codessa Pro 计算了 700 多个结构参数后,进行启发式变量参数筛选,最后建立了定量关系模型,得到了包含 4 个描述符的 R^2 为 0.8 的回归方程。这 4 个参数分别对应分子形状、蒸气压、供氢能力和电荷分布,也说明它们对活性有较大的影响。

Katritzky 等(2008)的研究使 Suryanarayana 等(1991)的 QSAR 模型得到很大的改善,但其 R^2 还是不够高,而且所包含的化合物有所减少。该研究计算了很多结构参数,但仍然存在不足。因为这些参数都是普遍性的计算结果,没有包含从作用机理出发体现不同活性化合物特殊性的参数。按照这一思路,我们结合驱避机理和相关学科的最新进展,增加了这方面的参数,并且得到了 R^2 更高、包含更多化合物的定量计算模型,进一步的工作正在进行中。

定量构效关系研究借助化合物的理化性质参数或结构参数,利用化学价键理论和统计学手段研究分子间相互作用、化合物性质与其活性数据之间的关系(Song et al., 2019; Basak and Bhattacharjee, 2020)。它可以指导新型和高效驱避剂的开发,同时能够促进驱避剂驱避蚊虫的机理研究。

1.2.3.1 初级定量阶段

Suryanarayana 等(1991)对 40 个酰胺类化合物进行 QSAR 研究,获得一个

R^2 为 0.304 的三参数（蒸气压、亲脂性和分子长度）回归方程。虽然结果不太理想，但在驱避剂的 QSAR 研究方面开辟了"新纪元"。他们发现单个参数与保护时间没有相关性；当 5 个酰胺类化合物来自同一个羧酸时，这 3 个参数表现出良好的相关性。

Katrizky 等（2006）则选取上述 40 个酰胺类化合物中的 31 个化合物作为研究对象，利用 Codessa Pro 建立化合物结构参数与埃及伊蚊驱避时间的 QSAR 模型，获得了一个 R^2 为 0.78 的最佳四参数模型。他们认为驱避剂分子的形状能适应受体的活性中心，也能反映出活性化合物与其生物配对物之间的交互作用；分子的偶极矩对于驱避剂的生物活性具有很大的作用。虽然在该研究中样本数减少后，R^2 有所提高，但仍不是很高。

Natarajan 等（2008）利用偏最小二乘回归（partial least squares regression，PLSR）、主成分回归（principal component regression，PCR）、岭回归（ridge regression，RR）分析和 Gram-Schmidt 算法对 40 个酰胺类化合物进行 QSAR 研究，发现岭回归分析优于偏最小二乘回归和主成分回归分析，Gram-Schmidt 算法则优于岭回归分析；同时通过交互检验获得一个 R^2 为 0.734 的四参数模型。他们认为计算得出的分子描述符能预测酰胺类化合物的驱避活性，以及加入任一计算或者实验的蒸气压和亲油性参数时不会提高模型的预测能力。

虽然初级定量阶段用于研究的化合物比较单一，QSAR 模型的 R^2 也不高，但对于发掘新型蚊虫驱避化合物具有重要作用，同时该阶段为后续定量构效关系的研究奠定了基础。

1.2.3.2 多类型化合物定量阶段

Wang 等（2008a）首次将 QSAR 引入到萜类驱避剂的研究中，他们以 α-蒎烯和 β-蒎烯为原料合成了 20 个具有驱避活性的化合物，并利用软件 Codessa 对其做了 QSAR 研究，获得一个 R^2 为 0.95 的四参数模型，他们通过分析数据认为沸点、偶极矩、分子表面积和电子分布对驱避活性影响显著。

同年，Wang 等（2008b）获得了 21 个化合物的蚜虫拒食活性，并用线性回归法、逐步回归法和启发式回归法对化合物的结构参数与蚜虫拒食活性做了 QSAR 研究，得到一个 R^2 为 0.9571 的最佳四参数模型。结果表明，化合物中氧原子的数目和取代基的总电荷对其活性数据有着重大影响。

Katritzky 等（2008）先用酰基苯并三唑系列化合物和哌啶合成了 34 个 N-酰基哌啶化合物，再利用 Codessa Pro 计算了化合物的分子描述符，分别建立了驱避浓度为 25μmol/cm^2、2.5μmol/cm^2 时的 QSAR 模型，获得了 R^2 分别为 0.729、0.689 的最佳四参数模型，并用人工神经网络模型分析其结果的相关性，对相似结构化合物的驱避活性进行预测，他们发现羰基对于化合物的保护时间具有重要作用，且实现了"QSAR—合成—活性"的循环。

García-Domenech 等（2010）利用多元线性回归的拓扑数学模型对 20 个萜类蚊虫驱避化合物进行了定量构效关系研究，获得了一个 R^2 为 0.9672 的四参数模型；他们借助交互检验、内部检验和随机检验证实该模型对驱避活性数据具有很好的预测能力。

随着蚊虫驱避剂的不断研发，定量构效关系的研究范围也从单一的酰胺类驱避剂发展到多类型化合物，且 QSAR 模型的 R^2 也更为理想。该阶段主要研究驱避化合物的分子结构对活性数据产生的影响，这些研究结果在开发高效蚊虫驱避剂方面具有重要的指导意义。

1.3 蚊虫驱避剂的作用机理研究进展

蚊虫之所以能够找到人类并进行吸血行为，是因为人类体温及呼出的气体和皮肤的挥发物对蚊虫具有强烈的引诱作用（Bar-Zeev et al., 1977）。研究人员发现的几种主要的引诱化合物为 1-辛烯-3-醇、L-乳酸、氨、二氧化碳和一些小分子羧酸（Kline et al., 1990；Braks et al., 2001；Mukabana et al., 2004），这些宿主气味分子激发蚊虫朝向人体气味源飞行（Liu et al., 2020）。含有 DEET 的昆虫驱避剂是一种高效的驱避剂，将其涂抹在人体表面可以有效地防止蚊虫的叮咬（Aungtikun and Soonwera, 2020）。人们针对在气相状态下观察到的 DEET 对昆虫行为的影响提出了两大类机理假说：第一类是 DEET 等化合物干扰嗅觉系统以阻断蚊虫对宿主气味的识别；第二类是 DEET 等化合物通过激活嗅觉神经元引起昆虫的主动躲避行为。

1.3.1 干扰嗅觉系统以阻断蚊虫对宿主气味识别的机理假说

沿着第一类机理的思路开展针对性的研究大致是从 1976 年开始的，Davis 和 Sokolove（1976）鉴定出了一对位于埃及伊蚊触角感受器上且对乳酸敏感的化学受体神经元，并证明了昆虫驱避剂 DEET 抑制了这两个乳酸敏感神经元，使得昆虫嗅觉系统对引诱物乳酸的识别减弱。

Mclver（1981）提出了驱避剂 DEET 对埃及伊蚊的模拟作用机理，他认为 DEET 对埃及伊蚊的驱避作用是通过驱避剂分子和嗅觉细胞膜脂质部分相互作用产生的。DEET 以气态形式通过角质层和气管系统的气穴分别到达化学感受器的神经元膜与许多体细胞膜。对宿主的定位首先由嗅觉信号介导，DEET 分子和脂质部分相互作用扰乱了树状的膜组织，通过这种方式改变了蚊虫对引诱物的正常反应。

Dogan 等（1999）利用一种新型的嗅觉仪来测试埃及伊蚊对刺激物的趋向和躲避行为，认为在没有宿主气味分子存在时，DEET 是一种引诱物，在有宿主气味分子存在时，它是一种引诱抑制剂，并且它的主要抑制靶标就是前面所提及的重要引诱化合物 L-乳酸。Dline 等（2003）利用嗅觉仪评估一系列驱避剂对埃及伊蚊的空间驱避效果时得到的结果与上述观点一致。

Ditzen 等（2008）在研究中发现昆虫气味受体是昆虫驱避剂 DEET 的分子靶标，他们证明 DEET 阻断了冈比亚按蚊和果蝇嗅觉感受神经元对引诱气味的电生理反应，产生这种引诱气味的主要成分就是 1-辛烯-3-醇。DEET 抑制了食物气味对果蝇行为的引诱，而这种抑制作用需要高度保守的嗅觉辅助受体 OR83b 参与。同时，DEET 抑制了由昆虫气味受体复合物介导的气味引发电流。最后他们推测 DEET 通过抑制 OR83b 辅助受体依赖的昆虫气味受体杂聚肽小体来减弱昆虫对宿主气味的感知。

Turner 等（2011）在研究蚊虫对另外一种重要引诱物 CO_2 的感受机理时，利用挥发性气味物质作用于 3 种主要传播疾病的蚊子（冈比亚按蚊、致倦库蚊和埃及伊蚊），结果使得 CO_2 感受神经元激活过度延长，成功地扰乱了蚊虫的宿主寻找行为。

Ditzen 等（2008）研究认为，DEET 将蚊虫嗅觉感受器作为靶标，阻断了冈比亚按蚊及果蝇嗅觉神经元的触角电位反应，同时抑制了气味引发电流。他们进一步分析认为，DEET 主要阻断的是杂聚肽蚊虫嗅觉感受器的触角电位反应。

Sato 等（2008）从分子水平出发对蚊虫嗅觉感受器进行深入研究的结果表明：杂聚肽蚊虫嗅觉感受器是一种由新活化配体组成的无选择性正离子通道，DEET 可以阻断该离子通道。该研究为 Ditzen 等（2008）的发现提供了有力支持。

Turner 等（2011）研究发现，一些具驱避活性的物质能延长 CO_2 受体神经元的激活状态，致使冈比亚按蚊（*Anopheles gambiae*）、致倦库蚊和埃及库蚊寻找宿主的行为受到干扰，从而阻断其对引诱气味组分的识别。

DeGennaro 等（2013）则对共同受体突变的蚊虫进行研究，发现气味受体通道对于嗜血蚊虫区别人类和非人类宿主及它们被 DEET 有效击退有着至关重要的作用。

近年来，研究者在蚊虫嗅觉受体、行为学和触角电生理方面做了很多研究，并取得很大的进展，使得人们对蚊虫嗅觉机理有了更进一步的了解。由于蚊虫的嗅觉感受系统非常复杂，研究者在蚊虫驱避作用机理方面的认识尚未统一，因此我们仍需从各种角度深入研究蚊虫的驱避作用机理。

1.3.2　激活嗅觉神经元引起昆虫主动躲避行为的机理假说

虽然上述假说被广泛接受，如 DEET 干扰了蚊虫对 *L*-乳酸的识别，但是这一观点仍受到挑战，即 Syed 和 Leal（2008）证明在没有 *L*-乳酸存在时 DEET 也存在驱避活性。而 Ditzen 等（2008）研究认为 DEET 可以减弱蚊虫嗅觉系统对 1-辛烯-3-醇的电生理反应，相当于掩盖或堵塞了嗅觉系统，但是 Syed 和 Leal（2008）的实验结果明确表明蚊虫是直接嗅到 DEET 并躲避它的。他们对致倦库蚊触角和下颚须上所有功能性嗅觉神经元进行了单感受器记录实验，发现一条短毛状感受器上的一个嗅觉神经元对不同剂量的 DEET 有不同的反应。同时这个嗅觉神经元对萜类物质具有更高的敏感性。通过行为学实验证实，蚊虫感知 DEET 的气味受体神经元与生俱来，而其主要的作用模式就是直接感知 DEET。他们还在实验中发现，雌性和雄性蚊子都躲避 DEET。所以他们推测蚊子仅仅是因为物理刺激而躲避 DEET。这一假说与之前的很多观点呈现出鲜明的分歧，也说明了第二类驱避机理存在着一定可能性。

Xia 等（2008）在对冈比亚按蚊幼虫气味驱避行为的分子和细胞基础进行研究时发现，所有的行为刺激物质至少可以激活一种功能专一性的冈比亚按蚊幼虫嗅觉受体（AgOR）；更重要的发现是，昆虫驱避剂 DEET 可以显著地引起冈比亚按蚊幼虫卵母细胞内 AgOR40 的专一性表达，并产生对应的行为反应，这些结果可以很好地解释成虫体内 DEET 敏感 AgOR 的存在，以及成虫对昆虫驱避剂的行为反应。这一研究结果为第二类驱避机理的存在提供了更多的理论依据。

Stanczyk 等（2010）的研究表明，埃及伊蚊对 DEET 的不敏感性是由基因决定的，属于埃及伊蚊感受器自身的功能特性。他们在行为学实验测试中发现，尽管有 DEET 存在，但仍然有一小部分蚊虫被人体气味所引诱。随后他们进行了一系列的杂交繁殖实验，表明这种不敏感性是一种显性性状。触角电位实验结果表明，蚊虫对 DEET 的反应减弱是由在嗅觉的外围阶段蚊虫对化合物的感知能力发生变化而导致的；同时，在将 DEET 和 1-辛烯-3-醇一同作用于蚊虫时，DEET 对 1-辛烯-3-醇受体并不产生干扰，这一结果与 Syed 和 Leal（2008）的结论一致。

Pellegrino 等（2011）的研究表明，昆虫气味受体的自然多态性改变了昆虫对气味和 DEET 的敏感性，证明自然变异可以改变气味专一性昆虫的气味受体对气味配体和 DEET 的敏感性，从而推测昆虫自身拥有对 DEET 敏感的嗅觉神经元。DEET 对嗅觉受体复合体产生作用后会增强或抑制气味引发的行为。他们的研究支持 DEET 作为分子混淆物扰乱昆虫气味编码的假设，并为 DEET 对多种昆虫具有广谱活性提供了良好的解释。

由于两大类主流机理假说存在明显分歧，并且两种假说依然存在不同的局限性，仍然没有系统完全地解释驱避剂的作用机理，因此驱避机理还需深入研究。

Syed 和 Leal（2008）在尖音库蚊的触角与下颚须中发现了 DEET 敏感的嗅觉神经元，该神经元以剂量依赖的方式响应 DEET，并使库蚊产生驱避行为。与此同时，他们利用已确定的植物源衍生萜类驱避剂及 1-辛烯-3-醇做了触角电生理实验，研究结果显示在气相状态下蚊虫能够直接嗅到和主动躲避 DEET。

Stanczyk 等（2010）在行为学实验中发现埃及伊蚊对 DEET 不敏感，经过进一步的触角电位和杂交实验，他们发现不敏感的性状是由一种变异的不敏感性显性基因决定的，因此认为主动躲避行为是由埃及伊蚊敏感性基因决定的直接行为反应。

此外，Kain 等（2013）在果蝇触须的凹状结构里发现了对 DEET 敏感的神经元，他们称之为球囊。这种神经元表达了一个高度保守的感受器 Ir40a，并且该神经元被抑制或者 Ir40a 被移除后，苍蝇不会主动躲避 DDET。

Schultze 等（2014）采用全胚胎荧光原位杂交技术研究了雌冈比亚按蚊毛形感受器中的气味结合蛋白和感受器。研究结果表明，毛形感受器中特征化学感受器元素的表达支持了该感受器对不同气味化合物的识别。

1.3.3　驱避剂与引诱物相互缔合从而影响活性的研究

1.3.3.1　双分子缔合定量阶段

QSAR 模型已被应用于缔合作用的研究。缔合作用是分子间可逆结合作用，该作用不引起化学性质的改变，其发生的主要原因之一是分子间存在氢键相互作用。Zana 和 Eljebari（1993）借助荧光探针法发现一些小分子醇能在水溶液中通过自聚的形式慢慢地转为缔合体，且这些醇有类似表面活性剂的性质。

廖圣良等（2012a）认为驱避剂与引诱剂会以氢键相互作用的形式发生缔合作用，使蚊虫无法感知引诱剂分子，并且该作用对于驱避剂的最终驱避活性具有重要作用。他们将 40 个酰胺类化合物与氨分子缔合并建立其结构参数与活性数据之间的 QSAR 模型，获得一个 R^2 为 0.7929 的四参数模型，研究表明 4 个参数有的来自驱避剂分子，有的来自缔合体。

为研究蚊虫引诱物氨、避蚊胺（DEET）及氨-DEET 缔合物对白纹伊蚊行为反应的影响，忻伟隆等（2014）利用 Y 型嗅觉仪发现在 1mg/L 氨与 1mg/L DEET 等比混合时，白纹伊蚊的躲避行为反应非常明显，且二者的缔合使得躲避行为明显加强，也验证了廖圣良等（2012a）的观点。

为了验证萜类蚊虫驱避剂与 CO_2 之间是否会发生缔合作用，廖圣良等（2012b）利用 Gaussian View 及 Gaussian 03W 软件构建与优化 CO_2、22 个驱避剂和 CO_2 缔合后的分子结构，借助 Codessa 软件得到最佳四参数定量构效关系模型，R^2 为 0.9643，该模型性能稳定，可以准确地评估 22 个缔合体结构与生物活性间的关联，认为两者间的缔合作用存在，驱避剂生物活性受到的影响显著。

Song 等（2013）利用 20 个萜类蚊虫驱避化合物与 L-乳酸建立 QSAR 模型，获得一个 R^2 为 0.969 的最佳四参数模型，研究表明不仅萜类蚊虫驱避化合物的结构会对其驱避活性产生影响，二者的缔合作用也会对其驱避活性产生影响。

廖圣良等（2014a）利用理论化学计算的方法研究了 40 个酰胺类蚊虫驱避剂与 L-乳酸之间的相互作用，通过 Codessa 软件中的启发式方法（HM）获得了一个 R^2 为 0.7345 的四参数模型，其中两个描述符源于驱避剂，其余两个是缔合体局部区域的结构描述符，认为酰胺类蚊虫驱避剂与 L-乳酸间的相互作用显著影响驱避剂的生物活性数值。

同年，廖圣良等（2014b）利用量子化学计算的手段研究了 4 种重要的人体引诱物（乙酸、丙酸、丁酸和戊酸）分别与22个萜类蚊虫驱避化合物的缔合作用，得出缔合能大多在18～20kJ/mol，缔合距离和角度分别为2.0～2.5Å和110°～180°；得到的最佳模型的R^2值均大于0.9，说明4种羧酸与萜类蚊虫驱避化合物之间存在中等强度的氢键缔合作用，该作用能够显著影响驱避剂的生物活性数值。

影响蚊虫驱避剂生物活性的原因有很多，双分子缔合定量阶段主要从单个驱避剂与单个引诱物之间发生分子间相互作用的角度探究缔合体对生物活性产生的影响，为解释驱避剂对蚊虫产生作用的机理提供了新依据。

许锡招（2016）借助量子化学计算的手段研究了43个酰胺类蚊虫驱避剂的定量构效关系、43个酰胺类蚊虫驱避剂与蚊虫引诱物（L-乳酸、氨、二氧化碳、1-辛烯-3-醇）的双分子缔合作用及其对驱蚊活性的影响，结果表明：驱避剂与4种蚊虫引诱物之间存在中弱强度氢键形式的缔合作用。4个最佳模型的R^2分别为0.8969、0.8987、0.9032和0.8956；驱避剂分子的γ极化度和氢原子最小净原子电荷、缔合体中碳原子的最低化合价和碳原子的转动惯量对驱避活性具有显著影响。

1.3.3.2 三分子缔合研究

为了探究三分子缔合的情况，许锡招（2016）选择了43个酰胺类蚊虫驱避剂和22个萜类蚊虫驱避剂，研究其分别与两种不同蚊虫引诱物分子（L-乳酸和氨、二氧化碳和1-辛烯-3-醇）之间的三分子缔合作用，并研究了驱避剂分子、三分子缔合作用对驱蚊活性的影响作用。研究结果显示，酰胺类和萜类蚊虫驱避剂都能与两种蚊虫引诱物发生中弱强度氢键形式的缔合作用并构成三分子缔合体。得到的4个最佳模型的R^2值均在0.9之上，且显示驱避剂分子的大小、缔合体中碳原子的反应能量及驱避剂与引诱物之间的氢键相互作用会显著影响驱避活性数据。

余冬冬（2018）以22个萜类驱避化合物和2种主要的人体引诱物（L-乳酸、氨）为研究对象，获得了三分子缔合作用对白纹伊蚊驱避活性及触角电位反应影响显著的研究结果，影响因素主要包括萜类驱避化合物分子的表面电荷分布情况、成键情况、极性大小及分子大小，缔合体分子供体/受体结构中氧原子的亲电反应活性和碳原子的亲核反应活性及缔合区域的电荷分布情况。

第 2 章　萜类驱避化合物的合成

为了有针对性地快速制备萜类驱避化合物，本章选择松节油和其他天然萜类精油的主成分作为原料，进行了萜类驱避化合物的合成、结构鉴定与结构表征，同时对所筛选到的高效萜类驱避剂的合成工艺进行了研究，为规模化生产提供前期研究基础。

2.1　四元环萜类驱避化合物的合成

α-蒎烯开环可以通过 $KMnO_4$ 氧化或臭氧化完成，$KMnO_4$ 氧化主要包括常规氧化、相转移催化和表面活性剂催化。

（1）常规氧化法

$KMnO_4$ 氧化 α-蒎烯如果不加催化剂，蒎酮酸的产率只有 40%～60%，而且反应需保持 10℃以下 10～15h（Sugarman and Daughty，1956），主要是因为这一反应为非均相反应。

在不加入催化剂的条件下，Wolk 等（1986）的粗产品产率为 67%。王定选等（1981）按照配料比为 α-蒎烯：高锰酸钾：硫酸铵=1：2.35：0.53，反应温度不超过 10℃，经处理，减压蒸馏后得到的蒎酮酸产率约为 60%。高南等（1991）重复了此实验，反应产率为 55%。

（2）相转移催化法

加入相转移催化剂将会提高产率，刘铸晋等（1987）用 $Bu_4N^+Cl^-$ 作为相转移催化剂，反应体系中有 $KMnO_4$、苯、乙酸和 α-蒎烯，35～40℃搅拌 5h，蒎酮酸产率为 70%，而使用 $Bu_4N^+I^-$ 效果不佳，被认为和 I^- 与 Bu_4N^+ 的结合能力强有关。

赖春球和嵇志琴（1996）用 $Bu_4N^+Br^-$ 作为催化剂，反应体系与刘铸晋等（1987）的相近，于 40～50℃搅拌 5h，产物产率为 60%，并得出催化剂用量为 α-蒎烯物质的量的 5% 时效果最好。

Sam 和 Simmonsh（1972）将 $KMnO_4$ 与二环己基-18-冠醚-6 配合后可在苯中溶解，并且在 25℃的温和条件下氧化 α-蒎烯得到蒎酮酸，其产率达到 90%。

反应溶剂、相转移催化剂和体系 pH 的选择及其对反应的影响，是 $KMnO_4$ 相转移催化氧化中的几个关键问题。孙曙光（1992）通过对比多种溶剂，发现二氯甲烷是几种溶剂中较好的，主要是因为极性溶剂有利于相转移催化反应的进行。

只有在适当的亲水亲油平衡值下,相转移催化剂才有效,通常催化剂的碳原子数目与氮原子数目之比为16～20时最为适当,太低过于亲水,反之则易于形成乳浊液而影响反应进行和反应后处理(Wiberg and Saegebarth,1957;Herriott and Picker,1975)。孙曙光(1992)认为在α-蒎烯开环反应中选择相转移催化剂时也应该依据这一规律,并被实验结果所证明。

体系pH对反应产物的影响是极大的。根据$KMnO_4$氧化的机理,首先形成的环状高锰酸酯在酸和碱存在的条件下将分别生成酸、二醇和酮醇(Ogino and Mochizuki,1979)。

(3)表面活性剂催化法

夏卫华等(2002)提出采用十二烷基硫酸钠(SDS)这一表面活性剂催化的新方法,选择α-蒎烯质量2%的催化剂,在30℃下反应5～5.5h,蒎酮酸产率为62%左右。

α-蒎烯的臭氧化最早由Harries(1915)开始,并报道在液相中反应得到蒎酮酸的产率为25%,之后在氯仿中臭氧化,以碱处理分解臭氧化物,得到低产率的具有光活性的结晶状蒎酮酸(史春薇和陈烨璞,2005);Spencer等(1940)在气相中臭氧化α-蒎烯得到一种含5个氧原子的臭氧化物,用碱和氯化氢处理后得到蒎酮酸,他们还对Harries在液相中臭氧化得到蒎酮酸表示怀疑;Fischer和Stinson(1955)用浓度为1.2%的臭氧分别在甲醇水溶液、乙酸水溶液中进行臭氧化,确认了蒎酮酸是在液相中通过臭氧化而来的,同时认为乙酸水溶液作为溶剂是比较好的,产率达到50%。

Holloway等(1955)进一步对α-蒎烯的臭氧化进行了研究,通过溶剂筛选,发现以CCl_4-AcOH混合体系作为溶剂时,产率有一个明显的提高,且这一混合体系的配比组成对产率没有影响。臭氧浓度从7.5%到100%进行对比,发现浓度大小似乎与产率没有关系,臭氧化时温度从25℃到5℃甚至-40℃,产率只有极小的提高。在加热回流处理臭氧化物时,以1000mg/kg和2000mg/kg通入液相使产率有较小的提高。

本研究首先采用相转移催化法将α-蒎烯(1)氧化开环得到蒎酮酸(2),再经过酯化反应合成了蒎酮酸甲酯(3,R=CH_3)和蒎酮酸乙酯(4,R=C_2H_5)。合成路线如下。

2.1.1 蒎酮酸的合成

2.1.1.1 主要原料、试剂及仪器

高锰酸钾、二氯甲烷、甲醇、乙醇、四丁基溴化铵、盐酸、无水硫酸钠等均为市售分析纯试剂。α-蒎烯是实验室由松节油通过蒸馏得到，气相色谱（gas chromatography，GC）分析纯度为90%。

GC-7AG 气相色谱仪，OV-17 弹性石英毛细管柱（30m×0.25mm），氢火焰检测器。福立 GC9790 气相色谱仪，SE-54 弹性石英毛细管柱（30m×0.25mm），氢火焰检测器。Nicolet 550（MAGNA-IR 550 series II）红外光谱分析仪，液膜法。Agilent Mass Selective Detector 气相色谱-质谱联用仪，电子轰击（electron impact，EI）源，70eV。

2.1.1.2 合成实验

将 120g 高锰酸钾分几次溶解在 1500mL 蒸馏水中。在 2000mL 三颈圆底烧瓶中加入 α-蒎烯 60g、二氯甲烷 110mL、冰醋酸 15mL 和适量的四丁基溴化铵，搅拌下逐滴加入已经溶解好的高锰酸钾水溶液，在 3h 内滴完，再搅拌 3h 左右，停止反应。

将反应液在抽滤瓶中抽滤，将所得滤液蒸发浓缩，再用盐酸酸化，静置后有白色结晶析出，过滤后晾干，得到的即为蒎酮酸晶体。

2.1.2 蒎酮酸酯类化合物的合成

2.1.2.1 实验部分

1. 蒎酮酸甲酯的合成

将蒎酮酸和甲醇按 1∶18 的物质的量比加入圆底烧瓶内，再加入适量的酸催化剂，加热回流 5h 左右，停止反应。

常压下蒸出过量的醇，加入适量苯溶剂，用饱和碳酸氢钠水溶液和饱和食盐水洗至中性，用无水硫酸钠干燥后，在常压下蒸出苯，再进行减压蒸馏，收集馏分。

2. 蒎酮酸乙酯的合成

与蒎酮酸甲酯的合成相同，只是将加入的甲醇换成乙醇。

2.1.2.2 结构表征

1. 蒎酮酸甲酯的结构表征

微黄色液体，沸点为 135～136℃（1333Pa），GC 分析纯度为 97%（包括 2 个

异构体)。其红外光谱与质谱的数据如下。

傅里叶变换红外光谱(Fourier transform infrared spectroscopy,FTIR)(液膜,cm^{-1}):2958,2872,1732,1711,1448,1372,1175,1007。

电子轰击质谱(electron impact mass spectrometry,EI-MS)[m/z(%)]:39(16),41(34),43(54),53(14),55(30),59(17),67(19),68(42),69(74),71(27),79(17),81(29),83(100),95(31),96(60),97(11),98(58),107(9),109(30),113(8),123(25),124(26),125(58),128(49),138(4),141(5),151(4),155(4),166(24),167(28),180(4),183(12),198(3)。

2. 蒎酮酸乙酯的结构表征

微黄色液体,沸点为147~148℃(1333Pa),GC 分析纯度为98%(包括2个异构体)。其红外光谱与质谱的数据如下。

FTIR(液膜,cm^{-1}):2960,2877,1744,1459,1370,1178,1031。

EI-MS[m/z(%)]:29(19),39(11),41(29),43(52),53(11),55(24),67(13),68(19),69(84),71(20),79(9),81(26),83(100),95(26),96(38),97(10),98(52),107(6),109(29),123(24),124(26),125(53),142(39),155(6),166(18),167(44),194(4),197(9),212(4)。

2.2 六元环萜类驱避化合物的合成

2.2.1 8-羟基别二氢葛缕醇及其衍生物的合成

以松节油的主要组分 α-蒎烯(1)为原料,用过氧乙酸将其氧化成 2,3-环氧蒎烷(2),再在硫酸水溶液的作用下,将 2,3-环氧蒎烷水合为 8-羟基别二氢葛缕醇(3),然后用 8-羟基别二氢葛缕醇进行酯化反应,分别合成了 8-羟基别二氢葛缕醇甲酸酯(4,R=H)、8-羟基别二氢葛缕醇乙酸酯(5,R=CH$_3$)和 8-羟基别二氢葛缕醇丙酸酯(6,R=C$_2$H$_5$)。合成路线如下,其中标示了碳原子的序号。

2.2.1.1 实验部分

1. 主要原料、试剂及仪器

松节油为江西省吉水县宏达天然香料有限公司生产,GC 分析其 α-蒎烯含量为 85%。15%～19% 过氧乙酸溶液、碳酸钠、碳酸氢钠、硫代硫酸钠、硫酸、无水硫酸钠、甲苯、苯、乙酸乙酯、甲酸、乙酸酐、丙酸酐、四丁基溴化铵等药品均为市售分析纯试剂。

气相色谱仪同 2.1.1.1。Nicolet Protege 460 红外光谱仪,液体样品采用液膜法,固体样品采用 KBr 压片法。Agilent Mass Selective Detector 气相色谱-质谱联用仪,EI 源,70eV。Bruker AVANCE 400 型核磁共振仪,以四甲基硅烷(tetramethyl silane,TMS)为内标,$CDCl_3$ 为溶剂,^1H 核磁共振(nuclear magnetic resonance,NMR)观察频率为 400MHz,^{13}C NMR 观察频率为 100MHz。

2. 2,3-环氧蒎烷的合成

在三颈圆底烧瓶中依次加入 α-蒎烯 160mL、甲苯溶剂 700mL 和碳酸钠 244g,再加入适量的四丁基溴化铵,搅拌下逐滴加入配制好的过氧乙酸,反应温度保持在 0～5℃,继续搅拌。

反应过程中每隔一段时间取样进行 GC 分析。反应完全后,加入适量的蒸馏水溶解烧瓶中的碳酸钠,再用甲苯萃取,合并有机层后,依次用硫代硫酸钠溶液、饱和碳酸氢钠溶液、饱和食盐水洗涤至中性,再用无水硫酸钠干燥,回收溶剂之后即得 2,3-环氧蒎烷。

3. 8-羟基别二氢葛缕醇的合成

在圆底烧瓶中加入一定量的 2,3-环氧蒎烷,再加入质量为 3 倍的 0.1%(质量百分含量)硫酸水溶液,在冷水浴中搅拌,反应液中逐渐出现白色结晶。

5～6h 后停止搅拌,在布氏漏斗中依次用饱和食盐水、蒸馏水、苯抽滤洗涤结晶 2～3 次,所得白色结晶即为产物 8-羟基别二氢葛缕醇,GC 分析纯度约为 93%。

4. 8-羟基别二氢葛缕醇酯类衍生物的合成

(1)8-羟基别二氢葛缕醇甲酸酯的合成

按照物质的量比为 100∶800～1000 在 500mL 圆底烧瓶中加入 8-羟基别二氢葛缕醇、甲酸,再加入乙酸乙酯作为溶剂,在冰水浴冷却下搅拌反应。

反应过程中每隔一段时间取样进行 GC 分析。反应完全后停止搅拌,依次用饱和碳酸氢钠溶液和饱和食盐水洗至中性,用无水硫酸钠干燥后,回收乙酸乙酯溶剂,得到 8-羟基别二氢葛缕醇甲酸酯的粗产品,GC 分析纯度为 90.5%。

（2）8-羟基别二氢葛缕醇乙酸酯的合成

按照物质的量比为 100：150 在 500mL 三颈圆底烧瓶中加入 8-羟基别二氢葛缕醇、乙酸酐，再加入一定量的苯，加热维持回流。

反应过程中进行 GC 跟踪，反应完全后停止加热，处理方法与 8-羟基别二氢葛缕醇甲酸酯的合成相同。回收苯溶剂后得到 8-羟基别二氢葛缕醇乙酸酯的粗产品，GC 分析纯度约为 91%。

（3）8-羟基别二氢葛缕醇丙酸酯的合成

方法同 8-羟基别二氢葛缕醇乙酸酯的合成，只是将乙酸酐换成丙酸酐，所得粗产品的 GC 纯度约为 88%。

2.2.1.2 结构表征

1. 低浓度过氧乙酸合成 2,3-环氧蒎烷的分析

α-蒎烯的环氧化最早是 1909 年用过苯甲酸作为氧化剂完成的，并制得了 2,3-环氧蒎烷。之后有报道采用过氧琥珀酸、过氧乙酸等有机过氧酸作为氧化剂。

20 世纪 80 年代，日本、西班牙和德国相继有专利报道了以高产率制 2,3-环氧蒎烷的方法，产率均在 88% 以上。但这些反应均需在乙醚等溶剂中于低温下进行，因此在生产安全性和生产成本方面存在不足（王宗德，2005）。

采用空气或氧气自动氧化也可以得到 2,3-环氧蒎烷，产率为 13%~22.5%，而且所得产品成分复杂，分离提纯比较困难（钟旭东和程芝，1993）。

用过氧乙酸的乙酸溶液进行 α-蒎烯的环氧化反应，当过氧乙酸浓度为 35%~40% 时，在弱碱性物质存在下，α-蒎烯环氧化物的产率可以达到 50% 以上。若采用不含硫酸的过氧乙酸，可以减少碱的用量，并进一步提高 2,3-环氧蒎烷的产率（李世新，1986）。有报道用相对稳定的 22%~24% 过氧乙酸作为氧化剂，并采用对过氧乙酸溶解能力较高的氯仿作为溶剂，使产率达到 95%（吴锦荣等，1995）。

本研究选择低浓度的过氧乙酸作为氧化剂，以季铵盐类作为相转移催化剂，获得了一定产率的 2,3-环氧蒎烷，其产率为 50%。

从安全性、生产成本及 α-蒎烯可以回收使用等方面来考虑，使用低浓度过氧乙酸作为氧化剂有其可取之处。

本研究的质谱图与钟旭东和程芝（1993）的谱图一致。

质谱数据如下。

EI-MS[m/z（%）]：59（100），79（74），94（95），105（2），119（17），134（4），152（0.2）。

2. 8-羟基别二氢葛缕醇的结构表征

8-羟基别二氢葛缕醇的谱图数据归属如下。

FTIR (KBr 压片,cm^{-1}): 3340, 2969, 2924, 2888, 1438, 1370, 1305, 1245, 1151, 1044, 923。

EI-MS[m/z (%)]: 55 (15), 59 (69), 67 (9), 69 (15), 77 (18), 79 (74), 81 (18), 91 (21), 93 (29), 94 (26), 95 (24), 108 (17), 109 (100), 110 (13), 119 (14), 123 (13), 137 (41), 152 (30)。

^{1}H NMR, δ: 5.57 (br, 1H, 4H), 4.04 (s, 1H, 6-CH), 2.11 (d, 1H, 3-CH), 2.02 (d, 1H, 5-CH), 1.79 (s, 3H, 7-CH$_3$), 1.74 (m, 4H, 4-CH, 3-CH, 1-OH, 8-OH), 1.44 (t, 1H, 5-CH), 1.22 和 1.18 (2s, 6H, 9-CH$_3$, 10-CH$_3$)。

^{13}C NMR, δ: 134.41 (1-C), 125.30 (2-C), 72.24 (8-C), 68.64 (6-C), 38.83 (4-C), 32.68 (5-C), 27.67 (10-C), 27.14 (3-C), 26.39 (9-C), 20.85 (7-C)。

3. 8-羟基别二氢葛缕醇甲酸酯的结构表征

8-羟基别二氢葛缕醇甲酸酯的谱图数据归属如下。

FTIR (液膜, cm^{-1}): 3439 (OH), 2972, 2923, 1720 (C=O), 1445, 1374, 1166.7 (C—O—C), 1030, 915, 810。

EI-MS[m/z (%)]: 29 (7), 31 (7), 39 (9), 41 (6), 43 (38), 55 (10), 59 (73), 67 (8), 69 (8), 77 (23), 79 (85), 91 (28), 93 (43), 94 (48), 95 (19), 108 (19), 109 (57), 119 (100), 120 (11), 134 (19), 135 (10), 136 (16), 137 (52), 152 (8), 167 (1), 180 (22), 181 (3)。

^{1}H NMR, δ: 8.13 (s, 1H, CHO), 5.76 (br, 1H, =CH), 5.41 (s, 1H, 6-CH), 2.21 (m, 1H, 3-CH), 2.08 (d, 1H, 6-CH), 2.04 (s, 1H, 5-CH), 1.84~1.71 (m, 3H, 4-CH, 3-CH, OH), 1.70 (s, 3H, 7-CH$_3$), 1.51 (m, 1H, 5-CH), 1.20 和 1.18 (2s, 6H, 9-CH$_3$, 10-CH$_3$)。

^{13}C NMR, δ: 161.02 (C=O), 130.32 (1-C), 128.63 (2-C), 71.92 (8-C), 70.71 (6-C), 39.32 (4-C), 29.95 (5-C), 27.55 (11-C), 26.77 (3-C), 26.51 (9-C), 20.52 (7-C)。

4. 8-羟基别二氢葛缕醇乙酸酯的结构表征

8-羟基别二氢葛缕醇乙酸酯的谱图数据归属如下。

FTIR (液膜, cm^{-1}): 3453 (OH), 2971, 2935, 2890, 1736 (C=O), 1440, 1371, 1241 (C—O—C), 1030, 916。

EI-MS[m/z (%)]: 41 (20), 43 (98), 55 (10), 59 (100), 67 (6), 69 (7), 77 (23), 79 (98), 91 (30), 92 (9), 93 (45), 94 (49), 95 (20), 108 (13),

109（75），119（76），134（8），137（20），151（9），152（64），153（6），170（5），194（3）。

^{1}H NMR，δ：5.73（br,1H,=CH），5.27（s,1H,6-CH），2.17（m,1H,3-CH），2.15（s,3H,12-CH$_3$），2.01（m,1H,5-CH），1.81（m,2H,3-CH,4-CH），1.69（s,3H,7-CH$_3$），1.65（m,1H,OH），1.45（m,1H,5-CH），1.19和1.17（2s,6H,9-CH$_3$,10-CH$_3$）。

^{13}C NMR，δ：170.96（C=O），130.92（1-C），127.90（2-C），72.00（8-C），70.78（6-C），39.39（4-C），29.87（5-C），27.46（10-C），26.85（3-C），26.55（9-C），21.36（12-C），20.59（7-C）。

5. 8-羟基别二氢葛缕醇丙酸酯的结构表征

8-羟基别二氢葛缕醇丙酸酯的谱图数据归属如下。

FTIR（液膜，cm^{-1}）：3502（OH），2975，2940，2888，1731（C=O），1460，1367，1275，1193（C—O—C），1076，1035，920。

EI-MS[m/z（%）]：29（16），41（12），43（29），57（37），59（57），67（4），69（5），77（18），79（65），91（25），92（9），93（42），94（43），95（19），108（18），109（92），119（93），134（16），135（13），137（28），152（100），153（12），164（5），165（20），70（12），208（6）。

^{1}H NMR，δ：5.73（br,1H,=CH），5.28（s,1H,6-CH），2.34（q,2H,12-CH$_2$），2.19（m,2H,3-CH$_2$），1.98（m,1H,5-CH），1.82（m,1H,4-CH），1.71（m,1H,OH），1.68（s,3H,7-CH$_3$），1.45（m,1H,5-CH），1.20和1.17（2s,6H,9-CH$_3$,10-CH$_3$），1.19（t,3H,13-CH$_3$）。

^{13}C NMR，δ：174.39（C=O），131.08（1-C），127.80（2-C），72.04（8-C），70.54（6-C），39.45（4-C），29.97（5-C），28.00（10-C），27.31（12-C），26.83（3-C），26.56（9-C），20.58（7-C），9.38（13-C）。

2.2.2 4-(1-甲基乙烯基)-1-环己烯-1-乙醇酯类衍生物的合成

由β-蒎烯与甲醛进行Prins反应合成诺卜醇的过程中会生成一些副产物，在这些副产物中，除了由β-蒎烯异构生成的其他萜烯及这些萜烯发生Prins反应生成的单环醇、开链醇，还有诺卜醇脱水生成的诺卜二烯。尤其是还有一个与诺卜醇比较难分离的主要副产物，通过柱层析分离确认该主要副产物是4-(1-甲基乙烯基)-1-环己烯-1-乙醇（肖转泉等，1999）。

本研究由β-蒎烯（1）合成了4-(1-甲基乙烯基)-1-环己烯-1-乙醇（2），再通过酯化反应得到了4-(1-甲基乙烯基)-1-环己烯-1-乙醇乙酸酯（3，R=CH$_3$）和4-(1-甲基乙烯基)-1-环己烯-1-乙醇丙酸酯（4，R=C$_2$H$_5$）。

合成路线及产物的碳原子序号标注如下。

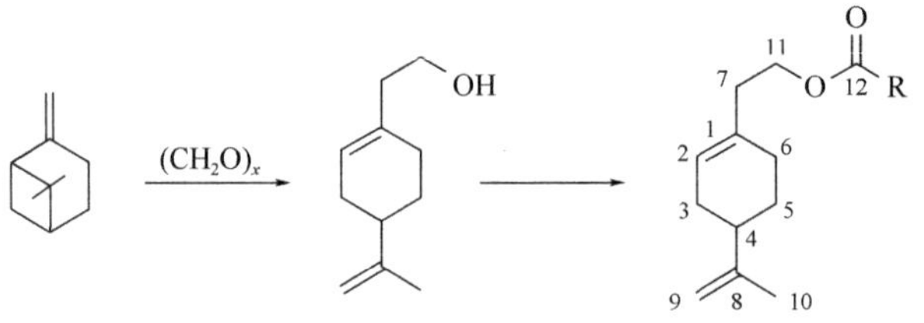

2.2.2.1 实验部分

1. 主要原料、试剂及仪器

β-蒎烯为江西省吉水县兴华天然香料有限公司生产，纯度98%。多聚甲醛、无水硫酸钠、乙酸酐、丙酸酐等均为市售分析纯试剂。

福立GC9790气相色谱仪，SE-54弹性石英毛细管柱（30m×0.25mm），氢火焰检测器。Nicolet Protege 460红外光谱仪，液体样品采用液膜法，固体样品采用KBr压片法。Agilent Mass Selective Detector气相色谱-质谱联用仪，EI源，70eV。Bruker AVANCE 400型核磁共振仪，以TMS为内标，$CDCl_3$为溶剂，^1H NMR观察频率为400MHz，^{13}C NMR观察频率为100MHz。

2. 合成实验

（1）4-(1-甲基乙烯基)-1-环己烯-1-乙醇的合成

参照肖转泉等（1999）的方法合成。

（2）4-(1-甲基乙烯基)-1-环己烯-1-乙醇乙酸酯和丙酸酯的合成

在250mL圆底烧瓶中加入4-(1-甲基乙烯基)-1-环己烯-1-乙醇0.2mol、乙酸酐（或丙酸酐）0.4mol，再加入一定量的苯溶剂作为共沸脱酸携带剂，搅拌加热，维持温度约90℃。

反应过程中进行GC跟踪，反应完全后停止加热，待冷却后将析出的结晶过滤去除，加入苯与水，混摇，静置后分出苯层。水层用苯萃取，合并苯层，加饱和碳酸氢钠溶液至无二氧化碳产生，分出苯层，用饱和食盐水洗涤2次后，用无水硫酸钠干燥，蒸馏回收苯。

减压蒸馏除去酸酐后，收集相应的馏分即为产品。

2.2.2.2 结构表征

1. 4-(1-甲基乙烯基)-1-环己烯-1-乙醇乙酸酯的结构表征

4-(1-甲基乙烯基)-1-环己烯-1-乙醇乙酸酯的谱图数据归属如下。

FTIR（液膜，cm^{-1}）：3075（=C—H），2921，2847，1739（C=O），1645（C=C），

1443,1374,1240（C—O—C），1039。

EI-MS[m/z（%）]：28（10），41（14），43（53），53（11），55（8），68（24），69（32），77（19），79（78），80（58），90（49），91（56），92（37），105（100），106（51），107（26），120（38），121（25），133（51），148（69），149（9），208（0.6）。

^{1}H NMR，δ：5.48（s,1H,=CH），4.70（br,2H,=CH$_2$），4.13（t,2H,11-CH$_2$），2.26（t,2H,7-CH$_2$），2.13～2.06（m,4H,4-CH,3-CH,6-CH$_2$），2.04（s,3H,13-CH$_3$），1.92（m,1H,3-CH），1.82（m,1H,5-CH），1.73（s,3H,10-CH$_3$），1.45（m,1H,5-CH）。

^{13}C NMR，δ：171.01（C=O），149.82（8-C），133.42（1-C），122.90（2-C），108.54（9-C），63.02（11-C），40.90（4-C），36.54（7-C），30.72（3-C），28.87（6-C），27.72（5-C），20.96（13-C），20.76（10-C）。

2. 4-(1-甲基乙烯基)-1-环己烯-1-乙醇丙酸酯的结构表征

4-(1-甲基乙烯基)-1-环己烯-1-乙醇丙酸酯的谱图数据归属如下。

FTIR（液膜,cm^{-1}）：3075（C=C—H），2925，2847，1736（C=O），1645（C=C），1448，1357，1187（C—O—C），1077。

EI-MS[m/z（%）]：28（10），29（18），41（12），57（50），68（20），69（24），77（18），79（68），80（56），90（47），91（60），92（40），105（100），106（58），107（31），120（45），121（28），133（60），148（74），149（9），222（0.3）。

^{1}H NMR，δ：5.48（br,1H,=CH），4.70（s,2H,=CH$_2$），4.14（t,2H,OCH$_2$），2.31（q,2H,13-CH$_2$），2.26（t,2H,7-CH$_2$），2.12（m,1H,4-CH），2.10（m,1H,3-CH），2.08（m,2H,6-CH$_2$），1.91（m,1H,3-CH），1.81（m,1H,5-CH），1.73（s,3H,10-CH$_3$），1.45（m,1H,5-CH），1.12（t,3H,14-CH$_3$）。

^{13}C NMR，δ：174.4（C=O），149.8（8-C），133.5（1-C），122.9（2-C），108.5（9-C），62.8（11-C），40.9（4-C），36.6（7-C），30.7（3-C），28.8（6-C），27.7（5-C），27.6（13-C），20.8（10-C），9.2（14-C）。

2.2.3 薄荷醇酯类衍生物的合成

薄荷醇具有杀菌和防腐作用，医药上应用于清凉油、止痛药、漱口剂等，也应用于牙膏、牙粉、糖果、饮料、香料。常被添加于皮肤外用制剂中，发挥局部止痒、止痛、清凉及轻微局麻等作用。

薄荷醇（1）在民间和医药上使用历史悠久，其生产技术与市场销售是比较成熟的。因此，选择它作为原料，合成了乙酸薄荷酯（2）和丙酸薄荷酯（3）。

合成路线和产物的碳原子序号标注如下。

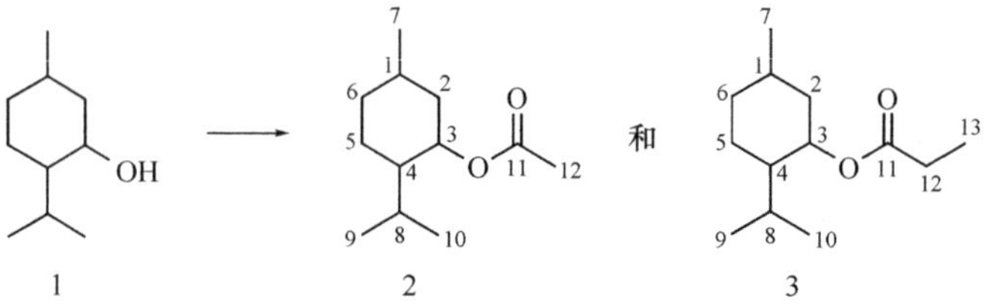

2.2.3.1 实验部分

1. 主要原料、试剂及仪器

薄荷醇（GC 分析纯度为 96%）、甲苯、乙酸酐、无水乙酸钠、丙酸酐、无水硫酸钠等均为市售分析纯试剂。

福立 GC9790 气相色谱仪，SE-54 弹性石英毛细管柱（30m×0.25mm），氢火焰检测器。Nicolet 550（MAGNA-IR 550 series II）红外光谱分析仪，液体样品采用液膜法，固体样品采用 KBr 压片法。Agilent Mass Selective Detector 气相色谱-质谱联用仪，EI 源，70eV。Bruker AVANCE 400 型核磁共振仪，以 TMS 为内标，CDCl$_3$ 为溶剂，^{1}H NMR 观察频率为 400MHz，^{13}C NMR 观察频率为 100MHz。

2. 合成实验

在 250mL 圆底烧瓶中放入磁力搅拌子，加入薄荷醇 0.2mol、乙酸酐（或丙酸酐）0.4mol，再加入一定量的苯溶剂作为共沸脱酸携带剂，搅拌加热，维持温度在约 90℃。

反应过程中进行 GC 跟踪，反应完全后停止加热，待反应液冷却后将析出的结晶过滤去除，用苯多次萃取，合并苯层后，依次用饱和碳酸氢钠溶液、饱和食盐水洗涤，再用无水硫酸钠干燥，蒸馏回收苯。

减压蒸馏除去酸酐后所收集粗产品馏分的 GC 分析纯度约为 96%。

2.2.3.2 结构表征

1. 乙酸薄荷酯的结构表征

乙酸薄荷酯的谱图数据归属如下。

FTIR（液膜，cm^{-1}）：2949，2865，1730（C=O），1456，1374，1249（C—O—C），1030。

EI-MS[m/z（%）]：41（27），43（79），55（32），57（12），67（30），69（27），71（22），81（97），82（49），83（21），94（22），95（99），96（49），109（23），123（92），124（10），138（100），139（16），155（2）。

^{1}H NMR，δ：4.67（m，1H，3-CH），2.04（s，3H，12-CH$_3$），1.98（m，1H，CH），1.86（m，1H，1-CH），1.68（m，2H，6-CH$_2$），1.49（m，1H，8-CH），1.36（m，1H，

CH),1.04(m,1H,CH),0.96(m,1H,CH),0.90(d,3H,9-CH$_3$),0.88(d,3H,10-CH$_3$),0.85(m,1H,CH),0.76(d,3H,7-CH$_3$)。

^{13}C NMR,δ:170.68(C=O),74.16(3-C),47.01(4-C),40.93(2-C),34.26(6-C),31.36(1-C),26.32(8-C),23.50(5-C),22.00(7-C),21.32(12-C),20.72(10-C),16.38(9-C)。

2. 丙酸薄荷酯的结构表征

丙酸薄荷酯的谱图数据归属如下。

FTIR(液膜,cm^{-1}):2948,2868,1735(C=O),1458,1372,1192(C—O—C),1081。

EI-MS[m/z(%)]:27(14),41(16),55(21),57(77),67(16),69(18),81(64),82(28),83(25),94(15),95(100),96(30),109(14),123(60),124(6),138(88),139(14),155(0.7)。

^{1}H NMR,δ:4.68(m,1H,3-CH),2.30(q,2H,12-CH$_2$),1.98(m,1H,CH),1.86(m,1H,1-CH),1.68(m,2H,6-CH$_2$),1.49(m,1H,8-CH),1.36(m,1H,CH),1.14(t,3H,13-CH$_3$),1.04(m,1H,CH),0.96(m,1H,CH),0.90(d,3H,9-CH$_3$),0.88(d,3H,10-CH$_3$),0.85(m,1H,CH),0.76(d,3H,7-CH$_3$)。

^{13}C NMR,δ:174.06(C=O),73.90(3-C),47.06(4-C),40.96(2-C),34.29(6-C),31.37(1-C),27.95(12-C),26.30(8-C),23.50(5-C),22.01(7-C),20.74(10-C),16.36(9-C),9.27(13-C)。

2.3 桥环萜类驱避化合物的合成

2.3.1 诺卜醇及其衍生物的合成

湿地松松节油的β-蒎烯含量一般在30%以上,随着大面积湿地松逐步进入采脂期和松节油分离技术的成熟,我国β-蒎烯的产量已大幅度增加。

本研究以β-蒎烯(1)为原料,合成诺卜醇(2),再合成诺卜醇的醚类衍生物(3~5分别为诺卜醇的甲基醚、乙基醚和丙基醚)和酯类衍生物(6~8分别为诺卜醇的甲酸酯、乙酸酯和丙酸酯),它们均具有良好的香气性质。

合成路线如下,其中标示了诺卜醇及其醚类和酯类衍生物的碳原子序号。

2.3.1.1 诺卜醇的合成

1. 主要原料、试剂及仪器

β-蒎烯为江西省吉水县兴华天然香料有限公司生产，GC 分析纯度为 98%。多聚甲醛等均为市售分析纯试剂。

福立 GC9790 气相色谱仪，SE-54 弹性石英毛细管柱（30m×0.25mm），氢火焰检测器。HP 5989A 气相色谱-质谱联用仪，EI 源，70eV。Spectrum 2000 红外光谱仪。Unity 500 核磁共振仪，以 TMS 为内标，CDCl$_3$ 为溶剂，^{1}H NMR 观察频率为 499.8MHz，5mm 样品管，^{13}C NMR 观察频率为 125.69MHz，5mm 样品管。

2. 合成实验

将质量比 m（β-蒎烯）:m（多聚甲醛）为 1:0.17 的反应物加入到内壁镀铬的铜质反应锅内，磁力加热搅拌，反应温度控制在 110℃左右。

反应 10h 左右停止加热，冷却至室温后蒸馏，先蒸出未反应的 β-蒎烯和其他低沸点的化合物，再收集 102～104℃/800Pa 馏分，GC 分析纯度为 98%，产率为 61.4%。

3. 结构表征

诺卜醇的合成可以使用氯化锌作为催化剂，在常压下合成，最高产率为 71.3%（易封萍等，2000）；也可以不使用催化剂，采用密闭容器法，产率为 40% 左右；还可使用氯化锌或者氯化锌与四氯化锡组成混合催化剂的密闭容器法，最高产率为 74.82%（易封萍等，2001）。

本研究采用内壁镀铬的铜质反应锅，产率大约为 61.4%，相比密闭容器法有提高，与另外两种方法相比偏低，但综合考虑环保、成本等因素，本研究的方法有其可取之处。

诺卜醇的谱图数据归属如下。

FTIR（液膜，cm^{-1}）：3345（OH），3027（C=C—H），2985，2918，2881，2834（C—H），1468（CH$_2$），1382（C—Me$_2$），1047（C—O）。

EI-MS[m/z（%）]：41（21.46），47（17.48），55（12.81），67（11.53），69（17.11），77（16.15），79（27.76），91（32.55），92（22.87），93（25.16），95（9.50），103（10.76），105（100），107（18.11），119（9.00），121（17.94），122（12.51），133（10.91），135（8.75），163（1.42），165（2.30），166（2.23）。

^{1}H NMR，δ：5.23（s, 1H, C=CH），3.51（t, 2H, J=4.13Hz, OCH$_2$），3.20（1H, OH），2.30（t, 1H, J=3.92Hz, 1-CH），2.16（m, 4H, 10-CH$_2$, 4-CH$_2$），1.97（t, 2H, J=6.21Hz, 7-CH$_2$），1.20（s, 3H, 9-CH$_3$），1.09（m, 1H, 5-CH），0.77（s, 3H, 8-CH$_3$）。

^{13}C NMR，δ：144.6（2-C），118.6（3-C），60.0（11-C），45.5（1-C），40.5（5-C），

40.0（10-C），37.7（6-C），31.5（7-C），31.2（4-C），26.1（9-C），20.8（8-C）。

2.3.1.2 诺卜基醚类化合物的合成

1. 主要原料、试剂及仪器

诺卜醇为实验室自制，GC 分析纯度为 95%，四丁基溴化铵、氢氧化钠、碘甲烷、溴乙烷、1-溴丙烷、硅胶 H、无水硫酸钠等均为市售分析纯试剂。

主要分析仪器及其分析条件与 2.1.1.1 相同。气相色谱分析使用 GC-7AG 气相色谱仪，OV-17 弹性石英毛细管柱（30m×0.25mm），氢火焰检测器。另外，诺卜甲基醚的红外光谱分析使用的是 Nicolet 550（MAGNA-IR 550 series II）红外光谱分析仪，核磁共振分析使用的是 Bruker AVANCE 400 型核磁共振仪，以 TMS 为内标，$CDCl_3$ 为溶剂，^1H NMR 观察频率为 400MHz，^{13}C NMR 观察频率为 100MHz。

2. 合成实验

采用 n（Nopol）：n（RX）：n（NaOH）：n（$Bu_4N^+B_r^-$）=1：1.2：1.5：0.04 的配料比（王宗德等，2003），将 NaOH 先溶解到两倍质量的蒸馏水中，一并加入到放有磁力搅拌子的磨口锥形瓶中，再加入适量苯，加热搅拌，维持回流。

反应 4h 后停止反应，待反应体系冷却，用饱和食盐水洗涤 2 次后，用无水硫酸钠干燥，然后进行蒸馏，先蒸出苯和未反应的卤代烃，减压分馏，先回收未反应的诺卜醇，再收集粗产品馏分。

3. 结构表征

醚类香料是合成香料中重要的一类，由某些萜烯醇制取的醚类具有令人愉快的香气，因此，诺卜基醚类衍生物的合成是很有意义的。

所合成的诺卜基醚类衍生物都具有一定的香气，具体香型及香气性质还有待于进一步的研究。

实验结果还表明，用四丁基溴化铵作为催化剂来合成诺卜醇的醚类化合物，从产率和实验操作的可行性方面来看，都是比较好的合成方法。

（1）诺卜甲基醚（$R=CH_3$）的结构表征

无色液体，沸点为 75～77℃（1995Pa），GC 分析纯度为 93.1%，产率为 89.8%。诺卜甲基醚的谱图数据归属如下。

FTIR（液膜，cm^{-1}）：2977，2919（C—H），1655（C=C），1459，1376（CH_2，C—Me_2），1116（C—O）。

EI-MS[m/z（%）]：39（11），41（21），45（47），53（11），55（10），65（10），67（11），77（41），79（58），91（82），92（21），93（46），105（100），106（45），107（34），120（25），121（15），122（12），123（10），133（82），134（10），

135（40），136（31），148（26），149（4），165（8），180（10），181（1）。

^{1}H NMR，δ：5.27（br，1H，=CH），3.38（t，2H，11-CH$_2$），3.32（s，3H，12-CH$_3$），2.35（m，1H，7-CH），2.22（t，2H，10-CH$_2$），2.20（m，2H，4-CH$_2$），2.08（m，1H，5-CH），2.04（m，1H，1-CH），1.27（s，3H，8-CH$_3$），1.15（d，1H，7-CH），0.83（s，3H，9-CH$_3$）。

^{13}C NMR，δ：145.10（2-C），117.82（3-C），71.08（11-C），58.47（12-C），45.84（1-C），40.80（5-C），38.01（6-C），37.08（10-C），31.63（7-C），31.33（4-C），26.34（9-C），21.13（8-C）。

（2）诺卜乙基醚（R=C$_2$H$_5$）的结构表征

无色液体，沸点为125～126℃（4000Pa），GC分析纯度为98.5%，产率为94.8%。诺卜乙基醚的谱图数据归属如下。

FTIR（液膜，cm^{-1}）：3027（C=C—H），1467（CH$_2$），1382，1365（C—Me$_2$），1110（C—O）。

EI-MS[m/z（%）]：41（22.7），43（31.0），55（10.1），57（6.6），59（8.8），65（4.1），67（9.6），69（13.9），77（9.9），79（19.6），81（10.9），91（32.1），92（13.0），93（28.3），95（13.7），105（100），107（28.4），109（6.5），119（13.0），120（8.2），121（18.0），133（30.2），135（15.6），147（25.6），148（16.9），149（22.4），150（12.9），165（5.6），193（1.6），195（1.4）。

^{1}H NMR，δ：5.24（s，1H，C=CH），3.41（m，4H，J=24.5Hz，CH$_2$OCH$_2$），2.32（m，1H，J=11.3Hz，1-CH），2.29（m，4H，J=20.9Hz，10-CH$_2$，4-CH$_2$），2.04（m，2H，J=11.4Hz，7-CH$_2$），1.24（s，3H，9-CH$_3$），1.14（m，4H，J=20.9Hz，13-CH$_3$，5-CH），0.80（s，3H，8-CH$_3$）。

^{13}C NMR，δ：145.0（2-C），117.6（3-C），68.9（12-C），62.4（11-C），45.7（1-C），40.6（5-C），37.8（6-C），37.0（10-C），31.5（7-C），31.2（4-C），26.2（9-C），21.0（8-C），15.1（13-C）。

（3）诺卜丙基醚（R=n-C$_3$H$_7$）的结构表征

无色液体，沸点为127～129℃（2666Pa），GC分析纯度为92.9%，产率为96%。诺卜丙基醚的谱图数据归属如下。

FTIR（液膜，cm^{-1}）：3026（C=C—H），1467（CH$_2$），1382，1365（C—Me$_2$），1110（C—O）。

EI-MS[m/z（%）]：41（26.8），43（55.0），55（13.6），65（3.9），67（9.7），69（23.0），77（8.3），79（16.9），81（16.3），91（26.1），93（30.5），94（11.2），95（22.6），105（60.2），107（29.0），109（16.2），119（16.9），121（27.9），123（7.6），133（24.6），135（20.9），149（100），151（5.6），163（27.2），165（9.2），179（4.1），180（1.7），181（2.9），207（7.3），208（1.9），209（2.3）。

^{1}H NMR, δ: 5.26 (s, 1H, C=CH), 3.37 (t, 4H, J=15.8Hz, CH$_2$OCH$_2$), 2.34 (m, 1H, J=8.4Hz, 1-CH), 2.25 (m, 4H, J=20.9Hz, 10-CH$_2$, 4-CH$_2$), 2.07 (t, 3H, J=5.2Hz, 7-CH$_2$), 1.57 (t, 2H, J=14.2Hz, 13-CH$_2$), 1.27 (s, 3H, 9-CH$_3$), 1.17 (m, 1H, J=8.4Hz, 5-CH), 0.91 (t, 3H, J=14.8Hz, 14-CH$_3$), 0.83 (s, 3H, 8-CH$_3$)。

^{13}C NMR, δ: 145.0 (2-C), 117.6 (3-C), 72.4 (12-C), 69.1 (11-C), 45.7 (1-C), 40.7 (5-C), 37.9 (6-C), 37.1 (10-C), 31.5 (7-C), 31.2 (4-C), 26.2 (9-C), 22.8 (13-C), 21.0 (8-C), 10.5 (14-C)。

2.3.1.3 诺卜醇酯类衍生物的合成

1. 主要原料、试剂及仪器

诺卜醇为实验室自制，GC 分析纯度为 95%，甲酸、乙酸酐、乙酸钠、丙酸酐、丙酸钠、硅胶 H、无水硫酸钠均为市售分析纯试剂。

主要分析仪器及其分析条件与 2.1.2.1 相同，气相色谱分析也使用过 GC-7AG 气相色谱仪，OV-17 弹性石英毛细管柱（30m×0.25mm），氢火焰检测器。另外，甲酸诺卜酯的红外光谱分析使用的是 Nicolet 550（MAGNA-IR 550 series II）红外光谱分析仪，核磁共振分析使用的是 Bruker AVANCE 400 型核磁共振仪，以 TMS 为内标，CDCl$_3$ 为溶剂，^{1}H NMR 观察频率为 400MHz，^{13}C NMR 观察频率为 100MHz。

2. 合成实验

（1）甲酸诺卜酯的合成

本研究直接用诺卜醇和甲酸反应，在较温和的条件下以较高的产率合成了甲酸诺卜酯。

在 250mL 锥形瓶中加入 22mL 诺卜醇、67mL 甲酸，在冷水浴下搅拌反应。

反应过程中进行 GC 分析跟踪反应，反应完全后停止反应，用苯萃取 3 次，合并苯层，依次用饱和碳酸氢钠溶液、饱和食盐水洗涤，再用无水硫酸钠干燥，然后进行蒸馏，先蒸出苯，减压分馏并收集甲酸诺卜酯产品。

（2）乙酸诺卜酯和丙酸诺卜酯的合成

在 250mL 磨口锥形瓶中放入磁力搅拌子，加入诺卜醇 0.2mol、乙酸酐（或丙酸酐）0.4mol、无水乙酸钠（或丙酸钠）0.1mol，搅拌加热，温度维持在约 90℃。

反应 3h 后停止反应，待冷却后将析出的结晶过滤去除，用苯多次萃取，合并苯层，加饱和碳酸氢钠溶液，至无二氧化碳产生时，分出苯层，用饱和食盐水洗涤 2 次，用无水硫酸钠干燥，蒸馏回收苯。

减压蒸馏，除去酸酐后收集相应的馏分。

3. 结构表征

合成的甲酸诺卜酯具有较好的香气，合成的乙酸诺卜酯具有清鲜松木香气，合成的丙酸诺卜酯也具有较好的香气，具体香型及香气性质还有待于进一步的研究。

（1）甲酸诺卜酯（R=H）的结构表征

无色液体，沸点为94～96℃（1333Pa），GC分析纯度为96.9%，产率为88.3%。甲酸诺卜酯的谱图数据归属如下。

FTIR（液膜，cm^{-1}）：2974，2920（C—H），1726（C=O），1461，1373（CH_2，C—Me_2），1170（C—O）。

EI-MS[m/z（%）]：39（10），41（19），55（9），57（9），65（9），67（9），77（34），79（44），91（69），92（26），93（29），104（68），105（100），106（39），115（4），117（8），119（18），120（16），121（10），133（67），134（6），148（43），149（5），194（0.3）。

^{1}H NMR，δ：8.04（s，1H，HCO），5.31（br，1H，3-CH），4.18（t，2H，11-CH_2），2.37（m，1H，7-CH），2.31（t，2H，4-CH_2），2.08（m，1H，5-CH），2.05（m，1H，1-CH），1.27（s，3H，9-CH_3），1.14（d，1H，7-CH），0.83（s，3H，9-CH_3）。

^{13}C NMR，δ：161.0（12-C），143.7（2-C），119.0（3-C），62.1（11-C），45.5（1-C），40.6（5-C），38.0（6-C），35.8（10-C），31.6（7-C），31.3（4-C），26.2（8-C），21.1（9-C）。

（2）乙酸诺卜酯（R=CH_3）的结构表征

无色液体，沸点为122～124℃（1600Pa），GC分析纯度为96.2%，产率为84.4%。乙酸诺卜酯的谱图数据归属如下。

FTIR（液膜，cm^{-1}）：3027（C=C—H），2985，2918，2881，2835（C—H），1744（C=O），1468，1433（CH_2），1383，1365（C—Me_2），1238（C—O）。

EI-MS[m/z（%）]：41（15.38），43（38.36），79（14.74），81（5.69），91（22.06），92（12.64），93（23.70），95（5.08），105（100），107（15.87），119（10.20），120（7.62），121（10.06），133（31.89），135（5.34），147（15.29），148（30.96），149（29.14），163（1.95），165（1.54），179（1.70），207（0.22），208（M^+，0.24）。

^{1}H NMR，δ：5.22（s，1H，C=CH），3.99（t，2H，J=4.59Hz，OCH_2），2.29（t，1H，J=2.81Hz，1-CH），2.19（t，2H，J=2.51Hz，10-CH_2），2.14（t，2H，J=1.67Hz，4-CH_2），2.00（t，2H，J=1.72H，7-CH_2），1.96（s，3H，$COCH_3$），1.20（s，3H，9-CH_3），1.08（m，1H，J=2.84Hz，5-CH），0.75（s，3H，8-CH_3）。

^{13}C NMR，δ：170.7（12-C），144.0（2-C），118.5（3-C），62.3（11-C），45.4（1-C），40.5（5-C），37.8（6-C），35.7（10-C），31.4（7-C），31.1（4-C），26.0（9-C），

20.9（8-C），20.7（13-C）。

（3）丙酸诺卜酯（R=C$_2$H$_5$）的结构表征

无色液体，沸点为 134～136℃（1600Pa），GC 分析纯度为 96.7%，产率为 84%。丙酸诺卜酯的谱图数据归属如下。

FTIR（液膜，cm^{-1}）：3027（C=CH$_2$），2985，2918，2882，2835（C—H），1741（C=O），1465（C—Me$_2$），1184（C—O）。

EI-MS[m/z（%）]：41（12.75），43（12.70），55（5.77），57（19.52），67（4.71），69（5.48），79（13.88），81（5.49），91（21.69），92（13.65），93（25.10），105（100），107（15.95），119（10.81），120（7.97），121（9.84），133（36.24），135（4.98），165（1.56），179（1.51），221（0.13），222（M$^+$，0.20）。

^{1}H NMR，δ：5.15（s, 1H, C=CH），3.93（t, 2H, J=4.47Hz, OC$_{11}$H$_2$），2.24～2.10（m, 7H, 1-CH, 10-CH$_2$, 4-CH$_2$, OC$_{13}$H$_2$），1.93（t, 2H, 7-CH$_2$），1.13（s, 3H, 9-CH$_3$），1.00（m, 4H, 5-CH, 14-CH$_3$），0.69（s, 3H, 8-CH$_3$）。

^{13}C NMR，δ：173.7（12-C），144.0（2-C），118.4（3-C），62.1（11-C），45.4（1-C），40.4（5-C），37.7（6-C），35.7（10-C），31.3（7-C），31.1（4-C），27.2（13-C），26.0（9-C），20.8（8-C），8.8（14-C）。

2.3.2 异莰烷基醇酯类衍生物的合成

莰烯是一种有环外双键的双环萜类化合物，在自然界广泛存在于植物的根、茎、叶、花中，且存在于佛手油、香茅油、柏木油等许多香精油内。

在工业上莰烯可由 α-蒎烯在催化剂偏钛酸或酸性白土作用下加热异构化而来，也可用氯化冰片制备，它是 α-蒎烯合成樟脑的一种中间产品。

据肖转泉等（1995）报道，在制备的莰烯衍生物及异莰烷类化合物中，某些异莰烷基醇及其衍生物具有良好的香气，有一定的使用价值和开发前景。因此，可以考虑合成一些衍生物并探讨其在驱避剂方面的应用前景。

主要是合成了内型异莰烷基甲醇的酯类衍生物和内型 γ-异莰烷基醇的酯类衍生物。

2.3.2.1 实验部分

1. 主要原料、试剂及仪器

莰烯为江西樟脑厂生产，GC 分析纯度为 83%，其余药品均为市售分析纯试剂。

福立 GC9790 气相色谱仪，SE-54 弹性石英毛细管柱（30m×0.25mm），氢火焰检测器。Nicolet 550（MAGNA-IR 550 series II）红外光谱分析仪，液膜法。Agilent Mass Selective Detector 气相色谱-质谱联用仪，EI 源，70eV。Bruker AVANCE 400 型核磁共振仪，以 TMS 为内标，CDCl$_3$ 为溶剂，^{1}H NMR 观察频率

为 400MHz，^{13}C NMR 观察频率为 100MHz。

2. 内型异莰烷基甲醇酯类衍生物的合成

由莰烯（1）合成了莰烯醛（2），再由莰烯醛合成了异莰烷基甲醛（3），进一步合成了内型异莰烷基甲醇（4），最后合成了内型异莰烷基甲醇乙酸酯（5，R=CH$_3$）和内型异莰烷基甲醇丙酸酯（6，R=C$_2$H$_5$）。

具体合成路线如下。

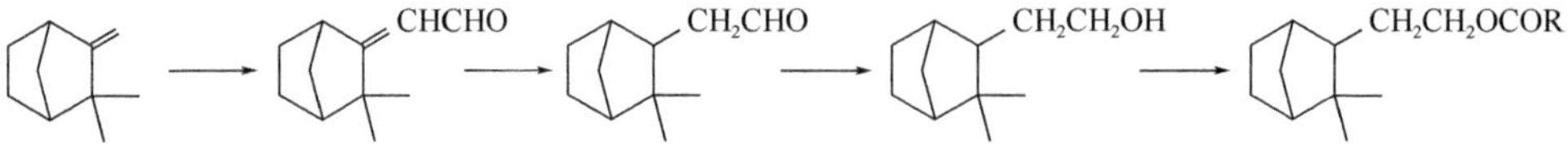

(1) 莰烯醛的合成

由莰烯合成莰烯醛，按照肖转泉（1989）的方法完成。

(2) 异莰烷基甲醛的合成

由莰烯醛合成异莰烷基甲醛，按照肖转泉等（1995）的方法完成。以 5% Pd-C 作为催化剂，以甲醇作为溶剂，于 5.0～5.5MPa、60～70℃下经氢化合成。其中，内型异莰烷基甲醛占 93%。

(3) 内型异莰烷基甲醇的合成

由异莰烷基甲醛合成内型异莰烷基甲醇，按照肖转泉等（1995）的方法合成。以 W-4 型 Ni（R）作为催化剂，以甲醇作为溶剂，在氢气压力为 3MPa 和 50℃下合成。其中，内型异莰烷基甲醇占 95%。

(4) 内型异莰烷基甲醇乙酸酯和内型异莰烷基甲醇丙酸酯的合成

在 250mL 锥形瓶中加入 0.1mol 内型异莰烷基甲醇和 0.2mol 新蒸馏的乙酸酐（或丙酸酐），搅拌均匀后加入几滴浓硫酸，置于磁力搅拌器上加热搅拌。

反应过程中进行 GC 分析跟踪反应，反应完全即停止加热，在锥形瓶中加入适量的石油醚，搅拌均匀后缓慢滴加碳酸氢钠溶液，至不产生二氧化碳，分液后用饱和食盐水溶液洗涤，再用无水硫酸钠干燥。

蒸馏回收石油醚后，减压蒸馏除尽溶剂后收集相应的粗产品馏分。

3. 内型 γ-异莰烷基醇酯类衍生物的合成

由莰烯（1）合成了莰烯醛（2），再由莰烯醛合成了 β-莰烯基-α,β-不饱和酮（7～9，7: R'=H, R″=C$_2$H$_5$; 8: R'=H, R″=n-C$_3$H$_7$; 9: R'=C$_2$H$_5$, R″=CH$_3$），进一步合成了内型 γ-异莰烷基醇（10～12，10: R'=H, R″=C$_2$H$_5$; 11: R'=H, R″=n-C$_3$H$_7$; 12: R'=C$_2$H$_5$, R″=CH$_3$），最后合成了内型 γ-异莰烷基醇乙酸酯（13～15，13: R'=H, R″=C$_2$H$_5$; 14: R'=H, R″=n-C$_3$H$_7$; 15: R'=C$_2$H$_5$, R″=CH$_3$）。

具体合成路线如下，其中标示了碳原子的序号。

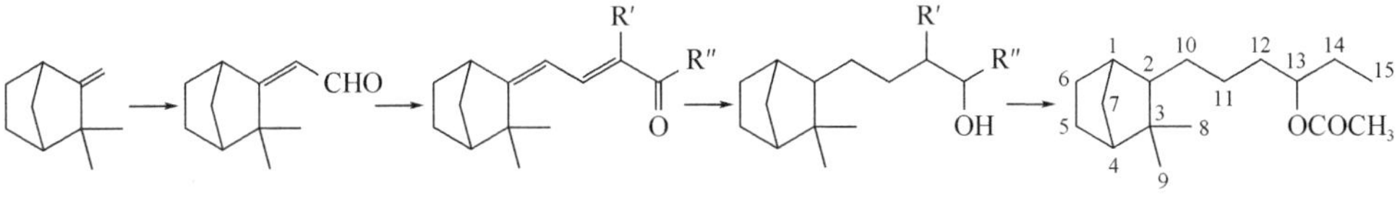

$$1 \rightarrow 2 \rightarrow 7\sim 9 \rightarrow 10\sim 12 \rightarrow 13(14,15)$$

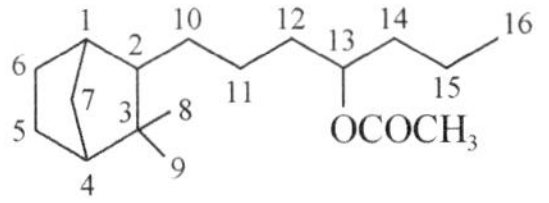

$$14 \quad\quad 15$$

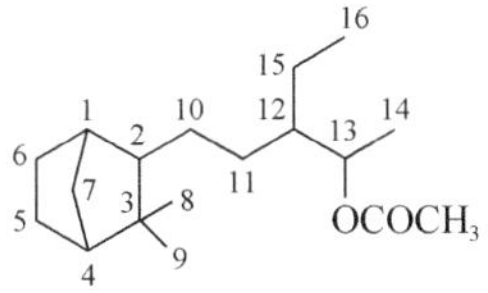

（1）莰烯醛的合成

合成方法同 2.3.2.1。

（2）β-莰烯基-α,β-不饱和酮的合成

由莰烯醛合成 β-莰烯基-α,β-不饱和酮，按照肖转泉（1992）的方法完成。

（3）内型 γ-异莰烷基醇的合成

由 β-莰烯基-α,β-不饱和酮合成 γ-异莰烷基醇，按照肖转泉（1992）的方法完成。减压蒸馏得到 γ-异莰烷基醇后，以硅胶作为吸附剂，以乙酸乙酯∶石油醚（60～90℃）=1∶19（体积比）作为洗脱剂，采用柱层析法对 γ-异莰烷基醇进行纯化，蒸馏回收溶剂后，得到 GC 分析纯度大于 97% 的内型 γ-异莰烷基醇。

（4）内型 γ-异莰烷基醇乙酸酯的合成

在 250mL 锥形瓶中加入 0.1mol 内型 γ-异莰烷基醇和 0.2mol 新蒸馏的乙酸酐，搅拌均匀后加入几滴浓硫酸，置于磁力搅拌器上加热搅拌。

反应中进行 GC 分析跟踪反应，反应完全即停止加热，在锥形瓶中加入 150mL 石油醚，搅拌均匀后慢慢滴加碳酸氢钠溶液，至不产生二氧化碳，分液后用饱和食盐水溶液洗涤，再用无水硫酸钠干燥。

回收溶剂后，减压蒸馏，收集相应的产品馏分。

2.3.2.2　结构表征

1. 内型异莰烷基甲醇酯类衍生物的结构表征

（1）内型异莰烷基甲醇乙酸酯的结构表征

内型异莰烷基醇酯类化合物异莰烷基部分的结构式如下，碳原子的序号也做了标示，本研究中之后的异莰烷基醇酯类化合物异莰烷基部分碳原子序号都如下。

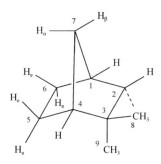

内型异莰烷基甲醇乙酸酯的谱图数据归属如下。

FTIR（液膜，cm^{-1}）：2951，2880，1739，1465，1374，1240，1040。

EI-MS[m/z（%）]：28（43），29（14），41（18），43（35），55（19），57（35），67（43），69（20），79（30），80（16），81（24），82（30），93（21），107（100），108（38），109（27），121（20），122（44），123（8），135（34），149（5），150（42），151（6），167（2）。

^{1}H NMR，δ：3.99（m，2H，11-CH_2），2.11（br，1H，1-CH），2.04（s，3H，13-CH_3），1.74（br，1H，4-CH），1.60（m，1H，7-CH_β），1.58（m，2H，10-CH_2），1.56（m，1H，5-CH_e），1.40（m，1H，2-CH），1.32（m，1H，6-CH_e），1.28（m，1H，5-CH_a），1.25（m，1H，6-CH_a），1.18（d，1H，7-CH_α），0.94（s，3H，9-CH_3），0.82（s，3H，8-CH_3）。

^{13}C NMR，δ：171.15（C=O），64.66（11-C），48.84（4-C），46.98（2-C），41.08（1-C），37.02（7-C），37.00（3-C），32.27（9-C），25.52（10-C），24.59（5-C），21.46（8-C），21.01（13-C），19.93（6-C）。

（2）内型异莰烷基甲醇丙酸酯的结构表征

内型异莰烷基甲醇丙酸酯的谱图数据归属如下。

FTIR（液膜，cm^{-1}）：2951，2881，1740，1466，1350，1188，1080。

EI-MS[m/z（%）]：29（11），41（16），55（17），57（30），67（40），69（19），79（32），80（15），81（23），82（27），93（24），94（20），95（13），107（100），108（55），109（29），121（23），122（51），123（7），135（43），150（38），151（5），167（2）。

^{1}H NMR，δ：3.99（m，2H，11-CH_2），2.32（q，2H，13-CH_2），2.11（br，1H，1-CH），1.74（br，1H，4-CH），1.60（m，1H，7-CH_β），1.58（m，2H，10-CH_2），1.56（m，1H，5-CH_e），1.40（m，1H，2-CH），1.33（m，1H，6-CH_e），1.27（m，1H，5-CH_a），1.25（m，1H，6-CH_a），1.18（d，1H，7-CH_α），1.14（s，3H，14-CH_3），0.94（s，3H，9-CH_3），0.82（s，3H，8-CH_3）。

^{13}C NMR，δ：174.56（C=O），64.56（11-C），48.88（4-C），47.11（2-C），41.13（1-C），37.06（7-C），37.04（3-C），32.31（9-C），27.68（13-C），25.59（10-C），24.64（5-C），21.51（8-C），19.99（6-C），9.17（14-C）。

2. 内型 γ-异茨烷基醇酯类衍生物的结构表征

（1）内型 1-异茨烷基-3-戊醇乙酸酯的结构表征

内型 1-异茨烷基-3-戊醇乙酸酯的谱图数据归属如下。

FTIR（液膜，cm^{-1}）：2907，2871，1736（C=O），1462，1373，1244（C—O—C），1114，1022，954，899。

EI-MS[m/z（%）]：41（35），43（69），55（35），67（66），69（46），79（36），81（55），82（47），83（21），93（46），95（44），107（75），108（62），109（74），121（49），122（74），123（22），135（67），136（35），149（19），150（23），163（91），164（16），177（29），178（5），191（30），206（100），207（17），223（5）。

^{1}H NMR，δ：4.81（m，1H，13-CH），2.09（br，1H，1-CH），2.05（s，3H，CH$_3$CO），1.71（br，1H，4-CH）。

^{13}C NMR，δ：170.98（C=O），75.56（13-C），50.33（4-C），49.13（1-C），36.98（7-C），36.93（3-C），35.81（12-C），32.49（9-C），30.05（11-C），28.00（14-C），26.34（10-C），24.69（5-C），21.36（8-C），21.28（CH$_3$CO），19.87（6-C），9.60（15-C）。

（2）内型 1-异茨烷基-3-己醇乙酸酯的结构表征

内型 1-异茨烷基-3-己醇乙酸酯的谱图数据归属如下。

FTIR（液膜，cm^{-1}）：2950，2873，1735（C=O），1459，1372，1244（C—O—C），1122，1022。

EI-MS[m/z（%）]：28（16），41（35），43（76），55（37），67（64），69（45），79（34），81（51），82（44），83（18），93（44），95（46），107（71），108（65），109（75），121（48），122（62），123（20），135（68），136（44），149（18），150（22），163（11），177（91），178（14），191（8），205（26），220（100），221（18），237（3）。

^{1}H NMR，δ：4.88（m，1H，13-CH），2.09（br，1H，1-CH），2.04（s，3H，COCH$_3$），1.71（br，1H，4-CH）。

^{13}C NMR，δ：170.92（C=O），74.19（13-C），50.31（4-C），49.14（2-C），40.85（1-C），36.96（7-C），36.91（3-C），36.23（14-C），34.56（12-C），32.48（9-C），30.04（11-C），26.32（10-C），24.68（5-C），21.34（8-C），21.29（CH$_3$CO），19.85（6-C），18.59（15-C）。

（3）内型 4-异茨烷基-3-乙基-2-丁醇乙酸酯的结构表征

内型 4-异茨烷基-3-乙基-2-丁醇乙酸酯的谱图数据归属如下。

FTIR（液膜，cm^{-1}）：2904，2873，1737（C=O），1465，1370，1244（C—O—C），

1022，964。

EI-MS[*m/z*（%）]：28（12），41（34），43（82），55（35），67（56），69（53），79（28），81（50），82（49），83（21），93（35），95（52），107（59），108（52），109（86），121（52），122（61），123（21），135（62），136（38），149（22），150（17），163（7），164（8），177（61），178（9），191（5），205（21），220（100），221（16），237（4）。

^{1}H NMR，δ：4.95（m，1H，13-CH），2.11（br，1H，1-CH），2.03（s，3H，COCH$_3$），1.71（br，1H，4-CH）。

^{13}C NMR，δ：170.77（C=O），72.57（13-C），50.88（4-C），49.17（2-C），44.35（12-C），40.92（1-C），37.03（7-C），36.92（3-C），32.54（9-C），30.09（11-C），28.48（15-C），24.68（5-C），24.11（10-C），21.43（CH$_3$CO），21.35（8-C），19.88（6-C），16.86（14-C），11.81（16-C）。

2.4 开链萜类驱避化合物的合成

2.4.1 羟基香茅醛缩醛类衍生物的合成

以羟基香茅醛（1）为原料，通过缩醛化，合成了羟基香茅醛二甲醇缩醛（2）、羟基香茅醛乙二醇缩醛（3）、羟基香茅醛-1,3-丙二醇缩醛（4）和羟基香茅醛-1,2-丙二醇缩醛（5）。

合成路线及产物的碳原子序号如下。

2.4.1.1 实验部分

1. 主要原料、试剂及仪器

羟基香茅醛由南京林业大学精细化工厂提供，GC 分析纯度为 90%。甲醇、无水乙醇、乙二醇、1,3-丙二醇、1,2-丙二醇、氨磺酸、碳酸钠、甲苯、苯、碳酸氢钠、无水乙酸钠等均为分析纯化学试剂。

福立 GC9790 气相色谱仪，SE-54 弹性石英毛细管柱（30m×0.25mm），氢火焰检测器。Nicolet 550（MAGNA-IR 550 series II）红外光谱分析仪，液膜法。Agilent Mass Selective Detector 气相色谱-质谱联用仪，EI 源，70eV。Bruker

AVANCE 400 型核磁共振仪,以 TMS 为内标,CDCl$_3$ 为溶剂,^{1}H NMR 观察频率为 400MHz,^{13}C NMR 观察频率为 100MHz。

2. 合成实验

(1) 羟基香茅醛二甲醇缩醛的合成

按照物质的量比为 100:700~900 在 250mL 锥形瓶中分别加入羟基香茅醛和甲醇,再加入适量氨磺酸作为催化剂,于室温下在磁力搅拌下反应。

反应过程中每隔一段时间取样进行 GC 分析跟踪反应,反应完全之后停止搅拌,用苯多次萃取,合并苯层,依次用饱和碳酸钠溶液、饱和食盐水洗涤,再用无水硫酸钠干燥,回收溶剂后,减压蒸馏收集相应的产品馏分,GC 分析纯度为 89.8%。

(2) 羟基香茅醛乙二醇缩醛的合成

按照物质的量比为 100:400~500 分别称取羟基香茅醛与乙二醇放入锥形瓶中,参照羟基香茅醛缩二甲醇的制备、后处理方法进行反应。

减压蒸馏,收集产品的馏分,GC 分析纯度为 91.2%。

(3) 羟基香茅醛-1,3-丙二醇缩醛的合成

按照物质的量比为 100:450~500 分别称取羟基香茅醛与 1,3-丙二醇放入锥形瓶中,参照羟基香茅醛缩二甲醇的制备、后处理方法进行反应。

减压蒸馏,收集产品的馏分,GC 分析纯度为 89.8%。

(4) 羟基香茅醛-1,2-丙二醇缩醛的合成

按照物质的量比为 100:500~600 分别称取羟基香茅醛与 1,2-丙二醇放入锥形瓶中,参照羟基香茅醛缩二甲醇的制备、后处理方法进行反应。

减压蒸馏,收集相应的产品馏分,GC 分析纯度为 93.4%。

2.4.1.2 结构表征

1. 羟基香茅醛二甲醇缩醛的结构表征

羟基香茅醛二甲醇缩醛的谱图数据归属如下。

FTIR(液膜,cm^{-1}):3440,2939,2936,1464,1375,1192,1126,1056。

EI-MS[m/z(%)]:31(9),41(16),43(36),47(15),55(18),59(44),69(21),71(21),75(100),76(8),81(38),85(69),95(27),96(24),97(8),111(36),113(8),121(9),127(17),128(6),137(29),139(18),153(3),169(25),170(3),171(2),217(0.6)。

2. 羟基香茅醛乙二醇缩醛的结构分析

羟基香茅醛乙二醇缩醛的谱图数据归属如下。

FTIR（液膜，cm^{-1}）：3441，2939，2837，1464，1379，1375，1194，1126，1052。

EI-MS[m/z（%）]：41（43），43（71），45（73），55（48），59（80），69（46），71（64），73（100），81（38），105（37），107（70），113（55），115（74），121（22），127（8），137（6），139（12），153（4），155（4），157（20），159（2），183（4），197（6），199（1），215（12），216（2）。

3. 羟基香茅醛-1,3-丙二醇缩醛的结构分析

羟基香茅醛-1,3-丙二醇缩醛的谱图数据归属如下。

FTIR（液膜，cm^{-1}）：3424，2961，2909，2855，1647，1461，1379，1143，1075。

EI-MS[m/z（%）]：41（12），43（18），55（8），59（37），69（10），71（17），81（8），87（100），88（5），95（8），96（9），97（8），113（16），121（6），127（6），129（30），139（4），159（2），171（2），197（1），229（10）。

4. 羟基香茅醛-1,2-丙二醇缩醛的结构分析

羟基香茅醛-1,2-丙二醇缩醛的谱图数据归属如下。

FTIR（液膜，cm^{-1}）：3421，2965，1460，1375，1147，1031。

EI-MS[m/z（%）]：31（18），41（32），43（57），55（20），59（85），69（21），71（28），77（16），79（52），81（17），87（100），88（18），91（20），93（34），94（34），95（29），97（46），108（15），109（65），111（12），119（67），121（16），127（9），129（19），134（12），137（28），139（12），151（15），152（71），153（12），170（8），194（6），229（9）。

^{1}H NMR，δ：4.95（t，1H，J=9.6Hz，CHO$_2$），4.18~4.11（m，1H，11-CH），3.93（d，2H，12-CH$_2$），3.42（t，1H，J=15.6Hz，11-CH），1.94（s，br，1H，OH），1.66（t，2H，J=10.8Hz，2-CH$_2$），1.55~1.47（m，1H，3-CH），1.43（t，2H，J=4Hz，6-CH$_2$），1.40~1.33（m，2H，5-CH$_2$），1.30（d，3H，J=6Hz，10-CH$_3$），1.20（s，6H，8-CH$_3$，9-CH$_3$），1.17（m，2H，4-CH$_2$），0.95（d，3H，J=6.8Hz，13-CH$_3$）。

^{13}C NMR，δ：103.76（1-C），72.60（11-C），71.63（7-C），70.67（12-C），44.05（2-C），41.37（6-C），37.75（4-C），29.25（9-C），29.18（3-C），29.10（8-C），21.50（5-C），19.90（10-C），18.72（13-C）。

2.4.2 羟基香茅醛乙基醚的合成

以羟基香茅醛（1）为原料，四丁基溴化铵为相转移催化剂，氢氧化钠水溶液为碱，苯为溶剂，经 Williamson 醚化反应合成了羟基香茅醛乙基醚（6）。

合成路线如下。

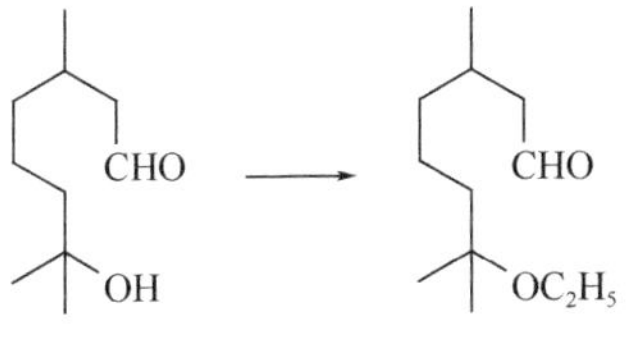

$$\underset{1}{\text{(structure with CHO and OH)}} \longrightarrow \underset{6}{\text{(structure with CHO and OC}_2\text{H}_5\text{)}}$$

2.4.2.1 实验部分

1. 主要原料、试剂及仪器

羟基香茅醛由南京林业大学精细化工厂提供,GC 分析浓度为 90%。四丁基溴化铵、氢氧化钠、溴乙烷、苯、无水硫酸钠等均为市售分析纯试剂。

福立 GC9790 气相色谱仪,SE-54 弹性石英毛细管柱(30m×0.25mm),氢火焰检测器。Nicolet 550(MAGNA-IR 550 series II)红外光谱分析仪,液体样品采用液膜法。Bruker AVANCE 400 型核磁共振仪,以 TMS 为内标,CDCl$_3$ 为溶剂,^{1}H NMR 观察频率为 400MHz,^{13}C NMR 观察频率为 100MHz。

2. 合成实验

按照物质的量比为 1:1.2:1.5:0.04 在锥形瓶中分别加入羟基香茅醛、溴乙烷、氢氧化钠、四丁基溴化铵(氢氧化钠事先溶解到 2 倍质量的蒸馏水中),再加入适量苯,加热搅拌,维持回流。

反应 4h 后停止加热搅拌,待反应液冷却,用饱和食盐水洗涤 2 次后,再用无水硫酸钠干燥。

回收苯和未反应的卤代烃后,减压蒸馏收集相应的产品馏分。

2.4.2.2 结构表征

羟基香茅醛乙基醚的 ^{1}H NMR 谱图和 ^{13}C NMR 谱图与文献一致。

2.5 8-羟基别二氢葛缕醇甲酸酯的合成条件优化

我们筛选到了具有较好驱避活性的新型萜类驱避剂 8-羟基别二氢葛缕醇甲酸酯。为了获得优化的合成条件,以反应物料比、溶剂用量、反应时间为考察因素,采用正交设计,对 8-羟基别二氢葛缕醇甲酸酯的合成做了进一步的研究。

2.5.1 合成条件优化实验

2.5.1.1 仪器与试剂

福立 GC9790 气相色谱仪，SE-54 弹性石英毛细管柱（30m×0.25μm），氢火焰检测器。8-羟基别二氢葛缕醇（实验室自制，GC 分析纯度为 98%）、甲苯、甲酸均为分析纯试剂。

2.5.1.2 合成反应

将一定量的 8-羟基别二氢葛缕醇、甲苯加入 250mL 的三颈烧瓶中，反应温度控制在 25～30℃，按比例称量的甲酸用滴液漏斗慢慢滴加，机械搅拌下进行反应。反应过程中根据实验设计要求进行取样，采用 GC 跟踪分析。

2.5.1.3 正交实验设计

该酯化反应选取醇和酸物质的量比、醇和甲苯物质的量比、反应时间为考虑因素，根据反应工艺，因素及水平设计如表 2-1 所示。

表 2-1　因素水平表

水平	因素		
	A（醇/酸，mol）	B（醇/甲苯，mol）	C（反应时间）/h
1	1∶4	1∶3	1.0
2	1∶5	1∶5	1.5
3	1∶6	1∶7	2.0

根据表 2-1，选择正交表 $L_9(3^4)$ 进行实验，实验设计及结果如表 2-2 所示。

表 2-2　$L_9(3^4)$ 正交实验设计及结果表

实验编号	因素				纯度/%
	A	B	C	D	
1	1	1	1	1	94.18
2	1	2	2	2	90.72
3	1	3	3	3	93.78
4	2	1	2	3	94.88
5	2	2	3	1	89.79
6	2	3	1	2	95.41
7	3	1	3	2	85.71
8	3	2	1	3	83.91
9	3	3	2	1	91.64

注：因素 D 为误差

2.5.2 优化的合成条件

2.5.2.1 结构分析

所合成的产物经 IR（infrared radiation，红外光谱）、^{1}H NMR（nuclear magnetic resonance，核磁共振）、^{13}C NMR 和 MS（mass spectrum，质谱）表征，结果与王宗德等（2007a）的谱图一致。

2.5.2.2 合成条件分析

一般情况下，酯化反应由酸催化。比较通用的一种甲酯化方法是将醇和甲酸在合适的溶剂中反应，控制好一定的温度即可，不需要加入其他催化剂等。结合我们的实际情况，反应原料 8-羟基别二氢葛缕醇的结构中具有两个醇羟基，且其中一个为叔醇羟基（即 8 位羟基），由于叔醇在强酸、高温情况下比较容易失水形成双键，因此，我们将甲酸既当原料使用又当催化剂使用，而不另用其他催化剂。

在前期开展的单因素平行实验中发现，当反应温度高于 30℃时，原料（8-羟基别二氢葛缕醇）及产物（8-羟基别二氢葛缕醇甲酸酯）中的叔醇羟基容易失水；当反应温度低于 25℃时，反应时间相应增加，而且其他的副反应增加。因此，本研究在选择较理想温度 25~30℃的基础上，重点考察了醇和酸物质的量比、醇和甲苯物质的量比、反应时间对酯化反应的影响。

表 2-3 的直观分析结果显示，各因素对产物 GC 分析纯度产生影响的大小顺序为 A（醇/酸，6.273）＞B（醇/甲苯，5.470）＞C（反应时间，2.653）；根据正交实验的分析结果，优选的最佳合成工艺为 $A_2B_3C_2$，采用该工艺条件进行实验，8-羟基别二氢葛缕醇甲酸酯的 GC 分析纯度为 95.41%。

表 2-3 8-羟基别二氢葛缕醇甲酸酯 GC 分析纯度（%）直观分析结果

指标	因素			
	A	B	C	D
K_1	278.68	274.77	273.50	275.61
K_2	280.08	264.42	277.24	271.84
K_3	261.26	280.83	269.28	272.57
k_1	92.893	91.590	91.167	91.870
k_2	93.360	88.140	92.413	90.613
k_3	87.087	93.610	89.760	90.857
极差	6.273	5.470	2.653	1.257

注：K_1、K_2、K_3 分别表示各因素各水平平均值的总和；k_1、k_2、k_3 分别表示各因素各水平的平均值；因素 D 为误差

表 2-4 方差分析结果表明,因素 A(8-羟基别二氢葛缕醇和甲酸物质的量比)对该酯化反应结果影响显著,而 8-羟基别二氢葛缕醇和甲苯物质的量比及反应时间无显著影响。

表 2-4 方差结果分析

变异来源	平方和	自由度	均方	F 值	显著水平
醇/酸(A)	73.2899	2	36.6449	27.4981	0.0351
醇/甲苯(B)	45.9038	2	22.9519	17.223	0.0549
反应时间(C)	10.5731	2	5.2865	3.9670	0.2013
误差	2.6653	2	1.3326		
总和	132.4320	8			

2.5.2.3 最佳工艺条件

通过 $L_9(3^4)$ 正交实验,对 8-羟基别二氢葛缕醇甲酸酯的合成进行方差分析,得出醇和酸物质的量比是影响显著的因素,该酯化反应的最佳工艺条件为 $A_2B_3C_2$,醇酸物质的量比为 1:5,醇与甲苯的物质的量比为 1:7,反应时间为 1.5h,此条件下重复实验,产物 GC 分析纯度为 95.41%。

此处对具有较好驱避活性的 8-羟基别二氢葛缕醇甲酸酯的合成反应条件进行的进一步探讨,为今后中试化或扩大化生产提供了一定实验依据。

2.6 羟基香茅醛-1,2-丙二醇缩醛的合成条件优化

羟基香茅醛(7-羟基-3,7-二甲基辛醛)为无色黏稠液体,是一种良好的香料。它具有铃兰的甜美香气,是制备铃兰型香料的主要组分,并能起到调和作用(陈韵和,1994)。羟基香茅醛及其缩醛类衍生物主要用作香料,在驱避活性方面的研究与应用较少(王宗德,2005)。Masetti 和 Maini(2006)报道羟基香茅醛对白纹伊蚊(Aedes albopictus)有一定的驱避活性,也有报道称羟基香茅醛二甲醇缩醛对埃及伊蚊(Aedes aegypti)、四斑按蚊(Anopheles quadrimaculatus)具有驱避活性(Bartlett and Daubenh,1951;Watkins et al.,2002;Behan and Birch,2003)。我们开展了羟基香茅醛缩醛类衍生物的合成及其对蚊虫的驱避活性研究,并筛选到具有良好应用前景的羟基香茅醛-1,2-丙二醇缩醛(王宗德等,2010a)。羟基香茅醛-1,2-丙二醇缩醛属于植物源驱避剂,与其他萜类驱避化合物类似,具有芳香气味,且具有毒性小、使用安全的优点(李洁等,1997a);在中性或碱性条件下稳定,在酸性条件下不稳定、易分解;在乙醇、甘油等醇类溶剂中有较好的溶解性能;属微毒类农药,大鼠急性经口半致死量(LD_{50})雌性为 5840mg/kg(95% 置信限:4300~7940mg/kg),雄性为 6810mg/kg;质量分数为 20% 时对白纹伊蚊的驱

避时间为 5~6h，质量分数为 10% 和 20% 时对中华按蚊的驱避时间分别为 4.5~5h 和 5~6h，均超过 B 级国家标准（王宗德等，2010b）。羟基香茅醛-1,2-丙二醇缩醛实现市场推广需进行工业化生产，应尽可能提高产率。响应面分析法（response surface methodology）可用于优化反应，将实验中因素与水平之间的相互关系用多项式进行拟合，然后对函数进行响应面分析，可准确地描述因素与响应值之间的关系，具有所得回归方程精确度高、能得到几种因素间交互作用等优点（Wu and Hamada，2003）。本研究选择甲苯为溶剂、氨基磺酸为催化剂的合成方法，具有成本低和后续处理简单的优势，并利用响应面分析法，在单因素实验的基础上对合成工艺进行优化，以期为工业化生产提供前期基础。

2.6.1 合成条件优化实验

2.6.1.1 试剂与仪器

羟基香茅醛（GC 分析纯度为 93%）；饱和食盐水（实验室自制）；1,2-丙二醇、甲苯、氨基磺酸、碳酸氢钠和无水硫酸钠等均为市售分析纯化学试剂。

福立 GC9790 气相色谱仪，SE-54 弹性石英毛细管柱（30m×0.25mm），氢火焰检测器。Bruker AVANCE 400 型核磁共振仪，^{13}C NMR 观察频率为 100MHz，^{1}H NMR 观察频率为 400MHz，以 TMS 为内标，$CDCl_3$ 为溶剂。Nicolet Protege 460 红外光谱仪，液膜法。

2.6.1.2 合成方法

在三口烧瓶中加入 0.5mol 的羟基香茅醛（115g）、1,2-丙二醇、甲苯和少量的氨基磺酸，在磁力搅拌器上搅拌加热，温度控制在 35~45℃，反应 3~5h。反应结束后停止搅拌，将反应液倒入分液漏斗中，加适量的甲苯萃取，依次加入饱和碳酸氢钠溶液、饱和食盐水洗涤至水层显中性，加无水硫酸钠干燥有机层，将有机层物进行气相色谱分析。

合成反应方程式如下。

2.6.1.3 单因素实验

反应物羟基香茅醛质量不变，为 115g，催化剂用量不变，通过单因素实验分别考察羟基香茅醛与 1,2-丙二醇的物料比、羟基香茅醛与甲苯溶剂的物料比、反应温度、反应时间对目标产物产率的影响。

2.6.1.4 响应面实验

通过单因素实验，确定对目标产物产率影响最显著的3个因素，以A、B、C（分别为反应物料醛与醇的物质的量比、反应温度、反应时间）为自变量，采用Design 7.0.0 数学软件中 Box-Behnken 方法对产物的合成条件进行响应面设计，共15个实验点。通过响应面分析和修正确定最佳反应条件。

2.6.2 优化的合成条件

2.6.2.1 单因素实验结果分析

1. 羟基香茅醛与 1,2-丙二醇物质的量比的影响

在羟基香茅醛为0.5mol，羟基香茅醛与甲苯的物质的量比为1∶2.5，反应温度为40℃，反应时间为4h的条件下，考察醛与醇的物质的量比分别为1∶1、1∶2、1∶3、1∶4和1∶5时对目标产物产率的影响，结果见表2-5。

表2-5 各因素对目标产物产率的影响

因素	水平	目标产物产率/%
醛/醇	1∶1	76.68
	1∶2	85.35
	1∶3	86.32
	1∶4	86.27
	1∶5	80.35
醛/甲苯	1∶1.5	83.17
	1∶2	86.65
	1∶2.5	86.27
	1∶3	86.35
	1∶3.5	86.19
反应温度	25℃	80.03
	30℃	86.56
	35℃	87.12
	40℃	86.69
	45℃	80.22
反应时间	2h	79.66
	3h	84.63
	4h	85.97
	5h	86.25
	6h	81.07

从表 2-5 可知，当羟基香茅醛与 1,2-丙二醇的物质的量比从 1:1 变化至 1:5 时，目标产物的产率呈先增长后降低的趋势。1,2-丙二醇稍微过量可使化学反应平衡向右移动，增加反应产物，但若丙二醇过多，会导致生成副产物，因此醛/醇以 1:2～1:4 为宜。

2. 羟基香茅醛与甲苯的物质的量比的影响

原料醛和醇物质的量比为 1:3，其他条件同上，考察羟基香茅醛与甲苯的物质的量比分别为 1:1.5、1:2、1:2.5、1:3 和 1:3.5 时对目标产物产率的影响，结果见表 2-5。

从表 2-5 可知，当甲苯用量为羟基香茅醛的 1.5 倍时，目标产物的产率相对较低，且随着溶剂甲苯的用量升高，目标产物的产率变化不大。说明甲苯将产物从反应体系中萃取出来，使反应平衡向右移，反应产率增加，但溶剂用量过多也没必要，综合考虑，以甲苯用量为醛的 2～2.5 倍为宜。

3. 反应温度的影响

在原料醛与醇物质的量比为 1:3、醛与甲苯物质的量比为 1:2.5、反应时间为 4h 的条件下，设置缩醛反应温度分别为 25℃、30℃、35℃、40℃ 和 45℃，结果见表 2-5。

从表 2-5 可知，温度偏高、偏低都不好。温度过低，反应速率慢，温度过高，产物复杂化，所以温度在 30～40℃ 较好。

4. 反应时间的影响

在醛与醇物质的量比为 1:3、醛与甲苯物质的量比为 1:2.5、反应温度为 40℃ 的条件下，设置缩醛反应时间分别为 2h、3h、4h、5h 和 6h，结果见表 2-5。

从表 2-5 可知，随着反应时间增长，目标产物产率整体提高，因为反应时间短，反应不完全，但反应时间过长，目标产物产率会下降，因为副产物随着时间的增长生成量增加，所以反应在 3～5h 完成最佳。

2.6.2.2 响应面法复配实验结果分析

1. 模型的建立

根据单因素实验结果，以反应物料醛与醇物质的量比、反应温度和反应时间 3 个影响显著的因素进行响应面实验设计，响应面分析因素水平如表 2-6 所示。其中序号 1～12 是析因实验，13～15 为中心实验。

表 2-6 响应面分析的实验设计及结果

序号	A（反应物料物质的量比）	B（反应温度）/℃	C（反应时间）/h	目标产物产率/%
1	1∶2	30	4	73.76
2	1∶4	30	4	84.29
3	1∶2	40	4	80.36
4	1∶4	40	4	89.67
5	1∶2	35	3	74.24
6	1∶4	35	3	82.38
7	1∶2	35	5	75.31
8	1∶4	35	5	87.88
9	1∶3	30	3	74.75
10	1∶3	40	3	83.32
11	1∶3	30	5	85.43
12	1∶3	40	5	90.17
13	1∶3	35	4	89.91
14	1∶3	35	4	88.56
15	1∶3	35	4	89.19

2. 响应面分析方案及结果

利用 Design Expert 7.0.0 软件对表 2-6 进行回归分析及方差分析，结果如表 2-7 所示。

表 2-7 回归方程的方差分析

方差来源	平方和	自由度	均方	F 值	P 值
模型	523.60	9	58.18	17.91	0.0027
A	205.54	1	205.54	63.27	0.0005
B	79.95	1	79.95	24.61	0.0042
C	72.60	1	72.60	22.35	0.0052
AB	0.37	1	0.37	0.11	0.7488
AC	4.91	1	4.91	1.51	0.2738
BC	3.67	1	3.67	1.13	0.3366
A^2	104.99	1	104.99	32.32	0.0023
B^2	12.88	1	12.88	3.96	0.1031
C^2	57.17	1	57.17	17.60	0.0085
残差	16.24	5	3.25		

方差来源	平方和	自由度	均方	F值	P值
失拟项	15.33	3	5.11	11.20	0.0831
绝对误差	0.91	2	0.46		
总和	539.84	14			

注:AB、AC、BC分别表示一次项A、B、C的交互项;A^2、B^2、C^2分别表示一次项A、B、C的二次项

通过Design Expert 7.0.0软件对实验结果进行多元回归分析,得到各因素与目标产物产率之间的二次多项回归模型:

$Y=89.22+5.07A+3.16B+3.01C-0.31AB+1.11AC-0.96BC-5.33A^2-1.87B^2-3.94C^2$

模型的F值为17.91,说明模型是显著的。P值小于0.01表明模型项是极显著的,从表2-7可知,A、B、C、A^2、C^2对产物合成的影响是显著的。

决定系数R^2=0.9699,说明该模型与实际情况拟合程度很好,实验误差小。模型的校正决定系数R^2_{adj}=0.9157,说明该模型能解释91.57%的响应值变化。信噪比为11.529,大于4,说明此模型能很好地响应信号,可以用此模型分析和预测目标产物的产率(Wu and Hamada,2003)。

3. 因素交互作用

为了更直接地反映各因素间的相互作用对目标产物产率的影响,分别将物料比、反应温度、反应时间以两两为自变量作3D图,如图2-1~图2-3所示。

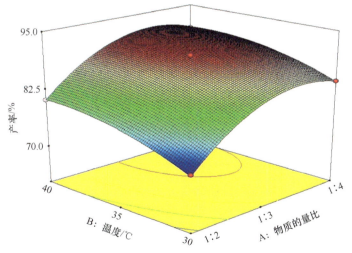

图2-1 因素A与因素B之间的响应面

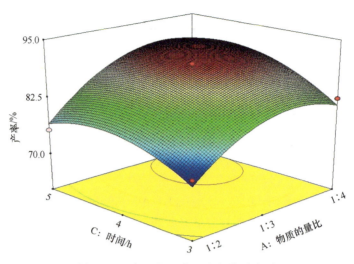

图 2-2　因素 A 与因素 C 之间的响应面

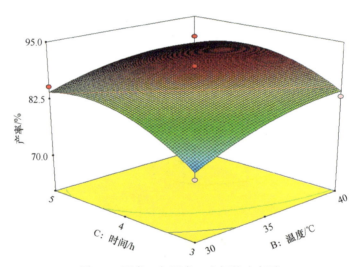

图 2-3　因素 B 与因素 C 之间的响应面

由图 2-1 可见，当 B（反应温度）不变时，随着 A（原料醛/醇）的升高，目标产物的产率呈现先增加后降低的趋势，当 A 约为 1∶3.5 时产率达到最大。当物料比不变时，反应温度越高，产率一般越高，所以适当地提高温度对反应是有利的。

由图 2-2 可见，当 C（反应时间）不变时，随着 A 的增加，产率先上升后下降，当 A 约为 1∶3.5 时最大。当 A 不变时，随着 C 的增大，产率先增大后减小，当 C 在 4～5h 最大。

由图 2-3 可见，当 C 不变时，随着 B 增大，产率一般是呈上升趋势。但 C（反应时间）值不能太大，与单因素实验分析是吻合的。

4. 最佳合成条件及验证

为得到产物的最佳合成条件，对回归方程取一阶偏导为零：
$$5.07-0.31B+1.11C-10.06A=0$$
$$3.16-0.31A-0.96C-3.74B=0$$
$$3.01+1.11A-0.96B-7.88C=0$$

解得 A=0.523、B=0.70、C=0.37，换算成实验条件为羟基香茅醛与1,2-丙二醇物质的量比为1∶3.523，反应温度为38.5℃，反应时间为4.37h。考虑到实验的可操作性，对优化条件进行适当修正，修正后条件如下：羟基香茅醛与1,2-丙二醇物质的量比为1∶3.5，反应温度为38℃，反应时间为4.4h，羟基香茅醛与甲苯物质的量比为1∶2～1∶2.5，修正条件下目标产物产率预测值为89.82%。在此条件下，重复3次验证实验，得到目标产物的平均产率达89.76%，预测值与实际值之间能很好地吻合，利用响应面优化的参考准确可靠，具有实用价值。

2.6.2.3 最佳合成工艺

通过单因素实验研究了羟基香茅醛与1,2-丙二醇物料比、羟基香茅醛与甲苯溶剂物料比、反应温度、反应时间对目标产物产率的影响，应用响应面实验设计对其合成工艺条件进行优化，得出最佳合成条件：羟基香茅醛与1,2-丙二醇物质的量比为1∶3.5，反应温度为38℃，反应时间为4.4h，羟基香茅醛与甲苯物质的量比为1∶2～1∶2.5，在此条件下反应得到目标产物的产率为89.76%。回归分析和验证实验表明了优化效果较好，实验结果可以为羟基香茅醛-1,2-丙二醇缩醛的合成提供理论依据。

第3章 萜类驱避化合物的活性测定

昆虫驱避剂在保护人们免遭有害昆虫骚扰、减少虫媒疾病传播方面具有重要的作用。目前市场上驱避剂的主导品种是避蚊胺（DEET），绝大多数驱避产品的有效成分是 DEET。

一般认为，避蚊胺具有广谱、高效、安全的特点，但是近年来陆续发现一些其在毒理学方面的安全问题，如长期或大量使用会出现神经系统症状、皮肤损伤等（Qiu et al.，1998）。因此，研究和筛选高效、安全的驱避剂新品种，对于控制虫媒疾病传播和保护人类健康具有重要意义。

本章选择了自行制备的萜类化合物开展针对多个昆虫的驱避活性测定，目的是筛选新型萜类驱避化合物，并为后继的萜类驱避化合物驱避活性规律探讨、定量构效关系研究和驱避作用机理探讨提供相关的化合物基础与活性数据基础。

3.1 蚊虫驱避活性测定

3.1.1 活性测定

3.1.1.1 材料与方法

1. 化合物与试剂

用于活性测定的 32 种萜类化合物的情况如表 3-1 所示。这些化合物除了 9 号、10 号、11 号的相对分子量超过 250，其他化合物的相对分子量全部在 150～250。

表 3-1 用于活性测定的萜类化合物

序号	分子式	相对分子量	名称	结构式
1	$C_{12}H_{17}ON$	191	避蚊胺（对照）	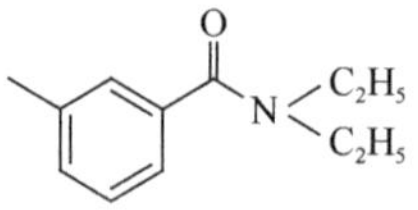
2	$C_{11}H_{18}O$	166	诺卜醇	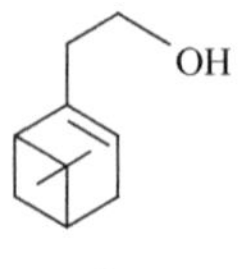
3	$C_{13}H_{22}O$	194	诺卜乙基醚	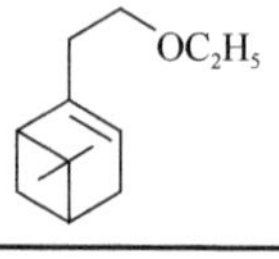

续表

序号	分子式	相对分子量	名称	结构式
4	$C_{14}H_{24}O$	208	诺卜丙基醚	
5	$C_{13}H_{20}O_2$	208	乙酸诺卜酯	
6	$C_{14}H_{22}O_2$	222	丙酸诺卜酯	
7	$C_{13}H_{22}O_2$	210	内型异莰烷基甲醇乙酸酯	
8	$C_{14}H_{24}O_2$	224	内型异莰烷基甲醇丙酸酯	
9	$C_{17}H_{30}O_2$	266	内型1-异莰烷基-3-戊醇乙酸酯	
10	$C_{18}H_{32}O_2$	280	内型1-异莰烷基-3-己醇乙酸酯	
11	$C_{18}H_{32}O_2$	280	内型4-异莰烷基-3-乙基-2-丁醇乙酸酯	
12	$C_{13}H_{20}O_2$	208	4-(1-甲基乙烯基)-1-环己烯-1-乙醇乙酸酯	
13	$C_{14}H_{22}O_2$	222	4-(1-甲基乙烯基)-1-环己烯-1-乙醇丙酸酯	

序号	分子式	相对分子量	名称	结构式
14	$C_{12}H_{22}O_2$	198	乙酸薄荷酯	
15	$C_{13}H_{24}O_2$	212	丙酸薄荷酯	
16	$C_{12}H_{20}O$	180	诺卜基甲基醚	
17	$C_{12}H_{18}O$	178	甲酸诺卜酯	
18	$C_{10}H_{16}O$	152	2,3-环氧蒎烷	
19	$C_{10}H_{18}O_2$	170	8-羟基别二氢葛缕醇	
20	$C_{10}H_{20}O_2$	172	羟基香茅醛	
21	$C_{10}H_{18}O$	154	芳樟醇	
22	$C_{10}H_{20}O$	156	薄荷醇	

续表

序号	分子式	相对分子量	名称	结构式
23	$C_{11}H_{18}O_3$	198	8-羟基别二氢葛缕醇甲酸酯	
24	$C_{12}H_{20}O_3$	212	8-羟基别二氢葛缕醇乙酸酯	
25	$C_{13}H_{22}O_3$	226	8-羟基别二氢葛缕醇丙酸酯	
26	$C_{12}H_{24}O_2$	200	羟基香茅醛乙基醚	
27	$C_{13}H_{24}O_2$	212	羟基香茅醛丙酸酯	
28	$C_{12}H_{26}O_3$	218	羟基香茅醛二甲醇缩醛	
29	$C_{12}H_{24}O_3$	216	羟基香茅醛乙二醇缩醛	
30	$C_{13}H_{26}O_3$	230	羟基香茅醛-1,3-丙二醇缩醛	

续表

序号	分子式	相对分子量	名称	结构式
31	$C_{13}H_{26}O_3$	230	羟基香茅醛-1,2-丙二醇缩醛	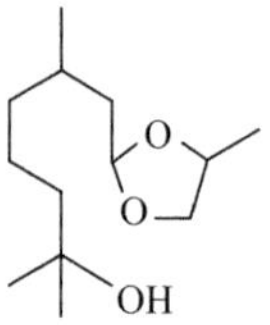
32	$C_{11}H_{18}O_3$	198	蒎酮酸甲酯	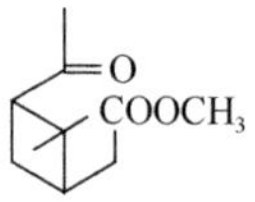
33	$C_{12}H_{20}O_3$	212	蒎酮酸乙酯	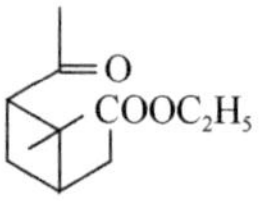

避蚊胺（DEET）购自上海升纬化工原料有限公司，GC 分析纯度为 98.6%；无水乙醇为市售分析纯试剂。

2. 实验动物

白纹伊蚊（*Aedes albopictus*）和中华按蚊（*Anopheles sinensis*）羽化后 4～5d 的雌成虫，小白鼠均由南京军区军事医学研究所（现为东部战区疾病预防控制中心）昆虫饲养室提供。

3. 活性测定方法

（1）小白鼠筛选实验

将小白鼠腹部去毛，在 2.5cm×2cm 面积上涂抹用无水乙醇配制的一定浓度的萜类化合物溶液 8μL。在不同时间点将涂药的体表置于装有不少于 30 只雌蚊、直径为 5.5cm、高为 12cm 网筒的下端开口处（开口面积为 2cm×2cm），观察 2min，记录叮刺蚊虫数。

（2）人体筛选实验

参照国家标准 GB/T 13917.9—2009。

白纹伊蚊（*Aedes albopictus*）的驱避实验采用人的双手背面 5cm×5cm 面积进行，一只手按 1.5μL/cm² 涂抹药剂，另一只手为空白对照。在不同时间点将手伸入装有不少于 300 只雌蚊的 40cm×30cm×30cm 蚊笼内，暴露涂药皮肤 4cm×4cm 的面积，严密遮蔽其余部分，观察 2min。每次只要有一只蚊虫叮刺即判驱避剂失效，记录有效保护时间。

中华按蚊（*Anopheles sinensis*）的驱避实验同白纹伊蚊的驱避实验。

3.1.1.2 结果与讨论

1. 驱避剂对白纹伊蚊的驱避效果

（1）小白鼠筛选实验结果

用小白鼠筛选 32 种萜类化合物对白纹伊蚊驱避活性的结果见表 3-2。

表 3-2 萜类化合物对白纹伊蚊驱避活性实验的结果

化合物编号	原药含量/%	使用浓度/%	试蚊数/只	0.5h 后叮刺蚊虫数/只
1（DEET）	98.6	10	55	0
2	98.7	10	81	12
3	94.2	10	85	27
4	94.1	10	76	28
5	96.7	10	45	9
6	98.9	10	73	15
7	85.2	10	54	28
8	85.6	10	57	10
9	80.6	10	71	27
10	86.2	10	67	30
11	94.7	10	44	16
12	96.3	10	36	10
13	94.2	10	55	20
14	99.3	10	67	35
15	99.1	10	34	17
16	95.2	10	42	15
17	90.5	10	52	16
18	80.0	10	30	16
19	97.4	10	49	5
20	76.0	10	53	2
21	99.0	10	51	31
22	96.0	20	59	15
23	89.3	20	76	0
24	92.0	20	67	0
25	88.0	20	45	11
26	89.0	20	107	17
27	70.0	20	57	16

续表

化合物编号	原药含量/%	使用浓度/%	试蚊数/只	0.5h 后叮刺蚊虫数/只
28	89.8	20	58	0
29	90.2	10	36	8
30	81.0	10	34	3
31	92.2	10	40	4
32	97.0	10	33	0
33	98.2	10	48	1

表 3-2 的筛选结果表明，2～33 号化合物对白纹伊蚊的驱避效果表现出很大的差异性。比较多的化合物在 0.5h 就没有了驱避活性，而 20 号、23 号、24 号、28 号、30 号、31 号、32 号、33 号化合物仍然表现出一定的驱避活性。为了更好地研究它们的驱避活性，开展了进一步的活性筛选实验。

（2）人体筛选实验结果

采用人体筛选 8 种萜类化合物对白纹伊蚊驱避效果的实验结果见表 3-3。

表 3-3 8 种萜类化合物对白纹伊蚊的驱避效果

化合物编号	原药含量/%	使用浓度/%	有效保护时间/h											
			0.5	1	1.5	2	2.5	3	3.5	4	4.5	5	5.5	6	6.5	7
20	76.0	5	+													
		10	−	+												
		15	−	+												
		20	−	−	+											
		30	−	−	−	+										
23	89.3	10	−	−	−	−	−	+								
		20	−	−	−	−	−	−	−	−	−	−	+			
24	92.0	10	−	−	−	−	−	−	+							
		20	−	−	−	−	−	−	−	+						
28	89.8	10	−	+												
		20	−	−	−	+										
30	81.0	10	+													
		20	+													
31	92.2	10	−	−	+											
		20	−	−	−	−	−	+								
32	97.0	10	−	+												
		20	−	+												

续表

化合物编号	原药含量/%	使用浓度/%	有效保护时间/h												
			0.5	1	1.5	2	2.5	3	3.5	4	4.5	5	5.5	6	6.5	7
33	98.2	10	−	−	+											
		20	−	−	+											
DEET	98.6	10	−	−	−	−	−	−	−	−	−	−	−	−	+	
		20	−	−	−	−	−	−	−	−	−	−	−	−	−	

注:"−"表示无蚊虫叮咬;"+"表示有蚊虫叮咬,后面不再继续实验。下同

以白纹伊蚊为材料进行的人体筛选实验(表 3-3)显示,8 种萜类化合物中有 7 种(20 号、23 号、24 号、28 号、31 号、32 号、33 号)均对白纹伊蚊有一定的驱避活性,对人体有一定的保护效果。

它们的保护作用随使用剂量(浓度)的增加而提高。其中 23 号化合物的驱避活性最高,浓度为 20% 时,有效保护时间为 4.5~5h;浓度为 10% 时,有效保护时间为 2.5~3h。

另外 6 个化合物的驱避活性从高到低的顺序为 24 号、31 号、28 号、33 号、20 号、32 号,对人体的有效保护时间为 0.5~4h。

2. 驱避剂对中华按蚊的驱避效果

采用人体筛选化合物对中华按蚊驱避效果的结果见表 3-4。

表 3-4　5 种萜类化合物对中华按蚊的驱避效果

化合物编号	原药含量/%	使用浓度/%	有效保护时间					
			1h	2h	3h	4h	5h	6h
23	89.3	10	+					
		20	−	+				
24	92.0	10	−	+				
		20	−	+				
28	89.8	10	−	−	−	−	+	
		20	−	−	−	−	+	
31	92.2	10	−	−	−	−	+	
		20	−	−	−	−	−	+
33	98.2	10	−	+				
		20	−	+				
DEET	98.6	10	−	−	−	−	−	+
		20	−	−	−	−	−	+

以中华按蚊为材料进行的人体筛选实验（表 3-4）显示，23 号、24 号、28 号、31 号、33 号化合物对按蚊有不同的驱避效果。其中 28 号在使用浓度为 10% 和 20% 时，均有 4~5h 的保护作用。31 号化合物的保护作用最好，10% 时为 4~5h，而 20% 时为 5~6h，与 DEET 的效果相近。

3.1.2 结果与分析

3.1.2.1 高活性驱避剂筛选结果

本实验从 32 种化合物样品中筛选出具有一定驱避活性的 8 种。其中 23 号对白纹伊蚊具有较高的驱避活性，使用浓度为 20% 时对人体的保护作用可达 4.5~5h，虽然较 DEET 低，但已经达到了国家标准有效保护时间≥4.0h 的 B 级标准。

以中华按蚊进行的筛选实验显示，28 号和 31 号化合物具有较好的保护效果，与 DEET 接近，达到或超过了国标 B 级标准。

3.1.2.2 分类进行产品开发的可能性

筛选的这些化合物对白纹伊蚊和中华按蚊的驱避效果存在比较大的差异。20% 化合物 23 号对白蚊伊蚊的驱避效果为 4.5~5h，而对中华按蚊的驱避效果仅为 1~2h。20% 化合物 28 号对白纹伊蚊的驱避效果为 1.5~2h，而对中华按蚊为 4~5h。10% 和 20% 化合物 31 号对白纹伊蚊的驱避效果分别为 1~1.5h 和 2~2.5h，而对中华按蚊分别长达 4~5h 和 5~6h，与 DEET 相近。

这几个萜类化合物对白纹伊蚊和中华按蚊表现出来的不同活性，为在不同环境使用不同的驱避剂提供了选择。

在家居等室内环境，可选用化合物 23 号防止白纹伊蚊叮刺，而在野外作业，特别是在水稻田间工作的人员，化合物 28 号、31 号具有良好的防止中华按蚊叮刺的保护作用。由于按蚊是疟疾的传播媒介，因此这些化合物的发现对于保护广大农村田间工作人员免于按蚊叮刺、控制疟疾的发生与流行将具有重要的意义。

3.1.2.3 开发前景分析

本研究的样品都是由松节油或其他天然萜类资源经改性得到的萜类化合物，其原料充足，成本低廉。更为重要的是，原料是可再生的天然资源，因此由其改性得到的驱避剂具有来源天然、毒性小、本身就是香料等优点，使消费者更乐于接受。

近年来发现 DEET 存在一定的毒副作用，并且在儿童和老年人中发现一定比例的过敏人群（Qiu et al., 1998），因此 23 号、28 号、31 号化合物可以作为驱避剂品种的良好补充，加以开发则可能在一定程度上弥补驱避剂产品品种单一、选择性小的不足。

3.1.3 高活性蚊虫驱避剂 R1 和 R2 的活性评价

3.1.3.1 高活性蚊虫驱避剂 R1（8-羟基别二氢葛缕醇）

1. 活性测定方法

实验项目为在实验室内的驱蚊效果。

实验依据是 GB/T 13917.9—2009。

实验虫种为江西农业大学植物天然产物与林产化工研究所饲养的标准试虫，即白纹伊蚊（Aedes albopictus）羽化后 4～5d 未吸血雌蚊，每笼 300 只以上。

温度控制在（26±1）℃，相对湿度在 65%±5%。

测试按照 GB/T 13917.9—2009 中的方法进行。同时用 DEET 做对照实验。

2. 活性测定结果

驱蚊剂 R1 对白纹伊蚊的驱避活性随着浓度提高而增强，在使用浓度为 10%、15% 时，对人体的有效保护时间分别为 4～4.5h 和 4.5～5h，均达到 GB/T 13917.9—2009 评价标准的 B 级标准。在使用浓度为 20% 时，对人体的有效保护时间为 6～7h，达到 GB/T 13917.9—2009 评价标准的 A 级标准，说明该化合物对吸血攻击力最强的白纹伊蚊（Aedes albopictus）具有良好的驱避效果，具有广阔的开发与应用前景。

3.1.3.2 高活性蚊虫驱避剂 R2（羟基香茅醛-1,2-丙二醇缩醛）

1. 活性测定方法

实验依据是 GB/T 13917.9—2009。

实验虫种为南京军区军事医学研究所（现为东部战区疾病预防控制中心）饲养的标准试虫，即白纹伊蚊、中华按蚊（Anopheles sinensis）和淡色库蚊（Culex pipiens）羽化后 4～5d 未吸血雌蚊，每笼 300 只以上。

2. 活性测定结果

驱蚊剂 R2 对白纹伊蚊的驱避活性：在使用浓度为 20% 时，对人体的保护时间为 5～6h，达到 GB/T 13917.9—2009 评价标准的 B 级标准，说明该化合物对吸血攻击力最强的白纹伊蚊具有良好的驱避效果，具有广阔的开发与应用前景。

驱蚊剂 R2 对中华按蚊的驱避活性：在使用浓度为 10% 时，对人体的保护时间为 4.5～5h，在使用浓度为 20% 时，对人体的有效保护时间为 5～6h，均达到 GB/T 13917.9—2009 评价标准的 B 级标准，接近 DEET 的驱避效果，具有广阔的开发与应用前景。

驱蚊剂 R2 在浓度分别为 10%、15%、20% 时，对淡色库蚊的驱避时间≥6.5h，药效结果都达到了国标 A 级标准,且在 10% 的低浓度时,驱避效果良好。从整体驱避时间变化和实验中蚊虫叮咬次数来看,羟基香茅醛-1,2-丙二醇缩醛遵循浓度越高有效驱避时间越长的规律。羟基香茅醛-1,2-丙二醇缩醛作为一种萜类驱避剂,具有良好的开发前景。随着进一步的研究和开发,将有利于寻找避蚊胺的替代品和开发高效、绿色、安全的新型萜类驱避剂,促进我国无公害农药的发展,直接有力地推动我国萜类驱避剂的研究和利用,并且丰富驱避剂的种类。

3.1.4 高活性蚊虫驱避剂 R2 的空间驱避剂活性评价

3.1.4.1 活性测定方法

淡色库蚊:羽化 3~4d 未吸血种群,饲养温度为 (25±1)℃,相对湿度为 45%±5%,成虫供以 5% 的葡萄糖水溶液。每笼 1200 只,雌雄各半,引自江西省山峰日化有限公司。

志愿者:10 男 10 女,裸露头部至颈部、手臂至肘关节处、脚踝至膝盖处。

R2:江西农业大学植物天然产物与林产化工研究所合成产品。95% 乙醇、滤纸均购自市场。

通风纱网笼:长、宽、高分别为 0.5m、0.3m、0.3m。

通风房间:5 个,长、宽、高分别为 6m、3m、3m。

刚羽化未吸血淡色库蚊放入纱网笼中,然后将称量好的 R2 溶于 0.3mL 95% 乙醇+0.7mL H_2O 中,并倒入盛有滤纸的培养皿中。培养皿置于纱网笼距离边缘 0.2m 处。实验开始后,每隔 30min 观察 1 次,记录淡色库蚊被击倒和灭杀情况。

本实验中以 R2 的浓度 A、人与驱避剂的距离 B、驱避剂放置高度 C、乙醇与水的体积比 D(乙醇和水总体积为 1mL)为考察因素,目的在于寻找最佳方案和主次因素。将上述每个因素分成 3 个水平,按正交设计原理进行实验,因素及水平设计如表 3-5 所示。

表 3-5 正交实验的因素水平

水平	A/(mg/mL)	B/m	C/m	D
1	100	0.5	0.0	1:9
2	200	1.0	1.0	3:7
3	300	1.5	2.0	1:1

5 个房间分别编号为 1、2、3、4、5,并在房门上贴上标签,各房间均配有温度计及湿度计,维持各实验房间的室内温度为 (25±1)℃,相对湿度为 45%±5%。每个房间按正方形确定实验的方位,在正方形 4 个顶点和中心做好记号,中心到 4 个顶点的距离分别设置为 0.5m、1.0m、1.5m 三个不同水平,在正方形中心分别设置 0m、1m、2m 三个不同高度,研究淡色库蚊空间驱避效果时需较暗的光线,故

每个房间拉上窗帘。

在已布置好的每个房间中释放约 30 只雌性淡色库蚊,拉紧窗帘(该蚊种在傍晚的攻击力比较强),关好门窗。

把已配好的编号分别为 1、2、3、4、5 的驱避剂倒在已放有干净滤纸的培养皿中,按不同的高度要求分别放在 5 个房间并关好门使药剂充分挥发,药效达到最大。

志愿者分成 5 组,每组 2 位男士和 2 位女士,待试剂在室内放置 10min 后各组人员分别进入 1~5 号房间,进入房间后关好门,按要求分别坐好在正方形的四个顶点,裸露头部至颈部、手臂至肘关节处、脚踝至膝盖处,在实验记录表上填写相应的内容,记下房间内空气湿度及温度、志愿者姓名、性别及实验开始时间,观察志愿者被蚊虫叮咬情况。从实验开始计时,每位志愿者被第 1 只蚊虫叮咬即为驱避剂对该志愿者的有效保护时间,志愿者记下该叮咬的时间点后即可离开房间。待志愿者全部出来后,打开门窗把蚊子驱赶干净,同时使房间内已挥发的试剂充分扩散到室外,再进行下一轮实验。实验每一处理重复 3 次,实验数据处理时取其平均值。

记录下的数据经简单的处理后可用 Excel 正交表进行直观分析及方差分析。

3.1.4.2 活性测定结果

实验结果表明,当 R2 的浓度增加到 300mg/mL、时间延长到 24h,其对淡色库蚊均无直接的击倒和灭杀作用。

表 3-6 是按正交表中所示的条件实验所得的测试结果。

表 3-6 $L_9(3^4)$ 正交实验结果

实验号和指标	A/(mg/mL)	B/m	C/m	D	平均有效保护时间/min
1	100	0.5	0.0	1:9	97.80
2	100	1.0	1.0	3:7	176.40
3	100	1.5	2.0	1:1	32.40
4	200	0.5	1.0	1:1	240.00
5	200	1.0	2.0	1:9	240.00
6	200	1.5	0.0	3:7	240.00
7	300	0.5	2.0	3:7	240.00
8	300	1.0	0.0	1:1	240.00
9	300	1.5	1.0	1:9	163.80
K_1	306.60	577.80	577.80	501.60	
K_2	720.00	656.40	580.20	656.40	
K_3	643.80	436.20	512.40	512.40	$T=1670.4$

续表

实验号和指标	A/(mg/mL)	B/m	C/m	D	平均有效保护时间/min
k_1	102.20	192.60	192.60	167.20	$\mu=T/9=185.6$
k_2	240.00	218.80	193.40	218.80	
k_3	214.60	145.40	170.80	170.80	
R	137.80	73.40	22.60	51.60	

注：K_1、K_2、K_3分别表示各因素各水平平均值的总和，k_1、k_2、k_3分别表示各因素各水平的平均值；极差R表示k_1、k_2、k_3中最大值与最小值之差；T表示9个实验处理的平均有效保护时间的总和；μ表示9个实验处理的平均有效保护时间的平均值。

由表3-6得出，在不考虑交互作用的情况下，A因素列：$k_2>k_3>k_1$；B因素列：$k_2>k_1>k_3$；C因素列：$k_2>k_1>k_3$；D因素列：$k_2>k_3>k_1$。所以最佳方案为$A_2B_2C_2D_2$，即R2浓度200mg/mL，人与驱避剂距离1.0m，驱避剂放置高度1.0m，乙醇与水体积比为3∶7。

表3-6也显示出$R_A>R_B>R_D>R_C$，所以各因素从主到次的顺序为A（R2浓度）、B（人与驱避剂距离）、D（乙醇与水体积比）、C（驱避剂放置高度），即最主要因素是R2的浓度，其次是人与驱避剂的距离、乙醇与水体积比，而驱避剂的放置高度对有效保护时间影响不大。

从表3-7可看出，4个因素的F值均小于临界$F_{0.05\,(2,2)}$值，因此A、B、C、D四个因素的影响没有显著差异，最主要的原因可能是4～8号样品的平均有效保护时间都是240min，没有差异，也可能是实验期间空气温度和湿度没有达到配制试剂挥发所需的最理想条件，从而导致了实验结果差异不显著。

表3-7　方差分析表

变异来源	平方和	自由度	均方	F值	临界F值
A	32 267.76	2	16 133.88	2.773 588 311	$F_{0.05\,(2,2)}=4.46$
B	8 301.84	2	4 150.92	0.713 588 002	$F_{0.01\,(2,2)}=8.65$
C	986.64	2	493.32	0.084 807 039	
D	4 979.52	2	2 489.76	0.428 016 648	
总变异	46 535.76	8	5 816.97		

以上实验结果表明，用不同浓度的R2对蚊虫进行空间驱避实验，随着R2浓度的增加，有效保护时间逐渐增加，在浓度为300mg/mL时R2具有良好的空间驱避活性，对淡色库蚊（Culex pipiens）的有效驱避时间为4～4.5h；采用$L_9(3^4)$正交实验，以R2的浓度、人与驱避剂距离、驱避剂放置高度、溶剂配比（乙醇/水）为考察因素，以R2的有效驱避时间为考察指标，进行空间驱避效果考察实验。得到的最佳条件：浓度为200mg/mL，人与驱避剂距离为1m，驱避剂放置高度为0m，乙醇/水为3∶7，对人体的有效保护时间＞4h。

3.1.5 高活性蚊虫驱避剂 R1 和 R2 的毒性评价

3.1.5.1 高活性蚊虫驱避剂 R1 的毒性评价

1. 毒性测定方法

实验项目为大鼠急性经口毒性实验。

实验依据是 GB/T 15670—1995 中的农药登记毒理学实验方法。

实验动物由上海西普尔-必凯实验动物有限公司提供。

动物饲养环境温度控制在 20～24℃，相对湿度在 50%～70%，通风良好。

测试按照 GB/T 15670—1995 中的方法进行，按照一定的剂量给雌、雄大鼠一次性灌胃，观察 14d 内中毒表现、死亡数。

2. 毒性测定结果

按照 5000mg/kg 驱蚊剂 R1 的剂量给雌、雄大鼠各 10 只一次性灌胃，动物经口染毒后，在观察期内前 20min 出现流涎、步态不稳、四肢无力症状，第二天恢复，观察 14d，雌、雄动物均无死亡现象。

由此可知，驱蚊剂 R1 的大鼠急性经口 $LD_{50}>5000$mg/kg，说明驱蚊剂 R1 的经口毒性为微毒类。

3.1.5.2 高活性蚊虫驱避剂 R2 的毒性评价

1. 毒性测定方法

与 R1 的毒性测定方法相同。

2. 毒性测定结果

按照一定的剂量将驱蚊剂 R2 给雌、雄大鼠一次性灌胃，动物经口染毒后，在观察期内前 3min 出现萎靡、个别流涎、四肢无力、步态不稳、鼻腔有血性分泌物及死亡现象，未死亡的动物第 2 天恢复正常。

根据大鼠死亡情况，在 Horn's 表中查找可得，驱蚊剂 R2 的大鼠急性经口 LD_{50} 雌性为 5840mg/kg（95% 置信限：4300～7940mg/kg），雄性为 6810mg/kg，说明驱蚊剂 R2 的经口毒性为微毒类。

3.1.6 驱蚊剂 R1 和 R2 的总体初步评价

已经完成的活性测定结果表明，驱蚊剂 R1 和 R2 具有良好的驱蚊活性。

20% 驱蚊剂 R1 对白纹伊蚊的驱避时间为 6～7h，达到 GB/T 13917.9—2009 评价标准的 A 级标准。

20% 驱蚊剂 R2 对白纹伊蚊的驱避时间为 5～6h，达到 GB/T 13917.9—2009

评价标准的 B 级标准。

10% 驱蚊剂 R2 对中华按蚊的驱避时间为 4.5～5h，使用浓度为 20% 时，对人体的保护时间为 5～6h，均达到 GB/T 13917.9—2009 评价标准的 B 级标准。

毒性实验表明，驱蚊剂 R1 和 R2 为微毒农药，毒性方面具有较高的安全性。其他驱避剂如避蚊胺的大鼠急性经口 LD_{50} 为 2000mg/kg，为低毒农药，8-乙酰氧基别二氢葛缕酮的小鼠急性经口 LD_{50} 为 1440mg/kg，为低毒农药，对蓋烷二醇-3,8 的小鼠急性经口 LD_{50} 为 3200mg/kg，为低毒农药，对蓋烯二醇-1,2 的小鼠急性经口 LD_{50} 为 7000mg/kg，为微毒农药。

这说明驱蚊剂 R1 和 R2 作为植物源萜类驱避剂，具有良好的开发前景，并且可以根据不同的使用场所选择其中一种使用或复配使用。

3.2　小黄家蚁驱避活性测定

3.2.1　活性测定

蚂蚁是地球上常见、数量众多的昆虫种类，世界上已知有 9000 多种，我国有 600 多种。有的蚂蚁攻击人类，骚扰人类生活，影响健康，如外来红火蚁 (*Solenopsis invicta*) 是一种入侵蚁种，它生性凶猛，经常袭击人类，人被红火蚁蜇咬后，在皮肤上会留下红包，非常痒痛，而少数人由于对毒液中的毒蛋白过敏，会发生过敏性休克甚至死亡（郑卫青等，2008a）。小黄家蚁 (*Monomorium pharaonis*) 是一种室内外常见的蚂蚁，常栖息在室内的盆景、厨房和垃圾桶及室外的花园与公园等食源丰富、易于蚂蚁藏身的地方，并伴有成群结队侵扰的现象，给家庭卫生和户外活动带来了隐患。目前大多使用杀虫剂对蚂蚁进行防治，但存在安全问题。植物源驱避剂对人畜安全，对环境无害，适于家庭使用。利用松节油和松香中主成分的化学结构特点和化学反应性能，有针对性地合成的萜类驱避化合物，大多对人及哺乳动物安全低毒。本研究使用常见蚂蚁小黄家蚁为对象，测定多个系列萜类驱避化合物的驱避活性。

3.2.1.1　材料

荞麦种子，由市场购得。小黄家蚁工蚁，由野外引诱获得，在实验室标准饲养至实验。系列萜类化合物由江西农业大学植物天然产物与林产化工研究所合成。用于筛选的 61 个萜类化合物见图 3-1（2 号～62 号化合物，其中 44 号化合物为松节油，是 α-蒎烯和 β-蒎烯的混合物），均为实验室自制。1 号化合物为 DEET，用于对比萜类化合物的驱避效果，42 号、43 号、44 号化合物分别为 α-蒎烯、β-蒎烯、松节油。

第 3 章 萜类驱避化合物的活性测定

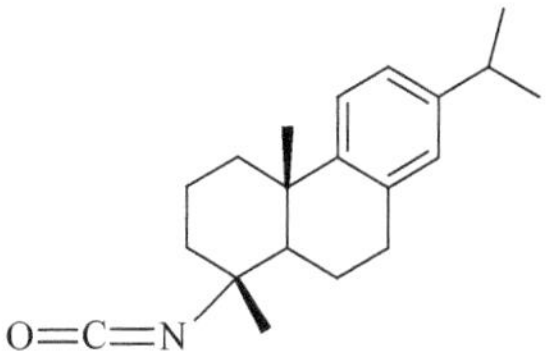

图 3-1 供试化合物的分子结构式

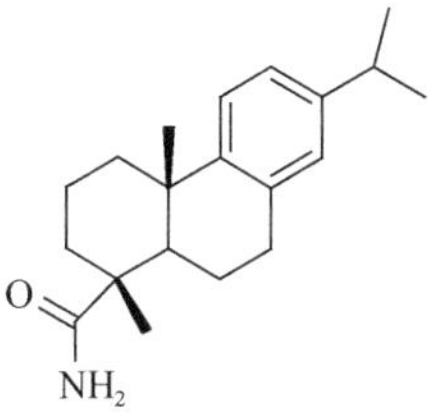

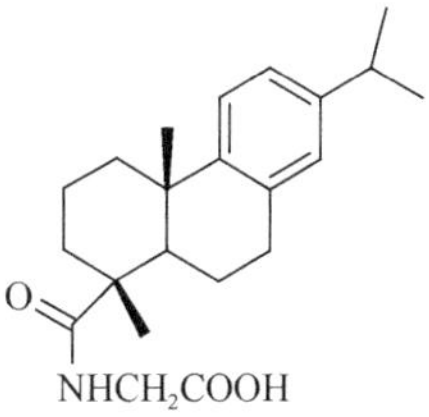

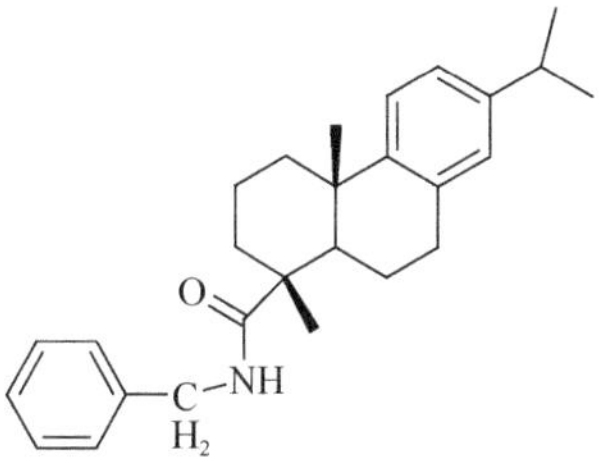

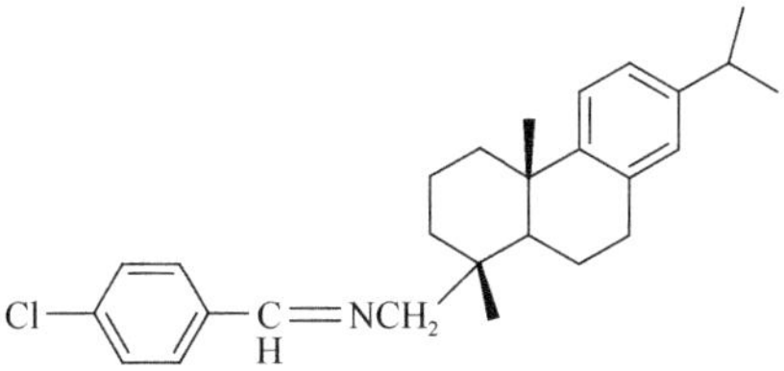

3.2.1.2 活性测定方法

1. 化合物配制

系列萜类化合物由原药用无水乙醇配制成 100mg/mL 的原液，原液用无水乙醇配制成 20mg/mL 的溶液，并用此浓度对系列萜类化合物进行初筛；复筛的浓度梯度依次设置为 0.32mg/mL、0.63mg/mL、1.3mg/mL、2.5mg/mL、5.0mg/mL。其中 45～62 号萜类化合物用丙酮稀释，稀释步骤和过程与无水乙醇相同。

2. 实验方法

挑选个体大小相等、形状相同的荞麦种子 12 粒，并平均分成两组（每组 6 粒），分别置于清洗干净的两个小烧杯内，一个烧杯装有对照溶剂（无水乙醇或者丙酮），另一个烧杯装有化合物溶液。待所有的荞麦种子浸透，转移至玻璃器皿上分组晾干，晾干后放入待进行实验的培养皿中，分左、右两侧对称地放置对照和处理组荞麦种子，6 粒种子排成两行，各行 3 粒，行距约 0.5cm，荞麦种子之间的距离约 0.1cm。先从饲养桶中取出 20 只小黄家蚁工蚁，再一次性转移至培养皿中央，小黄家蚁工蚁置入培养皿 2min 后开始进行观察，观察时间为 2min，记录实验情况和数据。

3.2.1.3 数据处理

数据使用式（3-1）进行处理：

$$R=[(C-T)/(C+T)]\times 100\% \tag{3-1}$$

式中，R 表示驱避率；C 表示小黄家蚁工蚁经过对照荞麦种子次数；T 表示小黄家蚁工蚁经过处理荞麦种子次数。

复筛所得数据用平均值±标准误表示。

3.2.2 测定结果

在浓度为 20mg/mL 下，测定 61 个萜类化合物的驱避效果（表 3-8）：有 24 个萜类化合物的驱避率小于 60%，在这 24 个萜类化合物中，有 13 个萜类化合物驱避率表现为负，驱避率变化范围为 −96%～−13%，其余 11 个萜类化合物驱避率表现为正，驱避率变化范围为 4%～53%。另外有 37 个萜类化合物的驱避率在 60% 以上（包括 60%），并且大部分萜类化合物的驱避率在 80% 以上，有较强的驱避活性，其中编号为 4、5、16、17、21、28、30、38 的萜类化合物驱避活性更高，初筛结果显示驱避率都为 100%。为了进一步了解这 8 个萜类化合物对小黄家蚁的驱避情况，对这 8 个萜类进行复筛，复筛时，各化合物浓度梯度皆设置为 0.32mg/mL、0.63mg/mL、1.3mg/mL、2.5mg/mL、5.0mg/mL，每个萜类化合物每个浓度都重复实验 3 次。

表 3-8 萜类化合物对小黄家蚁驱避效果的初筛

化合物编号	对照	处理	驱避率/%	化合物编号	对照	处理	驱避率/%
1	39	4	81	19	1	46	−96
2	18	2	80	20	23	4	70
3	27	3	80	21	51	0	100
4	11	0	100	22	22	2	83
5	32	0	100	23	5	2	43
6	11	1	86	24	12	1	85
7	25	2	85	25	50	2	92
8	10	1	82	26	25	6	61
9	13	2	73	27	12	7	26
10	16	1	88	28	41	0	100
11	35	45	−13	29	16	1	88
12	26	4	73	30	6	0	100
13	40	10	60	31	30	5	71
14	24	6	60	32	51	7	76
15	50	6	79	33	13	4	53
16	39	0	100	34	40	5	78
17	36	0	100	35	48	3	88
18	35	7	67	36	43	4	83

化合物编号	对照	处理	驱避率/%	化合物编号	对照	处理	驱避率/%
37	4	3	14	50	16	3	68
38	27	0	100	51	19	6	52
39	27	25	4	52	32	6	68
40	37	18	35	53	3	7	−40
41	46	2	92	54	8	28	−56
42	26	57	−37	55	16	44	−47
43	35	50	−18	56	17	23	−15
44	21	28	−14	57	9	20	−38
45	22	3	76	58	23	17	15
46	36	3	85	59	20	40	−33
47	16	7	39	60	30	21	18
48	18	4	64	61	12	37	−51
49	6	30	−67	62	45	33	15

进一步复筛的结果（表 3-9）显示：这 8 个萜类化合物对小黄家蚁具有良好的驱避活性，浓度为 5mg/mL 时，对小黄家蚁的驱避率为 80%～100%；其中 5 号化合物驱避效果最好，浓度为 2.5mg/mL 时，驱避率达 100%；其次为 16 号化合物，其在 2.5mg/mL 和 5mg/mL 浓度下，驱避率分别为 97% 和 100%。其他化合物在 2.5mg/mL 和 5mg/mL 浓度下，驱避活性也很好，而且驱避效果稳定性很高。

表 3-9　萜类化合物对小黄家蚁驱避效果的复筛

化合物	浓度/(mg/mL)	驱避率/%	化合物	浓度/(mg/mL)	驱避率/%
4	0.31	5±24	16	0.31	49±21
	0.63	30±25		0.63	72±24
	1.25	37±18		1.25	74±14
	2.5	69±7		2.5	97±3
	5	86±5		5	100±0
5	0.31	5±42	17	0.31	20±9
	0.63	90±6		0.63	37±12
	1.25	88±5		1.25	76±5
	2.5	100±0		2.5	90±4
	—	—		5	95±3

续表

化合物	浓度/(mg/mL)	驱避率/%	化合物	浓度/(mg/mL)	驱避率/%
21	0.31	15±27	30	0.31	−3±5
	0.63	38±9		0.63	13±4
	1.25	42±17		1.25	50±35
	2.5	80±1		2.5	85±8
	5	89±6		5	99±1
28	0.31	22±17	38	0.31	62±29
	0.63	16±16		0.63	24±19
	1.25	58±11		1.25	63±6
	2.5	82±7		2.5	91±7
	5	80±8		5	97±3

本实验所用的萜类化合物来源于松节油和松香，并经过适当的化学修饰和改性。在实验过程中，发现有 20 多个萜类化合物对小黄家蚁具有较好的驱避活性，驱避率达 80%。其中，编号为 4、5、16、17、21、28、30、38 的萜类化合物具有良好的驱避活性，在 5mg/mL 时对小黄家蚁的驱避率为 80%～100%。这 8 个萜类化合物可以用作驱避小黄家蚁的驱避剂，使用 5 号、16 号萜类化合物驱避小黄家蚁可以起到更好的效果，使用浓度为 5mg/mL 即可。

有些种类的蚂蚁可进入居室内，对建筑物造成损害，污染食物，并且有的蚂蚁可携带病原体，通过叮咬人体而对人体健康造成危害。外来红火蚁是一种具威胁性的蚂蚁，原产于南美洲的巴西、巴拉圭、阿根廷等国，2003 年 10 月入侵我国台湾省桃园县，2004 年传入我国广东省吴川市。外来红火蚁的危害是多方面的，包括对农业、畜牧业的危害，对公共安全的危害，对人体健康的危害，对生态系统的影响和对财政经济的影响（曾玲等，2005）。用驱避剂驱避红火蚁，使之远离保护对象，同时结合引诱剂和杀虫剂对这些有害蚁种进行集中杀灭，可以起到很好的防治效果。本研究结果表明，萜类化合物 4 号、5 号、16 号、17 号、21 号、28 号、30 号、38 号对小黄家蚁有良好的驱避效果，这些萜类化合物对外来红火蚁等有害蚁种是否有驱避效果还需进一步开展实验。

避蚊胺（DEET）是一种高效、广谱驱避剂，自从 20 世纪 50 年代合成以来，广泛地应用于驱避各种害虫，尤其是双翅目的蚊虫，常在开发新型驱避剂时用作对照药剂。本研究初筛测试了 DEET 对小黄家蚁的驱避活性，其驱避率为 81%，实验样品中有 20 个化合物的驱避率高于 DEET（表 3-8），复筛实验进一步证明避蚊胺对蚂蚁的驱避活性要比复筛的 8 个化合物低很多（表 3-9）。近年来发现 DEET 出现了不少问题，使用 DEET 有可能对环境有害，对老年人和婴幼儿等抵抗力差的人群毒害性大（Briassoulis，2001），也有可能破坏合成织物和油漆表面；

还有报道称,长期不正确使用 DEET,会对皮肤、神经和免疫系统产生毒性,引起皮肤、神经和免疫系统功能丧失(Clem et al.,1993)。以松节油和松香合成的系列萜类化合物大多安全、无毒,选择有代表性的两个化合物测定的大鼠急性经口 LD_{50} 都大于 5000mg/kg,属于基本无毒性的化合物。本研究显示,5 号和 16 号化合物对小黄家蚁具有很强的驱避活性,在进一步开展相关的模拟实验、现场实验后,有望广泛应用于人员保护及环境驱蚁。

3.3 赤拟谷盗驱避活性测定

3.3.1 活性测定

仓储害虫取食粮食和药材,其产生的排泄物、表皮、尸体污染粮食和药材,严重地降低了粮食、药材的质量,造成不同程度的经济损失。欧洲许多国家已有条文规定,凡遭仓储害虫取食、污染的粮食严禁进入本国市场。我国是粮食和药材产量大国,仓储害虫的危害严重影响我国粮食产品和药材的创汇。

仓储害虫分布广泛,世界各地均有分布。传统防治仓储害虫的杀虫剂主要有溴甲烷、磷化氢、马拉硫磷、杀螟松等,但许多仓储害虫已不同程度地对这些杀虫剂产生了抗性;近年来,有些仓库采取低温和调压的方法防治仓储害虫,但成本较高,仅适用于特种药材的保护;利用天敌保护仓储粮食、药材是一种值得开发与利用的防治方法,目前已发现一些捕食性半翅目昆虫和食虫螨、寄生蜂、细菌、真菌、昆虫病毒及原生单细胞生物对仓储害虫种群有不同程度的抑制作用,有的效果比较明显。

筛选对仓储害虫具有驱避作用的植物次生物质已逐步开展,大量研究发现,有些植物次生物质对昆虫有良好的驱避与拒食作用,主要包括萜类物质、黄酮类物质、生物碱等(Liu et al.,2006a,2006b)。松节油和松香是单萜类、倍半萜类化合物,项目组以松节油和松香为原料,有针对性地合成了系列萜类衍生物,并以赤拟谷盗(*Tribolium castanenum*)为试虫,开展了驱避活性实验。

3.3.1.1 材料

1. 赤拟谷盗

从仓库中收集,在实验室饲养待用,饲料为麦麸,实验室的条件:温度(25±2)℃,相对湿度 60%,光照时间 13h/d。

2. 药品

萜类化合物由江西农业大学植物天然产物与林产化工研究所制备,其中 1 号为驱避效果对照药剂 DEET,2~43 号为单萜类衍生物,45~55 号为倍半萜类衍生物，44号为松节油，详见图3-1。

3.3.1.2 测定方法

1. 药品配制

1~44号样品用无水乙醇溶解稀释，45~55号样品用丙酮溶解（这些化合物在无水乙醇中溶解性较差）。根据实验需要将各个样品稀释成不同的浓度。本研究初筛浓度设置为10mg/mL，复筛浓度设置为1mg/mL，再筛浓度梯度设置为0.5mg/mL、1mg/mL、2mg/mL、4mg/mL、8mg/mL。

2. 效果观察

用配制好的各个萜类化合物充分浸透半张对开直径9cm的滤纸，滤纸充分浸泡10min，转移至干燥处晾干30min后，置于培养皿（直径12cm），空白对照为不含药剂的溶剂处理。把20只赤拟谷盗投入培养皿中央，初、复筛时，在4h、10h、24h内观察处理与对照滤纸上停留的赤拟谷盗虫数，再筛时，在12h、24h、36h、48h、60h、72h内观察处理与对照滤纸上停留的赤拟谷盗虫数。实验在温度为（25±2）℃，相对湿度为60%，光照时间为13h/d的生测实验室中进行。

3.3.1.3 数据处理

把对照和处理滤纸上停留的虫数记录下来，数据用式（3-2）处理：

$$R=[(C-T)/(C+T)]\times 100\% \tag{3-2}$$

式中，R为驱避率；C为对照滤纸上停留的赤拟谷盗虫数；T为处理滤纸上停留的赤拟谷盗虫数。

观察数据统计学分析用Polo软件和Excel 2003处理。

3.3.2 测定结果

3.3.2.1 结果分析

初筛结果见表3-10，20个化合物在浓度为10mg/mL时对赤拟谷盗的驱避活性较强，不同时间（4h、14h、24h）内的驱避率均达90%；22个化合物能在观察的全部或部分时间内显示100%的驱避率，最低驱避率也在80%以上；编号为6、9、10、15、33、34、35、37、39、45、48的化合物经测定，在4h、14h、24h时间内，驱避率都为100%；编号为31、51、52、54的化合物驱避率有时为负，其中54号最明显，驱避率一直保持在-80%左右。为了更好地评价筛选出的这22个化合物的驱避活性，测试了在浓度为1mg/mL时它们的驱避活性。

表 3-10 萜类化合物对赤拟谷盗驱避活性的初筛

化合物编号	驱避率/%			化合物编号	驱避率/%		
	4h	14h	24h		4h	14h	24h
1	70	80	76	29	55	57	60
2	83	80	86	30	56	70	63
3	85	93	100	31	−3	6	6
4	86	90	91	32	100	100	95
5	59	92	92	33	100	100	100
6	100	100	100	34	100	100	100
7	95	95	95	35	100	100	100
8	100	94	100	36	84	100	100
9	100	100	100	37	100	100	100
10	100	100	100	38	93	93	100
11	63	81	81	39	100	100	100
12	56	81	95	40	45	100	79
13	82	95	94	41	85	79	92
14	100	94	100	42	51	70	51
15	100	100	100	43	93	100	100
16	95	100	100	44	67	81	85
17	91	92	100	45	100	100	100
18	82	89	96	46	62	90	91
19	—	—	—	47	72	67	84
20	22	32	36	48	100	100	100
21	—	—	—	49	67	84	100
22	85	94	100	50	88	86	95
23	48	11	−11	51	−10	16	21
24	36	80	100	52	−33	42	67
25	35	70	70	53	57	71	36
26	22	26	33	54	−86	−79	−85
27	96	100	100	55	93	81	79
28	37	48	60				

注:"—"表示这个化合物因重复实验结果异常而存疑

复筛结果（表3-11）显示，当浓度为 1mg/mL 时，这 22 个化合物表现出了不同强度的驱避效果，其中有 12 个化合物的驱避率急剧下降，变化最明显的是 6 号、43 号化合物，驱避率都在 -100%～-57% 变化，其余化合物大多在 -30%～40% 变化;编号为 9、27、32 的化合物驱避率较高,且在不同时间内驱避率变化幅度不大,不同时间内的驱避率均在 75% 以上,为了进一步探讨不同时间内这 3 个化合物在不同浓度下的驱避率变化情况,设置 0.5mg/mL、1mg/mL、2mg/mL、4mg/mL、8mg/mL 浓度梯度进行研究。同时,对其与避蚊胺的驱避效果进行了对比观察。

表 3-11 萜类化合物对赤拟谷盗驱避活性的复筛

化合物编号	驱避率/%			化合物编号	驱避率/%		
	4h	14h	24h		4h	14h	24h
3	−5	50	12	32	78	89	78
6	−57	−100	−100	33	90	100	35
8	−29	63	−76	34	−27	29	33
9	75	100	100	35	−26	60	55
10	33	−100	−22	36	44	100	100
14	−43	4	−40	37	35	64	84
15	56	−16	−48	38	91	100	29
16	−6	−25	20	39	52	91	91
17	44	15	16	43	−82	−100	−100
22	−20	−53	−47	45	41	89	79
27	88	84	77	48	52	100	87

不同浓度化合物 9 号、27 号、32 号及 DEET 对赤拟谷盗驱避活性的实验结果(表 3-12)表明,3 个化合物的驱避率比较高,随着浓度提高,驱避率变化不明显;随着时间延长,驱避率总体上呈下降趋势。避蚊胺的驱避率随着时间延长,驱避率总体上呈下降趋势。

表 3-12 不同浓度化合物 9 号、27 号、32 号及 DEET 对赤拟谷盗驱避活性

化合物编号	浓度/(mg/mL)	驱避率/%					
		12h	24h	36h	48h	60h	72h
9	0.5	96±4	92±4	94±6	69±12	95±5	89±5
	1	89±8	89±4	81±12	43±12	96±4	81±6
	2	97±2	88±5	100±0	51±10	99±1	68±9
	4	100±0	74±10	97±3	72±6	94±4	88±3
	8	98±2	86±5	98±2	66±10	97±3	78±6
27	0.5	66±25	80±10	99±1	65±9	95±5	88±6
	1	93±7	93±7	98±2	71±13	100±0	84±13
	2	97±3	59±32	69±31	46±26	71±29	72±12
	4	92±4	98±2	98±2	60±10	95±5	69±17
	8	98±2	94±6	97±2	78±9	100±0	92±4

续表

化合物编号	浓度/(mg/mL)	驱避率/%					
		12h	24h	36h	48h	60h	72h
32	0.5	99±1	82±6	66±28	75±14	78±10	61±30
	1	95±4	87±7	58±39	57±39	53±38	48±38
	2	92±4	94±4	93±3	100±0	87±7	100±0
	4	94±6	98±2	95±3	88±6	93±3	98±2
	8	96±4	100±0	90±5	83±18	79±13	73±19
1（DEET）	0.5	92±5	88±3	95±3	75±15	55±18	62±29
	1	49±22	17±41	85±5	20±49	13±42	8±42
	2	98±2	96±3	98±2	95±5	89±5	98±2
	4	87±6	98±2	60±40	62±33	56±36	60±37
	8	83±15	88±9	90±6	87±13	95±3	97±3

3.3.2.2 讨论

本研究发现，多个萜类化合物对赤拟谷盗具有较高的驱避活性，其中编号为9、27、32的化合物对赤拟谷盗的驱避效果良好，且随着时间的延长，在3d内驱避效果减弱不明显，具有良好的持效性。用于对比观察的避蚊胺对赤拟谷盗也有一定的驱避效果，但驱避活性比编号为9、27、32的萜类化合物要弱。

昆虫驱避剂一般通过挥发的物质驱避害虫来达到防虫、治虫的目的，药物持续均匀地挥发对于保护对象很重要。目前大多应用于人畜的保护，应用于食物和仓储粮食保护的昆虫驱避剂还不多见。有时驱避剂与物理方法相结合使用，能起到更好的防护效果。昆虫驱避剂可以通过喷洒在储藏粮食的包装袋上，对仓储害虫进行防治。

3.4 德国小蠊驱避活性测定

3.4.1 活性测定

德国小蠊是蟑螂中最常见的种类之一，可通过体表和肠腔携带并传播各种致病菌，也可传播某些寄生虫病。另外，德国小蠊进入电视机、通信器材和电脑等设备中会造成一定的事故隐患（姜志宽等，2001）。化学杀虫剂在德国小蠊防治中起着重要的作用，由于对杀虫剂过度依赖，其抗药性迅速发展，1986年我国学者用药膜法测定的对苄呋菊酯、溴氰菊酯的抗性系数分别为61、45（李洁等，1997a）。

传统的杀虫剂大多是作用于中枢神经系统的神经毒剂，使用过程中可能对非靶标生物造成伤害。随着时代的发展，人们防治害虫的理念也在不断更新与发展。

防治害虫的目的是有效地控制危害，杀死并非唯一目的。开发对害虫高效、对环境及非靶标生物安全的生物农药成为现代农药发展的主流。昆虫驱避剂与传统杀虫剂的作用机理不同，具有安全、环境友好、不易产生抗性的特点，在害虫防治领域有重要的作用。使用昆虫驱避剂的着眼点在于保护而非杀死。

目前发现的具有驱避活性的物质大多为萜类化合物。课题组以松节油为原料，分离、合成了一系列的萜类化合物，本研究测试了这些化合物对德国小蠊的驱避活性。

3.4.1.1 材料

1. 试虫

德国小蠊由南京军区军事医学研究所（现为东部战区疾病预防控制中心）昆虫饲养室提供，按照国家标准饲养。昆虫饲养室条件：光照时间10h/d，相对湿度60%～75%，饲养温度25～28℃。实验用虫为活跃的雄性成虫。

2. 药剂

药剂样品共61个，其中1号样品为避蚊胺（DEET），42号、43号、44号样品分别为α-蒎烯、β-蒎烯、松节油，其他样品为萜类化合物纯净物，由江西农业大学植物天然产物与林产化工研究所合成，详见图3-1。

3.4.1.2 测定方法

1. 化合物配制

用无水乙醇将各种萜类化合物分别配成100mg/mL的母液，然后根据实验需要用无水乙醇稀释成各个不同的浓度待用，本研究初筛时均稀释成20mg/mL，复筛时分别稀释成1.25mg/mL、2.5mg/mL、5.0mg/mL、10mg/mL、20mg/mL，其中45～62号萜类化合物不溶于乙醇而用丙酮稀释。

2. 实验方法

参照Peterson等的方法（朱成璞，1988），并进行相应的改进。把直径为15cm的滤纸用钢片刀对半切成两块，将浸渍处理液的半张滤纸做好标记，以便在实验过程中与对照滤纸区分。将做好标记的半张滤纸用萜类化合物溶液浸透，另半张滤纸用不含样品的溶剂（无水乙醇或丙酮）浸透作为对照。滤纸室内自然干燥5min后，用固体胶水涂抹边缘并把两个半张滤纸对称地粘贴在直径为18cm的培养皿底，以防德国小蠊钻入滤纸背面。皿盖中央切一个2cm×2cm的方孔。用大试管通过方孔把1只德国小蠊引入到培养皿中，等待5min（刚开始投入到培养皿的德国小蠊经常惊慌，故需等待一段时间，当其平息下来，再进行实验），开始用2块秒表分别记录德国小蠊在处理与对照滤纸上停留的时间，观察300s。德国小蠊停留在滤纸空白处的时间，不计入处理和对照滤纸上德国小蠊的停留时间内，但计入总时间（300s）。

3. 数据处理

实验结果按式（3-3）计算。

$$驱避率（\%）=[(T_c-T_e)/300]\times100\% \quad (3-3)$$

式中，T_c为对照滤纸上德国小蠊的停留时间；T_e为处理滤纸上德国小蠊的停留时间。

用PoloPlus version 1.0和Excel 2003进行数据的统计分析。

3.4.2 测定结果

3.4.2.1 萜类化合物对雄性德国小蠊的驱避活性

以20mg/mL浓度的样品溶液处理滤纸，初步测试各化合物对雄性德国小蠊的驱避活性。

如表3-13所示，有不少化合物对雄性德国小蠊有不同强度的驱避活性。驱避率在80%以上的有一个化合物，其编号为20；驱避率为60%～70%的有4个化合物，其编号分别为22、27、38、48；驱避率为50%～60%的有4个化合物，其编号分别为13、15、23、25，其余的萜类化合物对雄性德国小蠊的驱避率都小于50%。有17个化合物甚至表现出一定引诱活性，如编号为2、10、37等的化合物。对活性较高的5个样品，即20号、22号、27号、38号、48号化合物，采用系列等比浓度即1.25mg/mL、2.5mg/mL、5mg/mL、10mg/mL、20mg/mL，进一步测试其驱避活性，每个浓度重复实验6次。根据观察记录结果，计算驱避中浓度（RC_{50}）、浓度与驱避率的回归方程斜率。

表3-13 萜类化合物对雄性德国小蠊驱避活性的初筛结果

化合物编号	驱避率/%	化合物编号	驱避率/%
1	2±6	10	−25±19
2	−50±23	11	0±4
3	24±39	12	46±25
4	19±40	13	58±11
5	26±9	14	33±10
6	33±29	15	51±14
7	−6±42	16	−36±27
8	44±26	17	38±32
9	28±15	18	48±34

续表

化合物编号	驱避率/%	化合物编号	驱避率/%
19	5±53	41	35±7
20	86±8	42	48±17
21	—	43	18±19
22	70±8	44	42±15
23	55±27	45	14±23
24	13±6	46	-11±28
25	52±27	47	11±37
26	13±33	48	64±13
27	70±4	49	18±25
28	22±34	50	-23±26
29	-29±4	51	1±14
30	44±7	52	-34±50
31	1±12	53	20±28
32	-9±56	54	21±32
33	-4±21	55	19±39
34	13±15	56	-25±8
35	42±29	57	2±10
36	-24±24	58	-42±19
37	-30±22	59	10±59
38	63±6	60	-5±32
39	29±22	61	-44±8
40	-6±15		

注：测定浓度为20mg/mL，驱避率为平均值±标准误。"—"表示这个化合物因重复实验结果异常而存疑

如表3-14所示，20号、22号萜类化合物回归方程的斜率较大，都大于1，说明随着浓度增加，这2个萜类化合物对雄性德国小蠊的驱避活性增强较快；38号萜类化合物回归方程的斜率较小，说明随着浓度增加，该化合物对雄性德国小蠊的驱避活性增强较慢，但5个萜类化合物回归方程斜率之间不存在显著差异（$P=0.098$）。从驱避中浓度（RC_{50}）来看，22号萜类化合物的RC_{50}最小，其值仅为3.309mg/mL；48号萜类化合物的RC_{50}最大，其值为11.455mg/mL。

表 3-14　5 个萜类化合物对雄性德国小蠊的驱避活性

化合物编号	浓度/(mg/mL)	驱避率/%	斜率	RC_{50}（95%置信限）/(mg/mL)
20	1.25	11±11		
	2.5	31±31		
	5	45±18	1.259±0.148	9.102（7.285～11.990）
	10	59±9		
	20	66±16		
22	1.25	35±22		
	2.5	51±10		
	5	63±8	1.129±0.143	3.309（2.496～4.192）
	10	78±8		
	20	88±3		
27	1.25	27±23		
	2.5	32±12		
	5	42±12	0.988±0.141	9.641（7.285～14.069）
	10	60±10		
	20	68±6		
38	1.25	36±17		
	2.5	42±6		
	5	41±26	0.674±0.192	9.190（5.621～34.474）
	10	56±6		
	20	66±8		
48	1.25	21±13		
	2.5	40±26		
	5	38±20	0.858±0.140	11.455（8.200～18.979）
	10	50±9		
	20	68±22		

3.4.2.2　萜类化合物对雌性德国小蠊的驱避活性

通过前述的雄性德国小蠊驱避活性筛选，发现编号为 20、22、27、38、48 的萜类化合物对雄性德国小蠊具有很好的驱避活性。这 5 个萜类化合物在浓度为 100mg/mL 时对雌性德国小蠊的驱避活性见表 3-15。

表 3-15　5 个萜类化合物对雌性德国小蠊的驱避活性

化合物编号	驱避率/%	化合物编号	驱避率/%
20	6±4	38	10±11
22	28±13	48	4±7
27	65±4		

5 个萜类化合物中，27 号萜类化合物在浓度为 100mg/mL 时对雌性德国小蠊具有较强的驱避活性，驱避率达 65%，其他 4 个萜类化合物对雌性德国小蠊表现出较差的驱避活性，驱避率均低于 30%。对驱避活性较强的 27 号萜类化合物进行了系列等比浓度活性测定，结果见表 3-16。

表 3-16　27 号萜类化合物对雌性德国小蠊的驱避活性

浓度/(mg/mL)	驱避率/%	浓度/(mg/mL)	驱避率/%
200	68±5	25	22±7
100	65±4	12.5	16±15
50	29±9		

27 号萜类化合物对雌性德国小蠊的驱避活性随着浓度的增加而增强，在浓度为 100～200mg/mL 时，驱避活性较强，驱避率在 65%～68%；在浓度为 12.5～50mg/mL 时，驱避活性较弱，驱避率低于 30%。

3.4.2.3　去触角雄性德国小蠊对萜类化合物的感应

许多昆虫感知挥发性气体的部位为触角，本研究通过剪切雄性德国小蠊的触角，考察萜类化合物对德国小蠊的驱避作用是否发生在触角上，实验浓度设置为 20.00mg/mL，实验结果见表 3-17。

表 3-17　5 个萜类化合物对去触角雄性德国小蠊的驱避效果

化合物编号	驱避率/%	化合物编号	驱避率/%
20	−36±26	38	70±11
22	82±16	48	−23±29
27	−50±34		

在这 5 个萜类化合物中，有 2 个萜类化合物对去触角雄性德国小蠊具有较强的驱避活性，驱避率达到 70% 及以上，它们的编号为 22、38；有 3 个萜类化合物表现出一定的引诱活性，驱避率为 −50%～−23%。

3.4.2.4 小结与讨论

本研究测试了60个萜类衍生物对德国小蠊的驱避活性，希望筛选出高活性的蟑螂驱避剂，丰富蟑螂的防治药剂和用品。结果显示，60个样品中有5个样品，即编号为20、22、27、38、48的萜类化合物对德国小蠊表现出了较高的驱避活性，其中22号的驱避活性相对更强，RC_{50}为3.309mg/mL，具有一定的应用前景。

目前，蟑螂防治主要依赖杀虫剂，剂型包括气雾剂、毒饵等。这些杀虫剂在使用时存在安全风险。研究开发优良驱避剂，不仅可以保护食品免受蟑螂的污染，还可以结合毒饵等剂型的使用，实施"驱、诱、杀"（push, pull and kill）策略，减少杀虫剂的使用，提高防治效果，更好地实现安全环保高效。

植物在与昆虫长期协同进化的过程中形成了各种各样的防御策略，通过次生代谢产生具有防御作用的次生物质即为其中比较普遍的一种。植物次生物质中有些化学物质具有驱避作用，来源于植物的根、茎、叶、枝、花等不同部位。天然驱避剂以植物挥发油为主，其中萜类化合物是重要组成部分。松节油的主成分α-蒎烯和β-蒎烯及其他萜类精油具有良好的化学反应性能，容易通过各类反应得到系列萜类衍生物。

避蚊胺（DEET）是目前使用最为广泛的蚊虫驱避剂。本研究选择DEET作为对照药剂，结果与国内外研究者的结果相似，即DEET对德国小蠊驱避作用较小。这一结果也表明，化学物质对昆虫的驱避活性不但与化合物的类型、结构密切相关，也与昆虫的种类密切相关。

与驱避雄性德国小蠊相比，萜类化合物对雌性德国小蠊的驱避效果较差，当浓度为雄性德国小蠊实验的10倍时，驱避雌性的效果才能达到驱避雄性的效果，这说明雄性德国小蠊对萜类化合物更为敏感。因此，国内外在初步筛选蟑螂驱避剂时，往往先测定其对雄性的驱避活性。

雄性德国小蠊去触角后对萜类化合物的反应走向两个极端，即驱避活性急剧增强或急剧下降。蟑螂尾端有两个粗大的尾须，对声音和空气流动有很强的感应与判别能力，是否对一些化合物具有敏感的感知作用，目前还不太清楚。本研究发现不同萜类化合物在雄性德国小蠊切除触角后，对其驱避活性差异很大，且触角切除前后同一化合物的驱避效果变化也很大，本研究中有的化合物驱避活性达到82%（22号），有的却为-50%（27号），其中27号在触角切除前后的变化甚至从驱避走向了引诱。本研究结果表明，德国小蠊对萜类化合物的行为反应的复杂性值得进一步开展深入的研究。

3.5 臭虫驱避活性测定

3.5.1 活性测定

臭虫（*Cimex lectularius*）被感触后，能产生臭气，恶臭难闻；其产生的排泄物常污染床板等有夹缝的地方；臭虫可频繁叮咬人体并吸血，吸血时能分泌一种防止血液凝固的碱性涎液，通过口器注入人体，人被叮咬后，严重时可导致皮肤红肿发炎、痒痛难忍，有些人可发生丘疹样麻疹，以小儿为多见。若长期被较多的臭虫寄生，可引起贫血、神经过敏和失眠、虚弱等症状。此外，臭虫也被怀疑是某些疾病的传播媒介。在自然和实验条件下，曾在臭虫体内检测出和用其成功感染多种病原体，其中包括立克次体、病毒、细菌和丝虫等，应引起重视（刘起勇，2004）。

防治臭虫的常用方法：环境治理为堵塞夹缝；物理防治为开水烫杀；化学防治为杀虫剂灭杀、胶饵毒杀。臭虫一般活动于存在夹缝的场所，包括床、柜、厨等，这些场所的臭虫防治要求高，即高效、安全、操作方便等，昆虫驱避剂使用方便，在夹缝的内部和外部涂抹适量驱避剂，可以很好地阻止臭虫侵扰这些场所。

目前，专门研究臭虫驱避剂的文献还很少见。本实验从课题组合成的系列萜类化合物中筛选出了有效的臭虫驱避剂，为丰富臭虫防治提供了一种新的选择。

3.5.1.1 材料

1. 供试昆虫

实验所用的臭虫由南京市疾病预防控制中心提供。饲养室条件：光照时间 10h/d，相对湿度 55%～60%，饲养温度 20～30℃。实验时取羽化 1～2d 的成虫。

2. 化合物

1 号样品为驱避活性对照药剂避蚊胺（DEET），由南京华扬香精香料实业有限公司生产提供；2～33 号样品为由松节油合成的单萜类衍生物，详见图 3-1。

3.5.1.2 测定方法

1. 药剂配制

用无水乙醇将样品配成 20mg/mL 的溶液进行初筛，用相应的溶剂配成所需浓度（根据生物活性测定结果进行设计）进行复筛，本次实验复筛浓度取 10mg/mL 为宜。取配制好的药液 5mL 置于 20mL 的棕色瓶中。将半张直径为 9cm 的滤纸（沿直径处剪切）放入瓶内，密封瓶口并振荡，使溶液与滤纸充分接触。将瓶子置于冰箱（5℃左右）中备用。

2. 效果观察

测定时将瓶子从冰箱中取出,室温下放置 1h 后,取出滤纸平铺在置有吸水纸的平皿中,自然晾干。30min 后,将对照和处理的滤纸分别置入培养皿中,投入 10 只左右的臭虫,盖好培养皿,在相应的时间内进行观察,并记录臭虫在滤纸上、下表面的分布情况。实验在温度 25℃、相对湿度 58% 的避光环境下进行。

3. 数据处理

实验结果按式(3-4)计算:

$$R=[(C-T)/(C+T)]\times 100\% \quad (3-4)$$

式中,R 表示驱避率;C 表示空白对照滤纸上臭虫的分布虫数;T 表示样品处理滤纸上臭虫的分布虫数。

观察数据用 Polo 软件和 Excel 2003 进行统计学分析。

3.5.2 测定结果

3.5.2.1 结果分析

32 个萜类化合物对臭虫驱避活性的初筛结果见表 3-18,从中可以看出,有 2 个萜类化合物显示了一定的引诱活性,即 19 号、20 号萜类化合物,其余萜类化合物对臭虫均表现出一定的驱避活性。32 个萜类化合物中,有 15 个化合物的驱避活性较低,或驱避活性不稳定,或持效性差,其余 17 个萜类化合物驱避效果和持效性较好,驱避活性也比较稳定,其中 10 个化合物驱避效果较强,在 12h、24h、36h、48h 时间内驱避率均为 100%,它们的编号分别为 3、5、12、13、14、22、24、31、32、33。为了筛选出对臭虫具有更强驱避活性的萜类化合物,对这 10 个萜类化合物进行复筛,复筛浓度设置为 10mg/mL。

表 3-18 萜类化合物对臭虫驱避活性的初筛结果

化合物编号	驱避率/%				化合物编号	驱避率/%			
	12h	24h	36h	48h		12h	24h	36h	48h
1	33	100	100	100	8	67	56	64	0
2	64	56	71	33	9	0	75	75	100
3	100	100	100	100	10	100	71	87	64
4	60	50	60	20	11	69	33	83	100
5	100	100	100	100	12	100	100	100	100
6	82	100	78	67	13	100	100	100	100
7	75	43	100	43	14	100	100	100	100

续表

化合物编号	驱避率/%				化合物编号	驱避率/%			
	12h	24h	36h	48h		12h	24h	36h	48h
15	76	86	17	33	25	60	25	67	60
16	100	100	100	75	26	100	100	75	100
17	38	82	100	64	27	78	78	80	78
18	67	100	100	64	28	100	100	45	75
19	−43	71	−23	67	29	80	78	56	33
20	71	89	−47	100	30	33	60	78	60
21	91	100	53	53	31	100	100	100	100
22	100	100	100	100	32	100	100	100	100
23	33	33	0	20	33	100	100	100	100
24	100	100	100	50					

10个萜类化合物对臭虫驱避效果的复筛结果见表3-19，在稀释2倍时，这10个萜类化合物对臭虫的驱避活性明显减弱，其中编号为3、5、12、13、14、24、31的萜类化合物减弱较快，在浓度为10mg/mL时，驱避活性不强、驱避效果不稳定；编号为22、32、33的萜类化合物驱避效果较好，驱避活性较稳定，其在12h、24h、36h、48h时间内驱避率均达60%及以上，在个别时段内还显示出驱避率在90%以上的驱避效果。对在复筛中表现出较好驱避活性的3个萜类化合物进行多重复系列等比浓度的驱避活性测定。

表3-19 萜类化合物对臭虫驱避效果的复筛

化合物编号	驱避率/%			
	12h	24h	36h	48h
3	37	39	7	47
5	26	0	14	−4
12	100	60	33	100
13	0	−37	41	43
14	7	90	27	11
22	77	69	86	100
24	56	82	40	100
31	33	82	36	43
32	100	90	64	76
33	63	100	60	64

3个萜类化合物的驱避效果见表3-20,从总体来看,这3个萜类化合物的驱避效果随着时间延长而降低,随着浓度减小而减弱。3个萜类化合物在12h的时间内,在浓度为10mg/mL、5mg/mL时,具有较强的驱避效果,驱避率达60%以上;22号萜类化合物浓度为10mg/mL时,其在24h时间内驱避率达60%以上,其余2个萜类化合物的驱避率较小,皆低于60%,驱避效果较差;33号萜类化合物在浓度为2.5mg/mL时,其在12h时间内驱避率达80%以上,其余2个萜类化合物在12h时间内驱避率较小,皆低于50%,驱避效果较弱。

表3-20 3个萜类化合物的驱避效果

化合物编号	浓度/(mg/mL)	驱避率(平均值±标准误)/%				
		12h	24h	36h	48h	72h
22	10.00	90±10	62±38	33±38	22±48	47±41
	5.00	62±25	35±55	−20±34	4±10	−83±17
	2.50	10±13	5±13	32±18	−1±13	46±13
	1.25	5±25	−14±44	−24±38	−13±27	−24±38
	0.63	22±4	0±19	0±32	30±8	53±11
32	10.00	100±10	56±23	6±50	24±48	−8±54
	5.00	86±25	0±39	8±21	−17±16	−6±53
	2.50	43±13	−9±18	13±59	−5±28	−19±50
	1.25	−13±25	−33±21	3±28	−36±7	−24±43
	0.63	50±4	−29±37	−40±10	−10±50	−40±31
33	10.00	70±10	1±15	15±10	1±9	0±58
	5.00	88±6	30±19	3±30	−17±30	−33±58
	2.50	88±12	22±16	−36±27	−55±29	4±20
	1.25	67±17	−7±21	−24±50	−32±16	−20±37
	0.63	58±23	−19±28	−26±30	25±49	29±36

3.5.2.2 小结与讨论

萜类驱避剂为一个新兴的研究领域,除了通过对各种植物资源进行广泛地筛选和挖掘来得到有驱避效果的萜类化合物,还可通过各种化学反应来合成有驱避效果的萜类化合物。20世纪80年代以后,我国在萜类驱避剂的新品种合成方面研究报道不多。

臭虫常与人类为伴,它可以出现在居室内任何带有夹缝的床、柜、厨、桌、凳椅等家具中,亦可出现在船舶和其他场所(Peterson et al.,2002)。本研究以松节油为原料合成了32个萜类化合物,并开展了其臭虫驱避活性测定,结果表明其中多个对臭虫表现出较强的驱避活性，其中编号为 22、32、33 的 3 个萜类化合物对臭虫的驱避活性较强，能稳定、持效地对臭虫保持驱避作用，22 号萜类化合物较其他 2 个化合物的驱避效果更好，这几个化合物可以考虑作为臭虫驱避剂来发展。

本研究也开展了避蚊胺驱避臭虫效果的对照实验，结果表明其对臭虫具有一定的驱避效果，但驱避效果较 3 号、5 号、12 号、13 号、14 号、22 号、24 号、31 号、32 号、33 号萜类化合物稍弱。

第 4 章 新型萜类驱避剂的制剂与应用

制剂研究对于合理高效使用驱避剂非常重要，因此本章围绕新型萜类驱蚊剂 R1 和 R2 开展了多方面的制剂研究，包括复配研究和多个剂型的制备与评价研究。同时，制剂的现场应用评价也非常重要，可以为驱避剂的制剂研发和实际应用提供帮助，因此本章对在蚊虫危害严重的不同代表性区域开展的现场应用实验情况进行了介绍。

4.1 复配研究

复配技术在农药及其相关行业中经常使用，合理使用可以达到多方面的效果。因此开展了复配实验，主要是设计了新型萜类驱蚊剂 R1 和 R2 之间，以及它们分别与 DEET 的复配，从而为其实际应用提供制剂选择基础。

4.1.1 材料与方法

4.1.1.1 化合物与试剂

避蚊胺（DEET）购自上海升纬化工原料有限公司，GC 分析纯度为 98.6%；无水乙醇为市售分析纯试剂。驱蚊剂 R1 和驱蚊剂 R2 为实验室自制。

4.1.1.2 实验动物

白纹伊蚊（Aedes albopictus）羽化后 4~5d 的雌成虫由南京军区军事医学研究所（现为东部战区疾病预防控制中心）昆虫饲养室提供。

4.1.1.3 人体驱蚊实验

参照国家标准 GB/T 17322.10—1998。在人的双手背面 5cm×5cm 面积上进行实验，一只手按 1.5μL/cm^2 涂抹药剂，另一只手为空白对照。在不同时间点将手伸入装有不少于 300 只雌蚊的 40cm×30cm×30cm 蚊笼内，暴露涂药皮肤 4cm×4cm 的面积，严密遮蔽其余部分，观察 2min。每次只要有一只蚊虫叮咬即判作驱避剂失效。记录有效保护时间。

4.1.1.4 复配方案

复配方案 1（质量百分数）：无水乙醇 80%，驱蚊剂 R1 10%，驱蚊剂 R2 10%。

复配方案 2（质量百分数）：无水乙醇 78%，驱蚊剂 R1 20%，DEET 2%。

复配方案 3（质量百分数）：无水乙醇 78%，驱蚊剂 R2 20%，DEET 2%。

4.1.2 结果与分析

复配后进行人体驱蚊实验的结果如表 4-1 所示。

表 4-1 复配方案及对照的人体驱蚊实验结果

复配方案编号	具体情况	观察时间/h				
		4	5	6	7	8
1	10% R1+10% R2	−	−	+		
2	20% R1+2% DEET	−	−	−	−	+
3	20% R2+2% DEET	−	−	+		
R1 对照	20% R1	−	−	−	−	+
R2 对照	20% R2	−	−	+		
DEET 对照	20% DEET	−	−	+		

注："−"表示无蚊虫叮咬；"+"表示有蚊虫叮咬，后面不再继续实验。下同

一般，农药复配应满足以下几方面的要求：在使用同等剂量时，复配剂（A+B）防治病虫害效果应该优于单剂；复配后要满足毒性的要求；复配后应满足稳定性的要求；复配剂中的各个单剂取长补短，从而扩大防治范围，增长残效；延缓或克服害虫抗药性，但复配剂能否延缓或克服害虫抗药性的发展，目前仍有一些争议。不少研究报道证明，具有增效作用的复配剂，将减缓或排除害虫对复配剂中 A 或 B 的抗性产生，有可能克服抗药性，选择具有增效作用的复配剂，特别是使用抗性机理不同的复配剂，在不增加使用量的前提下，对害虫抗性的发展有相当的抑制作用。

根据以上要求，从驱避实验结果来看，可以得出如下结论。

1）10% 驱蚊剂 R1 和 10% 驱蚊剂 R2 复配针对白纹伊蚊没有达到增效作用，驱避时间与 20% 驱蚊剂 R2 的驱避时间相近。因此，单从驱避白纹伊蚊方面来考虑，它们的复配意义不大，但如果从扩大驱虫谱的角度来看，在某些特殊场所可以考虑采用。

2）驱蚊剂 R1 和 DEET、驱蚊剂 R2 和 DEET 复配后并没有增加对白纹伊蚊的驱避时间。由于 DEET 的毒性要比驱蚊剂 R1 和驱蚊剂 R2 大许多，因此从健康、环保和驱避白纹伊蚊的角度来考虑，没有必要采用它们的复配。但在某些场所要求扩大驱虫谱时，可以考虑采用。

4.2 制剂研究

目前市场上的驱蚊产品主要有驱蚊喷雾剂、驱蚊花露水、驱蚊霜、驱蚊香皂等。由于驱蚊喷雾剂使用和携带方便,因此在市场上产品较多,而且基本上都是以 DEET 作为其有效成分。

根据不同的分类方法,卫生杀虫剂气雾剂(喷雾剂)可以分成如下类型(厉明蓉和梁凤凯,2003)。

4.2.1.1 按使用目的分类

1)飞翔害虫用杀虫气雾剂(flying insect killer,FIK):主要用于防治蚊、蝇等。它喷出的雾粒直径在 35μm(油基)或 30~55μm(水基),在空间中能漂浮扩散,目的是提高它对飞行昆虫的撞击驱杀效果。

2)爬行害虫用杀虫气雾剂(crawling insect killer,CIK):主要用于防治蟑螂、臭虫等。它喷出的雾滴直径稍大,可以直接喷洒在害虫出没的途径上,也可以在喷嘴上接上细长喷管,将药剂喷入害虫潜伏的场所。

3)多种目的用杀虫气雾剂(multi-purpose insect killer,MPK)。

4)全害虫用杀虫气雾剂(multi-insect killer,MIK)。

4.2.1.2 按理化剂型分类

1)油基型杀虫气雾剂(oil-based insecticide aerosol,OBA):将杀虫的有效成分、增效剂及其他添加剂一起充分溶解在脱臭煤油中成为一种均相溶液,然后冲装在气雾剂罐内。煤油属于饱和烃,有合适的沸点,煤油接触到昆虫体后,能将其表皮的蜡质层融化,从而使有效成分能更好地到达昆虫的中枢神经使其麻痹而死亡。

2)水基型杀虫气雾剂(water-based insecticide aerosol,WBA)。

4.2.1.3 水基型喷雾剂的优缺点

其优点是可以大幅度地降低成本;可以减少溶剂对环境的破坏和对人体呼吸道等的刺激;安全性比油基型高。

其缺点是对昆虫渗透力较差,稳定性也较差,所以水基型要选择适当的乳化剂。本研究不需考虑其对昆虫的渗透力问题。稳定性问题可以通过加入极少量的乳化剂,或者不使用乳化剂而选择比较合适的溶剂来解决。

本研究的目的是制备用于皮肤的喷雾剂,其作用机理是使用后在皮肤上形成均匀的薄层,用于驱避蚊虫,而不是尽量使药液接触蚊虫,进而杀死蚊虫。使用油基反而造成药液进入皮肤,对人体不利,并且会削弱驱避效果。所以本研究更适合于制备水基型喷雾剂。

同时，由于驱蚊剂 R1 和 R2 分别是酯类化合物和缩醛类化合物，它们在乙醇、甘油等醇类溶剂中有较好的溶解性能，这为水基型喷雾剂的制备提供了很好的条件。

在喷雾剂的制备中，可以使用去离子水（蒸馏水）、乙醇、甘油等来进行配制，根据具体情况来决定是否使用少量的乳化剂和使用何种乳化剂。

4.2.1.4 本研究配方考虑的几个方面

1）充分利用驱蚊剂 R1 和 R2 本身具有芳香气味的特点，在配方中不加入任何其他香料，使配方达到最简单的程度，同时减少成本和简化配制操作。

2）充分利用驱蚊剂 R1 和 R2 在乙醇中的溶解性能，在配方中不加入任何其他助溶成分，如表面活性剂、乳化剂等，从而减少配方中化学品的使用。

3）为了减少使用后产生皮肤紧绷的感觉，配方中不加入任何表面活性剂和乳化剂。

4.2.1 低酒精喷雾剂

4.2.1.1 制剂方案

配方 1（质量百分数）：蒸馏水 50%，驱蚊剂 R1 20%，无水乙醇 30%。
配方 2（质量百分数）：蒸馏水 50%，驱蚊剂 R2 20%，无水乙醇 30%。
配方 3（质量百分数）：无水乙醇 80%，驱蚊剂 R1 20%。
配方 4（质量百分数）：无水乙醇 80%，驱蚊剂 R2 20%。
配方 5（质量百分数）：无水乙醇 80%，驱蚊剂 R1 10%，驱蚊剂 R2 10%。

4.2.1.2 结果分析

本研究的 5 种配方进行人体驱蚊实验的结果如表 4-2 所示。

表 4-2 各种配方及对照的人体驱蚊实验结果

配方编号	观察时间/h				
	4	5	6	7	8
1	−	−	−	−	+
2	−	−	+		
3	−	−	−	−	+
4	−	−	+		
5	−	−	+		
对照（20% DEET）	−	−	−	+	

对表 4-2 的结果进行分析,可以得到如下初步结论。

1)所有配方对白纹伊蚊的驱避时间都超过了 5h,均达到了国家标准的 B 级标准,其中配方 1 和配方 3 的驱避时间为 7~8h,达到了国家标准的 A 级标准,其驱避时间还略长于同等浓度的 DEET。

2)配方 1 和配方 3、配方 2 和配方 4 的驱避时间一致,说明在配方中加入蒸馏水不会影响驱避时间,从人体舒适度和尽量减少化学品使用的角度来看,在产品的稳定性和保质期不受影响的前提下,应该尽量使用配方 1 和配方 2 来制备产品。

3)配方 1 和配方 3 的性状与驱避活性在较长时间内都表现得比较稳定,这为其产品的开发提供了可行的依据。

4.2.2　水基型喷雾剂

喷雾剂是借助于手动泵的压力将溶液喷射成雾状的制剂,它可以使溶液分散均匀,使用方便。目前,多数驱避喷雾剂采用乙醇作为溶剂,但乙醇易挥发,一般有效时间比较短,因此本实验研究水基型喷雾剂,即考虑用水作为溶剂,采用一定的方法,将 R2 均匀分散在水中,制得稳定溶液。

本实验以前期研究人员合成筛选出的具有较好驱避活性的化合物 R2 为原药,结合 R2 结构及其理化性质,采用正交设计实验,筛选出 R2 喷雾剂的最佳配方,同时对产品的质量稳定性、驱避活性等方面进行测定。本研究的开展有利于绿色萜类驱避剂 R2 的产品开发,也可以丰富驱避剂的品种。

R2 水基型喷雾剂制备的原理是利用表面活性剂的增溶作用,这种表面活性剂称为增溶剂。增溶剂之所以能在水溶液里起到增溶的作用,是因为其在水中形成了胶束。在前期的研究中可知 R2 在水中的溶解度极小,为了加大 R2 在水中的溶解度,增加溶液的稳定性,可利用表面活性剂的增溶作用。

此外,R2 喷雾剂是直接用于皮肤的,类同于化妆品,所以在制备过程中参考《化妆品安全技术规范》(2015 年版),在 R2 增溶后的均匀溶液中,添加保湿润肤成分,如 1,2-丙二醇和透明质酸钠。此外,喷雾剂溶液中还需加入适量防腐剂及香精香料。

4.2.2.1　实验材料的选择

1. 增溶剂的选择

增溶剂的选择很重要,通常选择增溶量大、无毒无刺激性、亲水亲油平衡值(hydrophilic lipophilic balance value,HLB)在 15~18 的增溶剂,一般非离子型表面活性剂毒性小于离子型表面活性剂。本实验制备的喷雾剂主要作用于人的皮肤,所以选择增溶剂时尽可能选择毒性小的。因此,本实验采用非离子型表面活性剂作为增溶剂,如乳化剂 OP-10、吐温 80 和辛普高效增溶剂 SP-115A 等,而且它们的增溶效果都比较好。

按成分加入的顺序不同，增溶过程可分为加剂法和加水法。加剂法即先向增溶剂中加水稀释，再加入增溶质，加水法则是先将增溶剂与增溶质混合均匀后再加水稀释，方法不一样有时候对增溶效果会有影响。本实验采用加水法。

2. 水相材料的选择

在本实验中，由于配方中含有 R2 这一特殊成分，为尽量保护好 R2 的活性，因此我们考虑水相原料简单较好，只选择了 1,2-丙二醇和蒸馏水。

1,2-丙二醇是化妆品行业使用较广泛的保湿剂，而且经济实惠。它的分子结构中含有 2 个羟基，可将水分子锁住，所以保湿性能好，同时有滋养皮肤的作用。

此外，为扩展驱蚊剂的多功能化，可在喷雾剂中加入少量的透明质酸钠，用量约为 0.05%，可达到保湿润肤的作用，从而提高喷雾剂的商品价值。

3. 香精的选择

从芳香花卉中提取的香精油，常用于化妆品中，一般要按不高于 1%～2% 的比例添加。同时添加时的温度要控制好，水溶性香精加热不超过 70℃，油溶性香精不超过 120℃。日化香精多采用花香型香精，如玫瑰油、茉莉油等，给人清爽、清新、自然舒适的感觉。

在本实验中，将 100g 蒸馏水放入 8 个试管，分别加入 0.5%、1%、1.5%、2.0% 浓度梯度的玫瑰精油和依兰精油，摇匀静置 24h 后，涂于皮肤，感受气味。其中，依兰精油比较清新淡雅，并且当水与香精的比例为 100∶0.5 或 100∶1（质量比）时，气味较适宜。

4. 防腐剂的选择

为了使喷雾剂在保质期内及使用期内不发生微生物污染，需要添加一定的防腐剂，根据我国《化妆品安全技术规范》（2015 年版），将喷雾剂中的微生物控制在最低限度。一般，对化妆品防腐剂的要求如下：①充分的安全性，对人体无毒，对皮肤无刺激；②广泛的有效性，能对各种微生物都有效；③持久的稳定性，不会挥发和分解，在低浓度下也有较好的活性；④原料易得，成本廉价。

其中防腐剂抗微生物性能这一指标非常重要，碱性化妆品一般利于细菌繁殖，而酸性化妆品则有利于霉菌生长，为保证产品在细菌方面的纯净，可采用复合防腐剂。尼泊金酯类是目前使用最多、较为安全的化妆品防腐剂，甲酯使用最多，其次是丙酯，一般会将两者混合使用，可以增加防腐效果。所以本实验采用尼泊金甲酯和尼泊金丙酯作为防腐剂，用量为 0.2%～0.4%。

4.2.2.2 配方的筛选

1. 原料、试剂及仪器

原料和试剂:R2(实验室自制,GC 分析纯度为 92.7%),辛普 SP-115A(化妆品级),乳化剂 OP-10(化妆品级),吐温 80(化妆品级),1,2-丙二醇(分析纯),增效剂,蒸馏水,透明质酸钠(化妆品级),尼泊金甲酯(化妆品级),尼泊金丙酯(化妆品级),依兰精油。

仪器:数显高速分散均质机 FJ200-S,梅特勒-托利多电子分析天平。

2. 增溶剂的确定

实验方法:取 3 支试管,标号为 1、2、3;在 3 个试管中分别加入 0.5g R2 和 8.5g 水,并分别加入 1.0g 的乳化剂 OP-10、吐温 80、辛普 SP-115A。用数显高速分散均质机搅拌均匀,搅拌 15min,转速 300r/min;离心 30min,转速 2500r/min。

实验结果:1 号试管开始时混浊,离心后仍有轻微的混浊,静置后分层。2 号试管开始时透明、淡黄色、泡沫多,离心后均匀透明、淡黄色。3 号试管开始时无色透明、泡沫少,离心后依旧无色透明。

结果表明,吐温 80 和辛普 SP-115A 作为增溶剂,溶液都比较稳定,但吐温 80 颜色偏黄,影响外观,因此本实验采用辛普高效增溶剂 SP-115A 作为增溶剂。

3. 正交实验设计

本研究的实验指标是有效保护时间。根据分析,影响有效保护时间的 3 个主要因素是 R2 浓度、增溶剂浓度、增效剂浓度。每个因素分别取 3 个水平做实验,所得因素与水平如表 4-3 所示。

表 4-3 因素与水平表

水平	因素		
	A(R2 浓度)/%	B(增溶剂浓度)/%	C(增效剂浓度)/%
1	5	10	0.5
2	7.5	15	1
3	10	20	1.5

本实验中,每个因素都是 3 个水平,所以选择 3 水平的正交表。实验因素只有 3 个,而 $L_9(3^4)$ 正交表有 4 列,可以安排这个实验,正交实验方案如表 4-4 所示。

表 4-4　$L_9(3^4)$ 正交实验方案

实验号	因素			空白列
	A	B	C	
1	1	1	1	1
2	1	2	2	2
3	1	3	3	3
4	2	1	2	3
5	2	2	3	1
6	2	3	1	2
7	3	1	3	2
8	3	2	1	3
9	3	3	2	1

注：空白列为误差

4. 活性测定

本实验指标是喷雾剂对白纹伊蚊的驱蚊时间，室内驱蚊实验参照国家标准 GB/T 13917.9—2009 的方法进行。

1）选择 4 名测试人员（男女各半），暴露双手的 4cm×4cm 皮肤，其他部分严密遮蔽。

2）一只手背为空白对照，另一只手背按 $1.5 \mu L/cm^2$ 的剂量均匀涂抹喷雾剂。

3）将手伸入攻击力合格的蚊虫笼中 2min，观察有无蚊虫前来吸血，只要有一只蚊虫前来吸血即判作喷雾剂失效。

4）之后每隔半小时测试一次，记录喷雾剂的有效保护时间（h），取其平均值。

每次对照手先做对照测试，攻击力合格的试虫可继续实验，试虫攻击力不合格则需更换合格试虫进行实验。

5. 结果与分析

（1）实验结果的直观分析

实验结果的直观分析方法比较简单易行，前面正交实验的结果列于表 4-5。

表 4-5　$L_9(3^4)$ 正交实验结果分析

实验号和指标	因素			有效保护时间/h
	A	B	C	
1	1	1	1	1.51
2	1	2	2	2.26
3	1	3	3	2.43

续表

实验号和指标	因素			有效保护时间/h
	A	B	C	
4	2	1	2	3.05
5	2	2	3	3.51
6	2	3	1	3.14
7	3	1	3	3.27
8	3	2	1	3.42
9	3	3	2	4.63
K_1	6.10	7.83	8.07	
K_2	9.70	9.19	9.94	
K_3	11.32	10.20	9.21	
k_1	2.067	2.610	2.690	
k_2	3.233	3.063	3.313	
k_3	3.733	3.400	3.070	
R	1.706	0.790	0.623	

注:K_1、K_2、K_3分别表示各因素各水平平均值的总和,k_1、k_2、k_3分别表示各因素各水平的平均值;极差R表示k_1、k_2、k_3中最大值与最小值之差

从理论上算出的最优方案是$A_3B_3C_2$,即各因素平均有效保护时间最高的水平组合成的方案:R2浓度为10%,增溶剂浓度为20%,增效剂浓度为1%,在此条件下进行重复实验测定的有效保护时间为4~4.5h。

表4-5中的最后一行R是极差,即最大平均有效保护时间减去最小平均有效保护时间。由该表可以看出,R_A=1.706,最大,表明R2的浓度对有效保护时间的影响程度最大;R_B=0.790,大小居中,说明增溶剂浓度对有效保护时间有一定的影响,但程度不大。

(2)实验结果的方差分析

直观分析中,通过极差的大小评价各因素对实验指标的影响程度,但极差的大小没有一个客观的评价标准,所以需要对数据进行方差分析,方差结果分析见表4-6。

表4-6 方差结果分析

项目	自由度	平方和	均方	F值	P值
因素A	2	4.57	2.285	22.85	0.0419
因素B	2	0.94	0.470	4.70	0.1754
因素C	2	0.59	0.295	2.95	0.2532

续表

项目	自由度	平方和	均方	F 值	P 值
误差（空白列）	2	0.20	0.100		
总和	8	6.30			
模型	6	6.10	1.017	10.17	0.0922

从方差结果分析可知，A 因素的 $P=0.0419<0.05$，是显著的，说明 R2 浓度是影响实验结果的主要因素，B 因素的 $P=0.1754$，大于 A 因素的 P 值，说明增溶剂浓度是影响实验结果的次要因素。

4.2.2.3　R2 喷雾剂的稳定性研究

制剂的稳定性是评价商品价值的重要指标，参照 QB/T 2660—2004，对 R2 喷雾剂进行稳定性实验，考察高温实验、低温实验、长期实验中，剂型外观、pH、有效成分含量是否发生变化。

1. 实验仪器

高速离心机：TGL-16G 型高速台式离心机。电子分析天平：梅特勒-托利多仪器。pH 计：雷磁 PHS-3C。恒温箱：DHG-9003BS 型电热恒温鼓风干燥箱。气相色谱：福立 GC9790；HW-2000 色谱工作站。

2. 实验内容

根据正交实验筛选到的配方：R2 10%、增溶剂 20%、增效剂 1%、1,2-丙二醇 5%、透明质酸钠 0.05%、防腐剂 0.4%、香精 0.5%、蒸馏水 63%，按比例配制三批喷雾剂，依顺序编号 030501、030502、030503，每批 20 支。

（1）离心稳定性测定

将 5g 样品放入离心管中，然后放入高速离心机中，在 2500r/min 的转速下离心 30min，观察是否有分层现象。

（2）pH 测定

取 R2 喷雾剂 5g，加热水（70℃）45mL，搅拌溶解，放置室温后测 pH，测试 2 次，误差范围±0.02，取其平均读数值。pH 计使用前用标准缓冲溶液校正。

（3）喷雾剂有效成分 R2 浓度的测定

将刚配制好的 R2 喷雾剂置于 250mL 的漏斗中，用石油醚萃取 3 次，每次用量 10mL。将上层石油醚萃取液合并，回收部分溶剂，并加入适量的无水硫酸钠干燥，静置过夜，做三组平行实验。将干燥后的萃取液转移，称得萃取液的质量依次为 8.53g、6.86g、8.24g，用气相色谱检测，R2 在萃取液中的百分含量依次为

10.2%、12.1%、10.8%，即萃取液中 R2 的质量分别为 0.87g、0.83g、0.89g，即可计算得到平均萃取率为 86.3%。

贮存若干时间后的喷雾剂，用上述方法萃取，得萃取液的质量 M，并用气相色谱检测得 R2 在萃取液中的百分含量 a，则贮存后喷雾剂中有效成分 R2 质量的计算如下：

$$贮存后样品中 R2 的质量 = M \times a / 0.863 \qquad (4\text{-}1)$$

（4）低温实验

预先将冰箱调节到 (-10 ± 1)℃，将三批 R2 喷雾剂放入冰箱内保存 6 个月，分别在 0 个、1 个、3 个、6 个月取样观察 R2 喷雾剂外观性状，并测量 pH、制剂中有效成分 R2 的百分含量，结果见表 4-7。

表 4-7 低温实验结果

时间/个月	批号	pH	有效成分 R2 含量/%
0	030501	6.68	9.96
	030502	6.54	9.87
	030503	7.26	9.91
1	030501	6.57	9.93
	030502	7.13	9.85
	030503	7.21	9.88
3	030501	6.79	9.94
	030502	7.46	9.87
	030503	7.33	9.83
6	030501	6.65	9.89
	030502	7.60	9.86
	030503	6.89	9.90

（5）高温实验

分别取 3 批样品密封后置于 (54 ± 2)℃的恒温箱中，保存 6 个月，并在 0 个、1 个、3 个、6 个月取样观察 R2 喷雾剂外观性状，并测量 pH、制剂中有效成分 R2 的百分含量，结果见表 4-8。

表 4-8 高温实验结果

时间/个月	批号	pH	有效成分 R2 含量/%
0	030501	6.51	9.88
	030502	6.78	9.97
	030503	7.59	9.92

续表

时间/个月	批号	pH	有效成分 R2 含量/%
1	030501	6.88	9.95
	030502	7.23	9.83
	030503	7.12	9.89
3	030501	6.91	9.88
	030502	6.79	9.81
	030503	7.03	9.85
6	030501	7.22	9.90
	030502	7.61	9.86
	030503	6.97	9.82

（6）长期实验

取供试品 3 批，在温度为（25±2）℃、相对湿度为（60±10）% 条件下保存 6 个月，分别在 0 个、1 个、3 个、6 个月取样观察 R2 喷雾剂外观性状，并测量 pH、制剂中有效成分 R2 的百分含量，结果见表 4-9。

表 4-9 长期实验结果

时间/个月	批号	pH	有效成分 R2 含量/%
0	030501	7.23	9.97
	030502	7.12	9.96
	030503	7.34	9.99
1	030501	6.98	9.89
	030502	6.85	9.92
	030503	7.55	9.81
3	030501	6.78	9.86
	030502	6.65	9.87
	030503	6.43	9.95
6	030501	6.88	9.88
	030502	6.95	9.90
	030503	7.28	9.84

3. 实验结果

1）三批样品在低温下贮存 6 个月，离心稳定性良好，没有分层，仍保持均相透明。pH 变化不大，基本保持在中性左右，符合化妆品对 pH 的要求。制剂中有效成分 R2 含量基本保持不变，说明此剂型在低温下性质稳定。

2）三批样品在高温下贮存 6 个月，离心稳定性良好，没有分层。pH 变化不大，在中性范围内。制剂中有效成分 R2 含量基本没变，说明此剂型在高温下性质比较稳定。

3）三批样品经过 6 个月的贮存，制剂没有分层，仍保持均相透明。pH 和制剂中有效成分 R2 含量都无显著波动，稳定性良好。

4.2.2.4 活性测定

制剂的稳定性是评价制剂商品价值的重要指标，但制剂的使用价值是商品的本质要求，即要求制剂活性好、保护时间长，因此需测定制剂对不同蚊种的驱避保护时间，以探索制剂的活性规律。

1. 实验材料

（1）试虫

白纹伊蚊、淡色库蚊（*Culex pipiens*）羽化后 3~6d 未吸血的雌性成虫，均由江西省竹子种质资源与利用重点实验室昆虫饲养室自养。致倦库蚊（*Culex quinquefasciatus*）羽化后 3~6d 未吸血的雌性成虫，由南昌市疾病预防控制中心提供。

室内条件：温度（26±1）℃，相对湿度（65±10）%。蚊笼：长 400mm，宽 300mm，高 300mm。室外条件：蚊虫活动高峰季节的树木标本园内。

（2）样品

R2 驱蚊喷雾剂，DEET 驱蚊喷雾剂，均由江西农业大学植物天然产物与林产化工研究所实验室自制。

2. 实验内容

按筛选出的配方配制浓度分别为 5%、10%、20% 的 R2 喷雾剂，并配制相同浓度的 DEET 喷雾剂作为对照，在室内对白纹伊蚊、致倦库蚊、淡色库蚊 3 种蚊种进行驱避活性实验，实验方法参照国家标准 GB/T 13917.9—2009。

现场实验在树木标本园完成，实验前实验人员暴露两侧下肢，均匀地涂抹驱避剂，用量 1.5μL/cm^2，每个配方 10 个人，分为两组，一组为空白对照，用于观察蚊虫攻击力。黄昏时 10 人相隔 5m 静坐在实验现场，观察有无蚊虫叮咬，以及叮咬人数。

3. 结果与分析

R2 喷雾剂对白纹伊蚊的驱避活性如表 4-10 所示。

表 4-10　R2 对白纹伊蚊的驱避效果

浓度/%	化合物	有效保护时间/h											
		2	2.5	3	3.5	4	4.5	5	5.5	6	6.5	7	7.5
5	R2	−	+										
	DEET	−	−	−	−	+							
10	R2	−	−	−	−	+							
	DEET	−	−	−	−	−	−	−	+				
20	R2	−	−	−	−	−	−	+					
	DEET	−	−	−	−	−	−	−	−	−	−	+	

实验结果显示，R2 驱蚊喷雾剂的浓度为 5% 时，有效保护时间为 2.5h。浓度在 10%、20% 时，有效保护时间分别达到 4h 和 5h，结果均达到国标 B 级标准。可见驱避剂有效成分的浓度对其驱避活性影响很大。

R2 喷雾剂对致倦库蚊的驱避活性如表 4-11 所示。

表 4-11　R2 对致倦库蚊的驱避效果

浓度/%	化合物	有效保护时间/h												
		2	2.5	3	3.5	4	4.5	5	5.5	6	6.5	7	7.5	8
5	R2	−	−	+										
	DEET	−	−	−	−	−	+							
10	R2	−	−	−	−	−	+							
	DEET	−	−	−	−	−	−	−	+					
20	R2	−	−	−	−	−	−	−	+					
	DEET	−	−	−	−	−	−	−	−	−	−	−	+	

实验结果显示，R2 驱蚊喷雾剂的浓度为 5% 时，对致倦库蚊的有效驱避时间为 3h。浓度在 10%、20% 时，有效保护时间分别达到 4.5h 和 6h，结果均达到国家标准的 B 级标准。

R2 喷雾剂对淡色库蚊的驱避活性如表 4-12 所示。

表 4-12　R2 对淡色库蚊的驱避效果

浓度/%	化合物	有效保护时间/h												
		2	2.5	3	3.5	4	4.5	5	5.5	6	6.5	7	7.5	8
5	R2	−	−	+										
	DEET	−	−	−	−	−	+							
10	R2	−	−	−	−	+								
	DEET	−	−	−	−	−	−	−	+					

续表

浓度/%	化合物	有效保护时间/h											
		2	2.5	3	3.5	4	4.5	5	5.5	6	6.5	7	7.5	8
20	R2	−	−	−	−	−	−	−	−	+				
	DEET	−	−	−	−	−	−	−	−	−	−	−	−	+

实验结果显示，R2 驱蚊喷雾剂的浓度为 5%时，对淡色库蚊的有效驱避时间为 3h。浓度在 10%、20%时，有效保护时间分别达到 4h 和 6h，结果均达到国家标准的 B 级标准。

室外驱避效果如表 4-13 所示。

表 4-13 R2 室外的驱避效果

样品	3h叮咬人数（有效率）	4h叮咬人数（有效率）	5h叮咬人数（有效率）	6h叮咬人数（有效率）	最短有效时间/h	最长有效时间/h
5% R2	0（100%）	2（60%）	3（40%）	5（0%）	4	5
5% DEET	0（100%）	1（80%）	2（60%）	4（20%）	4	6
10% R2	0（100%）	0（100%）	1（80%）	2（60%）	5	6
10% DEET	0（100%）	0（100%）	1（80%）	1（80%）	5	6
20% R2	0（100%）	0（100%）	0（100%）	1（80%）	5	>6
20% DEET	0（100%）	0（100%）	0（100%）	0（100%）	>6	

从表 4-13 可以看出，R2 驱蚊喷雾剂的浓度为 5%时，有效保护时间为 3h，4h 有效率为 60%，浓度在 10%时，有效保护时间达到 4h，6h 有效率达 60%，浓度在 20%时，有效保护时间达到 5h，6h 有效率达 80%。

4.2.2.5 小结

通过正交实验筛选，得出 R2 喷雾剂最优配方：R2 10%，增溶剂 20%，增效剂 1%，1,2-丙二醇 5%，透明质酸钠 0.05%，防腐剂 0.4%，香精 0.5%，蒸馏水 63%。同时采用加水法制备喷雾剂，先将 R2 与增溶剂不断地搅匀，再添加其他成分，最后加水稀释。

参照行业标准 QB/T 2660—2004 考察喷雾剂的理化指标，包括高温、低温和长期实验中其外观、pH、R2 含量的变化情况。实验结果表明，在上述工艺条件下制备的 R2 喷雾剂外观透明，无分层；pH 变化不大，在 6.5～7.5；R2 含量基本未减少。

通过对白纹伊蚊、致倦库蚊、淡色库蚊 3 种蚊种进行室内驱避活性实验，结果显示 10% R2 喷雾剂对它们的有效保护时间依次为 4h、4.5h、4h，结果均达到国家标准的 B 级标准。

4.2.3 凝胶剂

凝胶剂利用高分子辅料将有效成分制成凝胶，使之形成一个均一的、乳液状态的黏稠液体。有效成分分散在凝胶体的网状结构中，可延缓有效成分的扩散，从而延长有效成分的作用时间。

凝胶剂具有成型性良好、释药性好、载药量大和无毒无刺激性等优点，使用方便，安全舒适，适宜居家和野外使用。本实验拟在前人研究的基础上，利用凝胶剂具有的缓释作用，研究 R2 凝胶剂的制备工艺，以丰富驱避剂制剂的品种，为进一步开发利用 R2 提供基础。

4.2.3.1 材料的选择

凝胶剂的基质选择很重要，一般要求有适宜的挤出性能和涂展性能。由天然或合成的高分子物质聚合成的亲水性凝胶有很好的理化性质，并具有生物黏附作用、生物相容性和生物可降解等优点，可控制药物释放，是目前采用最多的基质材料（张保献等，2004）。同时水性凝胶剂因具有美观、使用舒适和稳定等优点，近几年来发展很快。

卡波姆基质是最常用的水性凝胶剂，它有很好的耐酸耐碱性，但在离子环境中不稳定，在高温或低温、高压、高湿下都能贮藏。它一般由去离子水、丙二醇或甘油、碱与卡波姆等组成，卡波姆基质美观且制备工艺简单。现对其常用辅料简单阐述如下。

1. 卡波姆

卡波姆根据聚合物单体不同可分为卡波姆 900 系列和卡波姆 1300 系列。卡波姆 900 系列的型号有 934、940、941 等，是由丙烯酸单聚物与烯丙基季戊四醇或烯丙基蔗糖交联而得的高分子聚合物，分子结构中含有 52%～68% 的羧基，在水中溶胀不溶解，其 1% 水溶液的 pH 为 2.5～3.0，通过加入无机或有机碱中和形成凝胶。卡波姆的羧基离子化后，在负电荷的作用下，相互排斥，处于膨胀状态，而且有黏性。0.5% 的卡波姆水溶液 pH 为 6～12 时黏度最大，在酸性、碱性或离子作用下，黏度下降，所以一般要密封、避光保存（李晏等，2002）。

同系列的卡波姆根据黏度的不同又可分为不同型号，可作为助悬剂、增稠剂、黏合剂、凝胶剂的基质等（Meshali et al.，1996）。卡波姆基质的凝胶剂具有易涂展、对皮肤和黏膜无刺激性、药物附着性和均匀性好等优点，其中卡波姆 940 凝胶剂的流动性质受离心、高温或长期放置的影响不大。所以本实验拟用卡波姆 940 作为基质，质量分数为 0.5%～1.5%，可以根据制剂稠度要求随意调节浓度。

2. 保湿剂

常用保湿剂有甘油和丙二醇，丙二醇的溶解性较好，但刺激性较大。甘油保湿效果好，但黏度偏大。在制剂制备中，同时使用两种保湿剂，用量为 5%～15%。

本实验研究的是驱避剂 R2 的凝胶剂，属于皮肤外用制剂，所以除用甘油和 1,2-丙二醇作为保湿剂外，再添加用量约为 0.05% 的透明质酸钠作为保湿剂，它是化妆品中最常使用的润肤保湿剂。

3. 中和用碱

用于中和卡波姆的碱多为乙二胺、三乙醇胺、氢氧化钠、碳酸氢钠等。pH 在 5～11 时凝胶比较稳定，因本驱避剂中的凝胶剂要符合化妆品的质量要求，化妆品要求中性，所以 pH 需控制在 6.5～8。此外，虽然氢氧化钠的刺激性小，但阳离子的存在会使凝胶产生乳光，所以本实验用胺类作为中和用碱。碱的加入时间有多种，可在搅拌下加入到卡波姆溶胀液中，也可与有效成分同时加入，也可以最后加入。

4. 防腐剂和香料

防腐剂可抑制微生物的繁殖，起到防止化妆品变质的作用。香料在化妆品中也是必不可少的，香气怡人的化妆品总是更受大众喜爱。R2 凝胶剂中防腐剂和香料的选择参考 4.2.2.1。

4.2.3.2 卡波姆 940 基质的配制方法

1. 原料与仪器

原料：卡波姆 940，甘油，1,2-丙二醇，透明质酸钠，三乙醇胺，尼泊金甲酯，尼泊金丙酯，香精，均是化妆品级。

仪器：数显高速分散均质机 FJ200-S，梅特勒-托利多电子分析天平，TGL-16G 型高速台式离心机。

2. 配制方法

将卡波姆粉末慢慢均匀地撒于适量的去离子水中，搅拌溶胀。卡波姆 940 在水中溶胀时，应尽量避免形成被水包围的卡波姆小块，若成团块则会难以溶胀，而没有充分溶胀的卡波姆被碱中和后会形成白色半透明状物，影响成品质量，所以要边搅拌边加入，这样可以充分溶胀。搅拌后放置过夜，备用。

将一定浓度的中和剂三乙醇胺慢慢加入到卡波姆溶胀液中，随着 pH 的升高，卡波姆溶胀液的黏度会不断升高，pH 为 6～11 时最稠，直至变为透明性凝胶。

用卡波姆 940 配制水性凝胶基质时，其浓度一般为 0.5%～2.0%。为增加凝胶的稳定性,添加 0.4% 尼泊金酯防腐剂,再加甘油、1,2-丙二醇、透明质酸钠等保湿剂,即得。

用卡波姆 940 制成凝胶剂基质时,要注意以下几点。

(1)水的选择

因为卡波姆 940 的羧基能与 Mg^{2+}、Ca^{2+} 等离子结合生成沉淀,所以一定要选用去离子水作溶剂,否则凝胶会分层。

(2)保湿剂的加入

配方中加入适当的甘油、1,2-丙二醇和透明质酸钠,既可保湿,又可增加凝胶的透明度,但用量不能过大,一般在 5%~15%。

(3)三乙醇胺的量

三乙醇胺的用量是卡波姆 940 能否形成凝胶的关键。中和 1g 卡波姆需 0.8~1.2g 三乙醇胺。

(4)温度

配制温度应低于 30℃,温度过高会影响溶胀时间。

3. 卡波姆配方基质初步筛选

(1)因素和评价指标确定

以基质的综合外观为指标,影响基质的因素主要有卡波姆的浓度、保湿剂甘油和丙二醇的浓度及三乙醇胺的浓度。每因素分别取 3 个水平做试验,进行 $L_9(3^4)$ 正交实验,各因素与水平表如表 4-14 所示。综合外观评价指标包括涂展性、离心性、均匀性和光泽性,各占 25 分,满分为 100 分,具体评分标准见表 4-15(宫莉萍和赵怀清,2011)。

表 4-14 因素与水平表

水平	因素		
	A(卡波姆浓度)/%	B(甘油+丙二醇)/%	C(三乙醇胺)/%
1	0.5	5+5	0.8
2	1	5+7.5	1.2
3	1.5	5+10	1.5

表 4-15 评分判定标准

指标	分值			
	0~2	3~9	10~19	20~25
涂展性	黏性大,不易涂开	可涂开,但涂布性差	可涂布,但细腻性差	易于涂布

续表

指标	分值			
	0~2	3~9	10~19	20~25
离心性	分层	表面有微小颗粒	无分层现象	外观均匀
均匀性	非常粗糙	较粗糙	较细腻	细腻
光泽性	无光泽	稍微混浊	平整有光泽	有光泽，透明

（2）正交实验及结果分析

基质的配制按 $L_9(3^4)$ 正交实验的比例进行，具体见表4-4，每组实验配制的基质总质量为30g，制得的9组凝胶基质的涂展性、离心性、均匀性和光泽性评分结果见表4-16。直观分析和方差分析结果分别见表4-17和表4-18。

表 4-16　外观评分结果

实验号	指标				总分
	涂展性	离心性	均匀性	光泽性	
1	18	11	15	18	62
2	22	19	21	23	85
3	17	20	16	19	72
4	24	25	22	23	94
5	18	19	20	23	80
6	21	22	23	24	90
7	18	21	19	20	78
8	12	11	13	16	52
9	18	19	16	18	71

表 4-17　直观分析结果

实验号和指标	因素			外观得分
	A（卡波姆浓度）	B（甘油+丙二醇）	C（三乙醇胺）	
1	1	1	1	62
2	1	2	2	85
3	1	3	3	72
4	2	1	2	94
5	2	2	3	80
6	2	3	1	90
7	3	1	3	78
8	3	2	1	52
9	3	3	2	71

续表

实验号和指标	因素			外观得分
	A（卡波姆浓度）	B（甘油+丙二醇）	C（三乙醇胺）	
T_1	219	234	204	
T_2	264	217	250	
T_3	201	233	230	
$\overline{T}_1$	73	78	68	
$\overline{T}_2$	88.00	72.33	83.33	
$\overline{T}_3$	67.00	77.67	76.67	
R	21.00	5.67	15.33	

注：T_i 为某因素 i 水平的得分总和；$\overline{T}_i$ 为某因素 i 水平得分 T_i 的平均值；极差 R 是得分最大值和最小值之差

表 4-18 方差结果分析

项目	df	SS	MS	F 值	P 值
因素 A	2	702.00	351.00	2.22	0.31
因素 B	2	60.67	30.335	0.19	0.84
因素 C	2	354.67	177.35	1.12	0.47
误差（空白列）	2	316.66	158.33		
总和	8	1434.00			
模型	6	1117.34	186.223	1.18	0.53

由表 4-17 可知，各因素的影响程度表现为 A＞C＞B，从理论上可得最优方案是 $A_2B_1C_2$，即卡波姆的浓度为 1%，甘油的浓度为 5%，1,2-丙二醇的浓度为 5%，三乙醇胺的浓度为 1%。

从表 4-18 可以看出，A、B、C 三个因素的显著性 P 值都大于 0.05，则三个因素的影响都不显著，综合考虑黏度、稠度和透明细腻度，初步选定 $A_2B_1C_2$ 这个配比。

4. 配方及制备工艺

配方：1g 卡波姆 940，5g 1,2-丙二醇，5g 甘油，0.1g 透明质酸钠，1g 三乙醇胺，0.12g 尼泊金丙酯，0.08g 尼泊金甲酯，加去离子水至 100g。

制备工艺：将卡波姆分次加入到适量的去离子水中，用均质机搅拌，搅拌后放置过夜，使其充分溶胀，在室温下操作。向制备好的凝胶溶液中缓慢加入甘油、透明质酸钠和 1,2-丙二醇，边加边搅拌。再缓慢滴加三乙醇胺，充分混匀。在搅拌下加入防腐剂，补充去离子水至 100g，充分搅匀即得。

4.2.3.3 R2 凝胶剂的制备及活性测定

1. 原料与方法

原料：R2（实验室自制，纯度为 92.7%），卡波姆 940（化妆品级），1,2-丙二醇（化妆品级），甘油（化妆品级），透明质酸钠（化妆品级），三乙醇胺（化妆品级），尼泊金丙酯（化妆品级），尼泊金甲酯（化妆品级），香精（化妆品级）。

试虫：白纹伊蚊、淡色库蚊羽化后 3～6d 未吸血的雌性成虫，由江西省竹子种质资源与利用重点实验室昆虫饲养室自养。致倦库蚊羽化后 3～6d 未吸血的雌性成虫，由南昌市疾病预防控制中心提供。

R2 凝胶剂的基质配制同 4.2.3.2，向已配制好的凝胶基质中加入 R2，充分搅匀即可。

活性测定方法参照国家标准 GB/T 13917.9—2009。室内条件：温度（26±1）℃，相对湿度（65±10)%。蚊笼：长 400mm，宽 300mm，高 300mm。

2. 不同浓度 R2 凝胶剂的配制

分别配制浓度为 7.5%、10%、12.5% 的 R2 凝胶剂，每个样品做 3 次重复实验，具体配方如表 4-19 所示。

表 4-19 R2 凝胶剂原料组合

原料	配方/%		
	Ⅰ	Ⅱ	Ⅲ
R2	7.5	10	12.5
卡波姆 940	1	1	1
1,2-丙二醇	5	5	5
甘油	5	5	5
透明质酸钠	0.1	0.1	0.1
三乙醇胺	1	1	1
尼泊金丙酯	0.12	0.12	0.12
尼泊金甲酯	0.08	0.08	0.08
去离子水	至 100%	至 100%	至 100%

按照表 4-19 的配方制备凝胶剂，室温放置一周未出现分层、物质析出现象，测得 pH 分别为 6.69、7.12、6.82。

3. 驱蚊性结果与分析

用配制好的 7.5%、10%、12.5% 浓度 R2 凝胶剂，在室内对白纹伊蚊、致倦库蚊、淡色库蚊 3 种蚊种进行驱避活性实验。实验结果如表 4-20～表 4-22 所示。

表 4-20　R2 凝胶剂对白纹伊蚊的驱避效果

实验组	有效保护时间/h					
	2	2.5	3	3.5	4	4.5
7.5% R2	−	+				
10% R2	−	−	−	−	+	
12.5% R2	−	−	−	−	−	+

表 4-21　R2 凝胶剂对致倦库蚊的驱避效果

实验组	有效保护时间/h								
	2	2.5	3	3.5	4	4.5	5	5.5	6
7.5% R2	−	−	+						
10% R2	−	−	−	−	−	−	+		
12.5% R2	−	−	−	−	−	−	−	−	+

表 4-22　R2 凝胶剂对淡色库蚊的驱避效果

实验组	有效保护时间/h								
	2	2.5	3	3.5	4	4.5	5	5.5	6
7.5% R2	−	−	−	+					
10% R2	−	−	−	−	−	−	+		
12.5% R2	−	−	−	−	−	−	−	−	+

由表 4-20 可知，R2 凝胶剂的有效成分浓度为 7.5%、10%、12.5% 时，对白纹伊蚊的驱避时间分别为 2.5h、4h、4.5h，后两者达到国标的 B 级标准。白纹伊蚊是攻击力比较强的蚊种，若想达到比较好的效果，R2 的浓度最好在 10% 以上。

由表 4-21 可知，R2 凝胶剂的有效成分浓度为 7.5%、10%、12.5% 时，对致倦库蚊的驱避时间分别为 3h、5h、6h，后两者达到国家标准的 B 级标准。

由表 4-22 可知，R2 凝胶剂的有效成分浓度为 7.5%、10%、12.5% 时，对淡色库蚊的驱避时间分别为 3.5h、5h、6h，淡色库蚊攻击力稍弱，且喜在光线较弱的情况下吸血，所以驱避时间稍偏长。综合考虑，R2 凝胶剂能对不同蚊种起到比较好的驱避效果时有效成分 R2 的配制浓度为 12.5%。

4.2.3.4　R2 凝胶剂的稳定性研究

稳定性实验的目的是考察有效成分在湿度、光线、温度的作用下，随时间增加的变化规律，考察有效成分有没有发生物理或化学变化，探索制剂的稳定性，为质量研究、工艺改进、包装改进、贮藏条件确定提供科学依据。参照《化妆品安全技术规范》(2015 年版)，凝胶的稳定性考察项目主要有外观、pH、离心稳定性，稳定性影响因素实验主要有高温实验、低温实验、长期实验。

1. 仪器及样品

高速离心机：TGL-16G 型高速台式离心机。电子分析天平：梅特勒-托利多仪器。冰箱：海尔 BC/BD-103HA。pH 计：雷磁 PHS-3C。恒温箱：DHG-9003BS 型电热恒温鼓风干燥箱。R2 凝胶剂 3 批：批号分别为 040901、040902、040903（R2 浓度为 12.5%）。

2. 实验内容

（1）外观

从宏观上观察凝胶剂的颜色有没发生变化，是否有分层及沉淀现象。

（2）pH 测定

取 R2 凝胶剂 5g，加热水（70℃）45mL，搅拌溶解，过滤，放置于室温后测定，测 3 批。

（3）离心稳定性

取 5g 样品放入离心管中，放入高速离心机中，在 2500r/min 的转速下离心 30min。

（4）有效成分 R2 的测定

凝胶剂中有效成分 R2 的测定方法同 4.2.2.3。

（5）高温实验

将 3 批凝胶剂放在（54±2）℃的恒温箱中，保存 30d，分别在 0d、15d、30d 时取样观察、检测，结果见表 4-23。

表 4-23 高温实验结果

批号	贮存时间/d	pH	R2 浓度/%
040901	0	6.69	12.2
	15	6.68	12.1
	30	6.69	11.3
040902	0	6.70	12.0
	15	6.71	11.8
	30	6.68	11.7
040903	0	6.81	11.5
	15	6.72	11.4
	30	6.73	11.2

(6) 低温实验

将 3 批凝胶剂放入冰箱内保存 30d，温度为（-10±1）℃，分别在 0d、15d、30d 时取样观察、检测，结果见表 4-24。

表 4-24　低温实验结果

批号	贮存时间/d	pH	R2 浓度/%
040901	0	6.68	12.0
	15	6.67	11.9
	30	6.70	10.9
040902	0	6.52	11.9
	15	6.58	11.6
	30	6.59	11.2
040903	0	6.76	12.2
	15	6.71	11.4
	30	6.73	11.7

(7) 长期实验

取 3 批凝胶剂在温度（25±2）℃、相对湿度（60±10）% 的条件下保存 6 个月，分别在 0 个、3 个、6 个月时取样观察，并测定 R2 凝胶剂对白纹伊蚊的驱蚊活性，结果见表 4-25～表 4-27。

表 4-25　R2 凝胶剂在 0 个月时对白纹伊蚊的驱避效果

批号	有效保护时间/h						
	2	2.5	3	3.5	4	4.5	5
040901	-	-	-	-	-	+	
040902	-	-	-	-	-	+	
040903	-	-	-	-	-	-	+

表 4-26　R2 凝胶剂在 3 个月时对白纹伊蚊的驱避效果

批号	有效保护时间/h						
	2	2.5	3	3.5	4	4.5	5
040901	-	-	-	-	-	+	
040902	-	-	-	-	+		
040903	-	-	-	-	-	+	

表 4-27　R2 凝胶剂在 6 个月时对白纹伊蚊的驱避效果

批号	有效保护时间/h						
	2	2.5	3	3.5	4	4.5	5
040901	−	−	−	−	−	+	
040902	−	−	−	−	+		
040903	−	−	−	−	+		

3. 实验结果分析

3 批样品经过 1 个月的高温实验，R2 凝胶剂的外观没有发生变化，仍为透明凝胶，离心后没有分层现象，pH 基本在 6.6～6.9，有效成分含量变化不大。

3 批样品经过 1 个月的低温实验，R2 凝胶剂的外观没有发生变化，仍为透明凝胶，无沉淀，离心后没有分层现象，pH 基本在 6.5～6.8，有效成分含量变化不大。

表 4-25～表 4-27 的实验结果表明：3 批 R2 凝胶剂在温度（25±2）℃、相对湿度（60±10）% 保存 0 个、3 个、6 个月后，其有效保护时间基本没变。保存 6 个月后，其有效保护时间仍达到 4h。

4.2.3.5　小结

通过正交实验考察凝胶基质的最优配比，再通过单因素实验确定 R2 的最佳浓度，确定了 R2 凝胶剂的最佳配方：R2 浓度为 12.5%，卡波姆 94 浓度为 1%，1,2-丙二醇浓度为 5%，甘油浓度为 5%，透明质酸钠浓度为 0.1%，三乙醇胺浓度为 1%，防腐剂（尼泊金丙酯和尼泊金甲酯）浓度为 0.2%，去离子水含量为 75.2%。

所得 R2 凝胶剂的成胶性状均很好，而且成胶后性质稳定；质地均匀细腻，展开后容易涂布；涂在皮肤上能形成透明的薄膜，附着性强，对皮肤无刺激性，适合皮肤局部外用。

参照行业标准 QB/T 1857—2004 对凝胶剂进行理化指标的考察，结果表明：在高温、低温和长期实验中，R2 凝胶剂无沉淀物，pH 保持在 6.5～6.9，有效成分含量变化不大。浓度为 10% 的凝胶剂对白纹伊蚊、致倦库蚊、淡色库蚊的有效驱避时间分别达 4h、5h、5h，均达到国家标准的 B 级标准。

4.2.4　湿纸巾

目前，市场上驱避剂产品大多以避蚊胺（DEET）作为活性成分，但在长期使用中陆续发现了一些 DEET 毒理学方面的安全问题，如长期或大量使用会出现神经系统症状、皮肤损伤等（Qiu et al.，1998）。随着人们生活质量的提高，保护生态与环境的需求及解决抗药性问题的需要急剧增加，因此研究和筛选高效、安全的驱避剂新品种是保护人类健康、控制虫媒疾病传播的客观需求（王宗德等，2005）。

R1 驱蚊湿纸巾作为一种新形式的昆虫驱避剂,在保护人们免遭有害生物骚扰、减少虫媒疾病传播方面具有重要的作用。本研究用于研制 R1 驱蚊湿纸巾的活性成分 R1,由天然萜类资源经过一系列反应合成,然后用于 R1 驱蚊湿纸巾复合药液最佳配方的研制,在以上过程中活性测定都需要按照国家标准《农药登记卫生杀虫剂室内药效评价》(GB/T 13917.9—2009)进行,并设置相应的对照。

4.2.4.1 不同浓度的 R1 驱蚊湿纸巾配方逐步配制及活性测定

1. 材料和方法

试虫:白纹伊蚊羽化后 3~5d 未吸血的雌性成虫,由江西省竹子种质资源与利用重点实验室昆虫饲养室自养。昆虫饲养室:温度(26±1)℃,相对湿度 65%±10%。

样品:R1 驱蚊湿纸巾混合药液由江西农业大学植物天然产物与林产化工研究所实验室自制。

方法:参照国家标准 GB/T 13917.9—2009。

2. 实验结果

实验结果(表 4-28)显示:不同浓度的 R1 在加入防腐剂、消毒剂等助剂以后,驱避活性仍旧十分稳定。浓度在 10% 时,有效保护时间保持在 4~4.5h,达到国家标准的 B 级标准;浓度在 15%、20% 时,有效保护时间分别为 6.5~7h 和 8~8.5h,均达到国标的 A 级标准。

表 4-28 加入防腐剂、消毒剂、稳定剂后 R1 混合液配方对白纹伊蚊的驱避效果

浓度/%	化合物	有效保护时间/h														
		2	2.5	3	3.5	4	4.5	5	5.5	6	6.5	7	7.5	8	8.5	9
10	R1	−	−	−	−	−	+									
	DEET	−	−	−	−	−	−	−	+							
15	R1	−	−	−	−	−	−	−	−	−	−	+				
	DEET	−	−	−	−	−	−	−	−	−	−	−	−	−	+	
20	R1	−	−	−	−	−	−	−	−	−	−	−	−	−	+	
	DEET	−	−	−	−	−	−	−	−	−	−	−	−	−	−	+

实验结果(表 4-29)显示:不同浓度的混合液在加入香精以后,驱避活性依然十分稳定。浓度在 10% 时,有效保护时间为 4.5~5h,结果达到国标的 B 级标准;浓度在 15%、20% 时,有效保护时间分别为 6~6.5h 和 7.5~8h,均达到国标的 A 级标准。

表 4-29　进一步加入香精后 R1 混合液配方对白纹伊蚊的驱避效果

浓度/%	有效保护时间/h														
	1	1.5	2	2.5	3	3.5	4	4.5	5	5.5	6	6.5	7	7.5	8	8.5
10	−	−	−	−	−	−	−	+							
15	−	−	−	−	−	−	−	−	−	−	−	+			
20	−	−	−	−	−	−	−	−	−	−	−	−	−	−	+	

3. 讨论

驱避剂 R1 在加入防腐剂、消毒剂和香精后，驱避活性没有受到影响，仍然表现出良好的作用效果。因此，确定 R1 驱蚊湿纸巾配方为：洗必泰 0.01%（质量百分比，下同），尼泊金甲酯 0.01%，丙二醇 0.04%，香精则按照 1∶30 或 1∶40 的体积比加入。

4.2.4.2　R1 驱蚊湿纸巾的室内和室外活性测定

根据纸巾生产工艺可知，此过程主要包括原液的配制和无纺布的加湿两个步骤。

1. 基质

选用无纺布，从专业纸巾生产工厂购买，颜色为白色，未添加任何制剂。

2. R1 驱蚊湿纸巾制备方法

本实验采用浸渍加工方法制备湿纸巾，具体操作如下：①将无纺布裁成 20.75cm×18.00cm×0.5cm 的布块；②将裁好的无纺布置于电热鼓风烘干箱中采用高温（140℃）灭菌 4h，灭菌后置于封闭的容器中备用；③将无纺布放在事先配制成一定浓度的驱蚊混合药液中浸渍一定时间，直到渗透完全；④浸渍好的无纺布置于密封的袋子中备用。

3. 活性测定方法

参照国家标准 GB/T 13917.9—2009 进行。

4. 结果

实验结果（表 4-30）显示：R1 驱蚊湿纸巾的浓度在 10% 时，有效保护时间为 4.5～5h，结果达到国家标准的 B 级标准；浓度在 15%、20% 时，有效保护时间均为 6.5～7h，均达到国家标准的 A 级标准。

表 4-30　R1 驱蚊湿纸巾在室内对白纹伊蚊的驱避效果

浓度/%	有效保护时间/h															
	1	1.5	2	2.5	3	3.5	4	4.5	5	5.5	6	6.5	7	7.5	8	8.5
10	−	−	−	−	−	−	−	+								
15	−	−	−	−	−	−	−	−	−	−	−	−	+			
20	−	−	−	−	−	−	−	−	−	−	−	+				

R1 驱蚊湿纸巾在室外对白纹伊蚊的驱避效果（表 4-31）显示：浓度在 10% 时，以 R1 为主要成分的湿纸巾的有效保护时间为 3~3.5h，以 R2、DEET 为主要成分的湿纸巾的有效保护时间分别为 6~6.5h、4.5~5h；浓度为 15%、20% 时，有效保护时间分别为 4.5~5h、5.5~6h，分别达到国家标准的 B 级、A 级标准。

表 4-31　R1 驱蚊湿纸巾在室外对白纹伊蚊的驱避效果

浓度/%	化合物	有效保护时间/h												
		1	1.5	2	2.5	3	3.5	4	4.5	5	5.5	6	6.5	7
10	R1	−	−	−	−	−	+							
	R2	−	−	−	−	−	−	−	−	−	−	+		
	DEET	−	−	−	−	−	−	−	−	+				
15	R1	−	−	−	−	−	−	−	−	+				
20	R1	−	−	−	−	−	−	−	−	−	−	+		

4.2.4.3　R1 驱蚊湿纸巾稳定性的测定

为确保制剂在使用时能安全、有效，必须对制剂进行稳定性测定。本实验参照我国药品稳定性测定的相关规定对 R1 驱蚊湿纸巾进行了一系列测定，如进行长期留样观察实验，对外观色泽、气味、有效期等项目也进行了长期考察。

1. R1 驱蚊湿纸巾的色泽、气味考察和皮肤测试

将同一批密封的 R1 驱蚊湿纸巾在室温贮存，放置 60d、90d、180d 后，开封检测，检查其色泽和气味是否有异常变化，并涂抹于皮肤上，检测人体是否对其产生过敏等不良反应。

2. R1 驱蚊湿纸巾的有效期测定

为了全面测定 R1 驱蚊湿纸巾的综合稳定性，除了对色泽、气味考察，最重要的考察指标是产品有效期。有效期的长短取决于主要活性成分在混合液中稳定与否，也可以通过对有效成分含量和分解率进行检测来直观了解其稳定性。

3. 结果与分析

1) R1 驱蚊湿纸巾的色泽、气味考察和皮肤测试：室温下，同一批密封的 R1 驱蚊湿纸巾在放置 60d、90d、180d 后，开封检测，其色泽均正常，且无特殊气味，同时皮肤无发红、发痒或过敏等反应。

2) R1 驱蚊湿纸巾的有效期测定，结果如表 4-32～表 4-35 所示。

表 4-32　R1 驱蚊湿纸巾在 0d 时对白纹伊蚊的驱避效果

浓度/%	有效保护时间/h											
	2	2.5	3	3.5	4	4.5	5	5.5	6	6.5	7	7.5	8
10	−	−	−	−	−	−	−	−	−	+			
15	−	−	−	−	−	−	−	−	−	−	+		
20	−	−	−	−	−	−	−	−	−	−	−	+	

表 4-33　R1 驱蚊湿纸巾在 60d 时对白纹伊蚊的驱避效果

浓度/%	有效保护时间/h											
	2	2.5	3	3.5	4	4.5	5	5.5	6	6.5	7	7.5	8
10	−	−	−	−	+								
15	−	−	−	−	−	−	+						
20	−	−	−	−	−	−	−	−	−	+			

表 4-34　R1 驱蚊湿纸巾在 90d 时对白纹伊蚊的驱避效果

浓度/%	有效保护时间/h											
	2	2.5	3	3.5	4	4.5	5	5.5	6	6.5	7	7.5	8
10	−	−	−	−	+								
15	−	−	−	−	−	+							
20	−	−	−	−	−	−	−	−	+				

表 4-35　R1 驱蚊湿纸巾在 180d 时对白纹伊蚊的驱避效果

浓度/%	有效保护时间/h											
	2	2.5	3	3.5	4	4.5	5	5.5	6	6.5	7	7.5	8
10	−	−	−	−	+								
15	−	−	−	−	−	+							
20	−	−	−	−	−	−	−	+					

4.2.4.4 结论

实验结果表明，不同浓度的 R1 驱蚊湿纸巾贮存 60d、90d、180d 后，其稳定性随时间增加有所降低，但整体变化幅度不大。在 0d 时，10% 的纸巾有效保护时间为 6～6.5h；15%、20% 的纸巾有效保护时间分别为 6.5～7h、7～7.5h。在 180d 时，10% 的纸巾有效保护时间仍能达到 3.5～4h；15%、20% 的纸巾有效保护时间分别为 4～4.5h、5～5.5h。由于 R1 本身固有的特性，即在水中易分解，因此 R1 驱蚊湿纸巾的溶剂选用无水医用乙醇，尽量减少对皮肤的刺激性。同时，在长期的贮存过程中，混合药液中的防腐剂、消毒剂、香精等发生交互作用，会对其稳定性产生影响。各种影响因素的作用机理尚需进一步研究。

4.3 现场应用

4.3.1 东南沿海现场防蚊蠓应用

部队在野外执行任务时会面临各种健康方面的问题，虫媒疾病是严重影响部队人员健康的主要威胁之一。媒介生物性疾病常常是导致部队发生非战斗减员的重要因素，在特定的条件下，其导致的战斗力损失甚至超过了杀伤性武器造成的战斗减员。吸血双翅目昆虫是媒介效能较高的病媒生物，在我国由吸血双翅目昆虫传播的虫媒病主要有流行性乙型脑炎、登革热、疟疾等（翟士勇等，2006），并且可能被用于生物恐怖袭击（王鲁豫和赵耀，2004）。

南京军区疾病预防控制中心科研人员某次在野外执行任务的过程中，采用二氧化碳诱集系统对当地吸血双翅目昆虫进行了采集、分类、计数，分析了其数量变化，并进行了防治试验，探讨了防治策略。

4.3.1.1 材料与方法

1. 调查方法

采用蚊虫二氧化碳诱集系统（军事医学科学院微生物流行病研究所研制）采集吸血双翅目昆虫。按照说明书把诱蚊系统安装完成后，将诱蚊灯悬挂在帐篷前 10m 处，挂钩距地面约 115m。接通电源，调整 CO_2 的流量。诱集的时间为 18:00～20:00，对诱集到的双翅目昆虫进行鉴别、分类和数量统计。

2. 化学防治

将百高克（含 6% 的高效氯氰菊酯）稀释 100 倍后，对周围环境进行常量喷雾处理。

3. 驱避保护实验

用驱蚊神（含10%的8-羟基别二氢葛缕醇甲酸酯）涂抹裸露部位，观察记录有效保护时间。

4.3.1.2 结果

1. 化学防治

在5月30日对周围环境喷洒了杀虫剂，当天诱集到的蚊、蠓数量显著降低，均为0，较前1d分别下降了100%、100%；6月6日进行防治后，当天诱集到的蚊、蠓数量分别为1只、2只，较前1d下降了92.8%、85.7%（图4-1）。2次防治后的第2天，数量迅速恢复到防治前的水平。

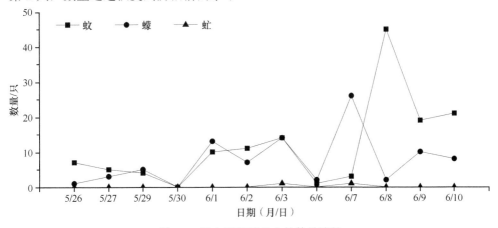

图4-1 吸血双翅目昆虫的数量消长

2. 驱避保护

在身体裸露部位涂抹驱蚊神后，能够有效地防止蚊虫叮刺骚扰，有效保护时间可达4h以上。

4.3.1.3 讨论

由于试验场所地处东南沿海，当地正值雨季，气候特点是气温高、湿度大、降雨较多，在地表形成了很多积水，周围环境灌木丛生，草甸茂密，为蚊、蠓的孳生和栖息提供了有利自然条件，调查期间，蚊、蠓的数量总体上呈上升趋势。

采用喷洒杀虫剂的方法，虽然能够迅速降低吸血双翅目昆虫的数量，起到了较好的杀灭效果，体现了化学防治快速、高效、应急的特点，但是持效性则很不理想，第2天昆虫数量就迅速恢复，达到或超过防治前的水平。造成这种现象的原因有两个方面：一是喷洒药剂处理的环境面积有限，而当地蚊、蠓等媒介生物的孳生地和栖息地非常广泛,其他未喷药的孳生地和栖息地的蚊、蠓飞入;二是当地正处雨季,每天都有降雨,对喷洒的药剂起到了冲刷和稀释的作用,严重影响了防治效果。由于环境喷洒杀虫剂容易受到雨水冲刷,要想获得满意的防治效果就需要高频率、大范围地重复施药,既不经济也费时费力。

驱避剂易于携带,使用方便,是人们野外活动时用于个人保护、防止叮咬的重要药剂。特别是在东南沿海夏季,雨量较多,在需要时可以多次使用,确保人员免遭侵扰。驱蚊神的有效成分为 8-羟基别二氢葛缕醇甲酸酯,是一种以植物原料经过结构改造后获得的新型萜类驱避剂,其驱避效果与目前常用的驱避剂避蚊胺(DEET)相当,且安全性更高(韩招久等,2005a;王宗德等,2007a)。因此,驱蚊神可用作东南沿海户外驱避蚊虫的个人防护用品。

4.3.2 新疆伊犁地区现场防蚊应用

驱避剂可以有效地减少蚊蚋等吸血双翅目昆虫对人体的叮咬,对人体起到保护作用,但驱避剂的效果受到多种因素的影响,如药物的种类、剂量、剂型等,此外蚊虫种类、密度、气象条件及个体差异等也对驱避效果有一定影响。为研究新型驱避剂 8-羟基别二氢葛缕醇甲酸酯和羟基香茅醛-1,2-丙二醇缩醛的现场防蚊效果,新疆军区疾病预防控制中心研究人员选择新疆伊犁三道河蚊虫危害严重的地区进行现场应用试验,并以主流驱避剂避蚊胺(DEET)作为对照。

4.3.2.1 材料与方法

1. 驱避剂

驱避剂 R1,8-羟基别二氢葛缕醇甲酸酯;驱避剂 R2,羟基香茅醛-1,2-丙二醇缩醛;避蚊胺(DEET),上海夏威工贸有限公司生产。以无水乙醇为溶剂配制 20% R1、20% R2、20% DEET、10% DEET,并分别编为 1~4 号驱避剂。

2. 测试方法

在伊犁三道河地区蚊虫活动高峰季节 7 月中旬,选择蚊虫较多的树林为试验地点,试验前试验人员暴露两侧下肢,均匀地涂抹驱避剂。每个配方 12 个人,分为 4 组,每组 3 人,分别在 17:00~20:00 涂抹驱避剂。在 23:00 蚊虫活动高峰时间进入试验地点。试验者相隔 3~5m,静坐于小凳 15min,用手电筒照明,观察有无蚊虫叮咬,以及叮咬人数。

3. 效果评价

1)有效时间:从涂药时开始计时,计算至第一只蚊虫叮咬时所持续的时间,单位 h。

2)有效率:观察不同时间段叮咬人数,计算不同时间段的有效率。有效

率（%）=（试验人数−叮咬人数）/试验人数×100%

3）皮肤反应观察：皮肤涂抹驱避剂后有无发红、发痒等过敏反应。

4.3.2.2 结果

1. 有效保护时间

由表 4-36 可知，不同驱避剂防蚊的有效保护时间不同。1 号驱避剂有效保护时间为 3~5h，2 号驱避剂有效保护时间大于 6h，3 号驱避剂有效保护时间约为 4h，4 号驱避剂最短有效保护时间小于 3h。2 号驱避剂效果最好，4 号驱避剂效果最差。

表 4-36　R1 和 R2 两种新型驱避剂现场防蚊有效保护时间及有效率

编号	药剂	3h 叮咬人数（有效率）	4h 叮咬人数（有效率）	5h 叮咬人数（有效率）	6h 叮咬人数（有效率）	最短有效保护时间/h	最长有效保护时间/h
1	20% R1	2（37%）	1（67%）	1（67%）	3（0%）	3	5
2	20% R2	0（100%）	0（100%）	0（100%）	0（100%）	>6	
3	20% DEET	0（100%）	2（37%）	3（0%）	4（0%）	4	<5
4	10% DEET	3（0%）	3（0%）	2（37%）	2（37%）	<3	6

2. 有效率

由表 4-36 可知，1 号驱避剂 3h 有效率为 37%，4h 和 5h 有效率均为 67%，6h 有效率为 0，37%~67% 的人有效保护时间可达 3~5h；2 号驱避剂 3~6h 有效率都为 100%，所有人的有效保护时间都可达到 6h 以上；3 号驱避剂 3h 有效率为 100%，4h 有效率为 37%，5h 和 6h 有效率均为 0，对于 37% 的人有效保护时间可达到 4h；4 号驱避剂 3h 和 4h 有效率都为 0，但 5h 和 6h 有效率均为 37%，对于大多数人有效保护时间都小于 3h，但个别人的有效保护时间可达到 6h。

3. 不良反应

试验人员皮肤上涂抹驱避剂后，无皮肤瘙痒、红肿等过敏反应，也无不良气味和油腻感。

4.3.2.3 小结与讨论

本次驱避剂试验现场为新疆霍城县伊犁河北岸的三道河地区，生境为荒漠和河漫滩树林草地，其间分布有沼泽苇湖，并且由于春夏季节冰雪融化及河水上涨，伊犁河两岸形成大面积的坑洼积水，这些都为蚊虫提供了绝好的孳生和栖息场所。该地区蚊虫种类以往调查有 7 属 17 种，伊蚊属种类和数量较多，优势种为刺扰伊蚊、里海伊蚊、哈萨克斯坦伊蚊等，此外米赛按蚊、凶小库蚊的数量也较多。该地区蚊虫从 5 月开始活动，6 月下旬至 7 月下旬为蚊虫活动高峰期；在一天当中，蚊虫的活动有 2 个高峰，日出后 1h（约 8:00）为晨峰，日落后 1h（约 23:00）为昏峰，昏峰蚊虫数量很多，是蚊虫危害最严重的时间（张桂林等，2010）。本次试验观察时间为 17:00～23:00，在 23:00 蚊虫活动高峰时间试验人员进入树林静坐 15min，观察蚊虫叮咬情况。从本次试验的防蚊效果来看，2 号驱避剂，即 20% 羟基香茅醛-1,2-丙二醇缩醛的防蚊时间最长，6h 有效率为 100%，其保护效果最好；4 号驱避剂，即 10% DEET 的有效保护时间最短，小于 3h，保护效果最差。通过试验发现，不同试验人员对蚊虫刺叮的吸引力有较大差异，涂抹驱避剂后，防护效果也有较大差异，在以往的试验中也有类似现象（张桂林等，2010）。

新疆某些地区由于独特的地理环境形成了特有的蚊虫种群结构，蚊虫骚扰并传播疾病对当地居民的健康造成严重威胁。本研究显示，新型驱避剂羟基香茅醛-1,2-丙二醇缩醛对蚊虫具有很好的驱避效果，使用后对人体有较长的有效保护时间，结果显著优于目前国内外广为使用的驱避剂避蚊胺，这将为当地的防蚊工作提供有效的药剂，该新型驱避剂值得研究与推广应用。

第 5 章　萜类驱避化合物活性规律的初步探讨

5.1　不同碳骨架萜类驱避化合物的活性规律初步探讨

驱避化合物的种类很多，结构千差万别，要掌握它们的活性规律和构效关系非常困难。人们经过几十年的研究，取得了一定的进展，但掌握的程度还远远不够。

要探讨活性规律，就必须对驱避机理进行分析，结合驱避机理才能更好地对活性规律和构效关系进行分析。虽然我们对驱避机理的认识还不够，但现有的驱避机理研究对于进行活性规律的初步探讨还是很有帮助的。

早期的驱避剂有很强烈的气味，因此人们认为驱避剂主要作用于昆虫的嗅觉器官，驱避剂的主要功能是干扰昆虫的嗅觉，从而使昆虫难以发现目标。

后来发现的驱避剂只有很小的气味，因此人们推测驱避剂可能主要作用于昆虫的味觉感受器或者普通化学感受器，或综合作用于二者，驱避剂可能堵塞了昆虫的多种感受器（探测器官）。

有研究认为气味小的驱避剂是接触性驱避剂，作用部位是蚊子下颚的二氧化碳感受器和触角上具有湿度感受功能的感觉毛。蚊子受到二氧化碳的刺激后被引诱飞向人体，当蚊子飞进人体形成的湿热对流层时，湿度感受器的放电率增加，引诱蚊子继续靠近人体；如果蚊子飞出了湿热对流层，湿度感受器的放电率下降，使蚊子又飞回湿热对流层，随着气流到达气流源并且降落。当使用了驱避剂后，即使蚊子飞进了人体形成的湿热对流层，它的湿热感受器由于遭到驱避剂分子的堵塞，放电率并不升高，从而使蚊子很难发现目标而起到保护作用（Davis and Sokolove，1985；薛飞群，1994；姜志宽等，2001）。

也有研究认为，驱避剂主要是通过影响蚊子 L-乳酸受体的机理而使其停止寻找人体（宿主）。不管如何，驱蚊剂分子的大小和形状及其他化学性质有可能直接影响堵塞的紧密度与牢固度，从而影响其驱避效能（李群和柏亚罗，2002）。

因此，本研究主要从化合物类型、所具有的官能团、化学结构等方面对萜类驱避化合物的活性规律进行初步的探讨。

5.1.1　四元环萜类驱避化合物驱避活性规律分析

四元环萜类化合物驱蚊活性的研究尚未见报道，从表 5-1 可以得到的初步结论是：四元环类的蒎酮酸甲酯和乙酯对白纹伊蚊都具有一定的驱避活性，其不足是驱避时间不够长，但是这 2 个化合物表现出一定的驱避活性显示四元环萜类化合物中可能具有活性较强的化合物，这还需要进一步的研究。

表 5-1 白纹伊蚊的驱避实验结果（小白鼠）

化合物名称	相对分子量	使用浓度/%	不同时间校正驱避率/%					
			0.5h	1.0h	1.5h	2.0h	2.5h	3.0h
蒎酮酸甲酯	198	10	100	82.7	91.3	69.7	61.0	57.1
蒎酮酸乙酯	212	10	97.0	97.0	88.1	82.1	85.1	79.1
DEET	191	10	100	100	100	100	97.4	97.4

5.1.2 六元环萜类驱避化合物驱避活性规律分析

在目前已经发现或合成的萜类驱避剂中，六元环类是最多的，但表 5-2 中 9 个六元环类化合物只有 3 个对白纹伊蚊表现出驱避活性。

表 5-2 白纹伊蚊的驱避实验结果（小白鼠）

化合物名称	相对分子量	使用浓度/%	试蚊数/只	30min 后叮刺蚊虫数/只
4-(1-甲基乙烯基)-1-环己烯-1-乙醇乙酸酯	208	10	36	10
4-(1-甲基乙烯基)-1-环己烯-1-乙醇丙酸酯	222	10	55	20
薄荷醇	156	20	59	0
乙酸薄荷酯	198	10	67	35
丙酸薄荷酯	212	10	34	17
8-羟基别二氢葛缕醇	170	10	49	5
8-羟基别二氢葛缕醇甲酸酯	198	20	76	0
8-羟基别二氢葛缕醇乙酸酯	212	20	67	0
8-羟基别二氢葛缕醇丙酸酯	226	20	45	11
DEET	191	10	55	0

没有表现出驱蚊活性的 6 个化合物中乙酸薄荷酯、丙酸薄荷酯、4-(1-甲基乙烯基)-1-环己烯-1-乙醇乙酸酯、4-(1-甲基乙烯基)-1-环己烯-1-乙醇丙酸酯在环外均有羰基官能团，也有异丙基取代基或异丙烯基取代基，但均没有驱蚊活性，这可能与缺少另一个极性取代基有关。

8-羟基别二氢葛缕醇具有 2 个极性官能团，但也未表现出驱蚊活性，这可能与缺少羰基有关，但结构类似的对蓋烷二醇-1,2、对蓋烷二醇-3,4、对蓋烷二醇-3,8、对蓋烯二醇-1,2 等化合物具有一定的驱蚊活性（朱成璞，1988；李洁等，1997a），尤其是与对蓋烯二醇-1,2 相比，只存在双键和羟基位置的不同，由此推测可能官能团和手性碳原子的位置对于驱蚊活性是一个重要的因素。

另外，8-羟基别二氢葛缕醇的甲酸酯和乙酸酯都具有较好的活性，但丙酸酯没有表现出活性，这可能与丙酸酯的羧基部分太大有关，目前发现和合成的驱避剂中丙酸酯还极为少见。

5.1.3 桥环萜类驱避化合物驱避活性规律分析

如表 5-3 所示,所有供试的化合物均没有表现出一定的驱蚊活性。

表 5-3 对白纹伊蚊的驱避活性(小白鼠)

化合物名称	相对分子量	使用浓度/%	试蚊数/只	30min 后叮刺蚊虫数/只
诺卜醇	166	10	81	12
诺卜甲基醚	180	10	42	15
诺卜乙基醚	194	10	85	27
诺卜丙基醚	208	10	76	28
甲酸诺卜酯	178	10	52	16
乙酸诺卜酯	208	10	45	9
丙酸诺卜酯	222	10	73	15
内型异莰烷基甲醇乙酸酯	210	10	54	28
内型异莰烷基甲醇丙酸酯	224	10	57	10
内型 1-异莰烷基-3-戊醇乙酸酯	266	10	71	27
内型 1-异莰烷基-3-己醇乙酸酯	280	10	67	30
内型 4-异莰烷基-3-乙基-2-丁醇乙酸酯	280	10	44	16
2,3-环氧蒎烷	152	10	30	16
DEET	191	10	55	0

根据 Davis 和 Sokolove(1985)的推测,氧官能团是驱避活性所必需的。以往的研究认为驱避化合物一般含有环状结构,环外常常含有羰基基团(李群和柏亚罗,2002)。表 5-3 中的化合物除了 2,3-环氧蒎烷都能满足这些条件,但是没有一个化合物表现出驱避活性,这可能与这些化合物缺少另外一个官能团或跟桥环结构有关,虽然这些化合物的双环外面还有 2 个甲基取代基。

5.1.4 开链萜类驱避化合物驱避活性规律分析

由表 5-4 和表 5-5 可知,羟基香茅醛及其二甲醇缩醛、1,3-丙二醇缩醛、1,2-丙二醇缩醛对白纹伊蚊表现出一定的驱避活性。表 5-5 还进一步表明:羟基香茅醛-1,2-丙二醇缩醛对白纹伊蚊表现出了比较理想的驱避活性。

表 5-4 对白纹伊蚊的驱避活性(小白鼠)

化合物名称	相对分子量	使用浓度/%	试蚊数/只	30min 后叮刺蚊虫数/只
芳樟醇	154	10	51	31
羟基香茅醛	172	10	53	2
羟基香茅醛二甲醇缩醛	218	20	58	0

化合物名称	相对分子量	使用浓度/%	试蚊数/只	30min 后叮刺蚊虫数/只
羟基香茅醛乙二醇缩醛	216	10	36	8
羟基香茅醛-1,3-丙二醇缩醛	230	10	34	3
羟基香茅醛-1,2-丙二醇缩醛	230	10	40	4
羟基香茅醛丙酸酯	212	20	57	16
羟基香茅醛乙基醚	200	20	107	17
DEET	191	10	55	0

表 5-5　白纹伊蚊的驱避实验结果（人体）

化合物名称	相对分子量	使用浓度/%	有效保护时间/h				
			0.5	1.0	1.5	2.0	2.5
羟基香茅醛	172	5	+				
		10	−	+			
		15	−	+			
		20	−	−	+		
		30	−	−	−	+	
羟基香茅醛二甲醇缩醛	218	10	−	+			
		20	−	−	−	+	
羟基香茅醛-1,3-丙二醇缩醛	230	10	+				
		20	+				
羟基香茅醛-1,2-丙二醇缩醛	230	10	−	−	+		
		20	−	−	−	−	+

注："−" 表示无蚊虫叮咬；"+" 表示有蚊虫叮咬，后面不再继续实验。下同

目前，尚未见缩醛类萜类化合物具有驱蚊活性的报道，这与以往认为萜类驱避剂一般都是醇类、酯类、羟基酯类或羟基酮类等化合物的认识不一样，也与以往认为驱避官能团一般都是羟基（一般还需要另外一个官能团的配合）、羰基的认识不一样。因此，可以推测缩醛官能团所在区域或整个缩醛环状结构可能与羰基一样能够作为驱避官能团起作用。但进一步的结论还有待于更深入的研究。

羟基香茅醛乙二醇缩醛、羟基香茅醛-1,3-丙二醇缩醛没有表现出明显的驱避活性，如果认为环状结构与羰基具有相似的作用，一般情况下羰基两侧都要连接基团，而这 2 种化合物的环状缩醛只有一侧连有基团，所以没有明显的驱避活性。

羟基香茅醛乙基醚对白纹伊蚊没有明显的驱避活性；羟基香茅醛丙酸酯没有表现出明显的驱避活性，与其他类型化合物的丙酸酯相同。

5.1.5 小结与讨论

通过以上分析可以看出，萜类驱避剂的驱避活性规律确实比较复杂和难以得出很明显的规律，但仍然可以得出一些初步的认识和活性规律。

1. 关于化合物类型

在供试的萜类驱避化合物中发现了活性较高的羟基酯类化合物（23号、24号），这与以往的报道是相吻合的，说明羟基酯类化合物具有驱避活性的可能性比较大，但是羧基过大则活性遭到削弱。

缩醛类化合物有较好驱避活性的研究尚未见报道，本研究发现了2个具有较高活性的缩醛类化合物（28号、31号）。不少萜类的缩醛类化合物具有良好的香气性质，如本研究中具有较好驱避活性的缩醛类化合物就具有良好的香气性质，这为我们从缩醛类萜类化合物中寻找高活性的芳香型驱避剂提供了依据。缩醛类化合物具有驱避活性也许与缩醛结构保留了羰基碳原子的驱避作用，或者是整个环状缩醛具有类似羰基的驱避作用有关。

本研究中的醚类化合物没有表现出明显的驱避活性。

2. 关于环状结构

本研究中的桥环萜类化合物没有表现出明显的驱蚊活性，这与目前还没有类似化合物具有较好驱避活性的报道是相吻合的。

本研究分别在六元环类和开链类化合物中发现了具有较好驱避性能的个体，六元环萜类驱避剂的报道比较多，但开链萜类驱避剂的报道尚不多见，28号和31号化合物的驱避活性可能与其具有类似于环状或卵形的结构有关。

本研究中的四元环萜类化合也具有一定的驱避活性，但其驱蚊活性的研究尚未见报道，因此有必要做进一步研究。

3. 关于官能团

从本研究的化合物来看，一般需要2个官能团的协同作用才能实现驱避活性，而且2个官能团一般都是具有极性的官能团。

本研究中具有较好驱避活性的化合物都具有1个以上的手性碳原子，手性中心在驱避活性中可能具有一定作用。

同时，官能团和手性中心的位置可能对于驱避活性是一个重要的因素，如8-羟基别二氢葛缕醇具有2个羟基官能团，但未表现出驱蚊活性，对蓋烯二醇-1,2却具有活性（朱成璞，1988），8-羟基别二氢葛缕醇与对蓋烯二醇-1,2只存在双键和羟基位置的不同。

4. 关于分子的大小和形状

一般认为驱避剂的碳原子数和氧原子数之和在 15 以内（董桂蕃，1995），但本研究中 31 号化合物碳原子数和氧原子数之和是 16。因此，在寻找驱避剂时可以适当扩大范围。

有研究认为，驱避剂分子的形状是球形和卵形（薛飞群，1994），本研究中 31 号化合物虽然是开链类化合物，但表现出较好的驱避活性，有可能跟它的分子形状有关。

5. 不同蚊种存在差异

本研究还显示，不同蚊种的驱避效果有较大的差异，如 23 号、28 号、31 号化合物对白纹伊蚊表现出不同活性，这可以为在不同环境中使用不同的驱避剂提供条件。虽然比较通行的做法是用白纹伊蚊来进行研究，但上述情况的存在还是给驱避剂的筛选和活性规律的总结带来了困难。

5.2　不同官能团氢化诺卜醇衍生物的活性规律初步探讨

蚊虫是传播多种重要疾病的媒介生物，为了减少和避免其对人类健康的危害，人类对蚊虫用多种方法进行防控，通过化学杀虫剂杀死蚊虫的方法最直接有效，很长一段时间内，化学杀虫剂在蚊虫防控中起到了重要的作用。但是过度依赖这种单一的防控方法已经产生了不少问题，如蚊虫逐年增长的抗药性，化学杀虫剂的用量也呈逐年增长之势，对环境和人类健康造成潜在威胁（刘洪霞等，2016）。同时，随着人们生活水平的提高和社会经济的发展，人们的健康意识和环保意识均在逐渐增强，所以，人们需要不断地发展和完善绿色环保且安全的蚊虫防控技术与手段。

与传统化学杀虫剂相比，蚊虫驱避剂是一类能使蚊虫无法识别、发现它们的叮咬对象，从而令蚊虫远离叮咬对象的物质。它的显著特征是驱避蚊虫，而非毒杀蚊虫，因而在蚊虫抗药性和环境友好方面有较大优势。优秀的蚊虫驱避剂具有以下几个特点：驱避时毒性低，使用安全；长效性、高效性、广谱性；使用时可适应皮肤，没有明显的刺激性；具有稳定的性质，香气宜人，方便人们携带（Thorsell et al., 1998；Wu et al., 2013）。

虽然目前在蚊虫防控领域，灭杀型的化学杀虫剂仍然是主流，但可以预见在不久的将来，驱避剂作为化学杀虫剂的一种可替代的新选择，和化学杀虫剂互为补充，能适合一些特殊人群和特殊场合的使用，未来将会进一步发展和应用。

萜类驱避剂是驱避剂中重要的化合物类型，本研究选择的 25 个化合物均为萜类化合物，通过测定其对淡色库蚊成虫的驱避活性，研究分析其对淡色库蚊成虫驱避活性的规律，期望筛选出驱避活性高、性质稳定的化合物，为开发绿色高效的蚊虫驱避剂奠定基础。

5.2.1 材料与方法

5.2.1.1 供试昆虫

淡色库蚊（Culex pipiens），由江西省山峰日化有限公司研究所昆虫饲养室饲养，是国家标准家用卫生杀虫剂药效评价昆虫（GB 13917.6—1992）。

饲养条件：温度（26±1）℃，相对湿度60%±5%，光照时间14h/d。饲养水源为放置＞24h的脱氯水。

成虫饲养在长400mm、宽300mm、高300mm的蚊笼内，羽化后供以10%蔗糖水。试虫为羽化后4～7d未吸血的雌性成虫，测试前停止糖餐供应24h。

5.2.1.2 供试样品

供试样品中有氢化诺卜基缩醛类3种（表5-6）、氢化诺卜基酰胺类10种（表5-7）、氢化诺卜基3同烷基卤化铵7种（表5-8）、氢化诺卜基吡啶卤化铵5种（表5-9），均由江西农业大学植物天然产物与林产化工研究所研发合成。

表5-6 氢化诺卜基缩醛类化合物的结构及名称

编号	名称	结构式	分子式	相对分子量	GC分析纯度/%
S2a	氢化诺卜基乙二醇缩醛		$C_{13}H_{12}O_2$	200	93.1
S2b	氢化诺卜基-1,2-丙二醇缩醛		$C_{14}H_{24}O_2$	224	91.1
S2c	氢化诺卜基-1,3-丙二醇缩醛		$C_{14}H_{24}O_2$	224	97.5

表 5-7 氢化诺卜基酰胺类化合物的结构及名称

编号	名称	结构式	分子式	相对分子量	GC 分析纯度/%
X4a	N-甲基氢化诺卜基酰胺		$C_{12}H_{21}NO$	195	95.6
X4b	N-乙基氢化诺卜基酰胺		$C_{13}H_{23}NO$	209	94.7
X4c	N-正丙基氢化诺卜基酰胺		$C_{14}H_{25}NO$	223	98.2
X4d	N-异丙基氢化诺卜基酰胺		$C_{14}H_{25}NO$	223	97.3
X4e	N-苯基氢化诺卜基酰胺		$C_{17}H_{23}NO$	257	98.2
X4f	N-对甲苯基氢化诺卜基酰胺		$C_{18}H_{25}NO$	271	92.3
X4g	N-对氯苯基氢化诺卜基酰胺		$C_{17}H_{22}NOCl$	291	94.1
X4h	N-邻氯苯基氢化诺卜基酰胺		$C_{17}H_{22}NOCl$	291	98.6

编号	名称	结构式	分子式	相对分子量	GC 分析纯度/%
X4i	N-邻羟基苯基氢化诺卜基酰胺		$C_{17}H_{23}NO2$	273	96.3
X4j	N-间硝基苯基氢化诺卜基酰胺		$C_{17}H_{22}N_2O_3$	302	93.7

表 5-8　氢化诺卜基 3 同烷基卤化铵的结构及名称

编号	化合物名称	结构式	分子式	相对分子量	GC 分析纯度/%
L4a	氢化诺卜基三甲基氯化铵		$C_{14}H_{28}NCl$	245.19	67.33
L4b	氢化诺卜基三甲基溴化铵		$C_{14}H_{28}NBr$	290.14	99.00
L4c	氢化诺卜基三甲基碘化铵		$C_{14}H_{28}NI$	337.13	78.18
L4d	氢化诺卜基三乙基氯化铵		$C_{17}H_{34}NCl$	287.24	81.74
L4e	氢化诺卜基三乙基溴化铵		$C_{17}H_{34}NBr$	332.19	60.02
L4f	氢化诺卜基三乙基碘化铵		$C_{17}H_{34}NI$	379.17	68.62

编号	化合物名称	结构式	分子式	相对分子量	GC 分析纯度/%
L4g	氢化诺卜基三正丁基碘化铵		$C_{23}H_{46}NI$	463.27	92.07

表 5-9 N-氢化诺卜基吡啶卤化铵的结构及名称

编号	化合物名称	结构式	分子式	相对分子量	GC 分析纯度/%
N4a	N-氢化诺卜基吡啶溴化铵		$C_{16}H_{24}NBr$	310.11	99.64
N4b	N-氢化诺卜基-γ-甲基吡啶碘化铵		$C_{17}H_{26}NI$	370.12	87.78
N4c	N-氢化诺卜基-γ-二甲氨基吡啶溴化铵		$C_{18}H_{29}N_2Br$	353.15	85.44
N4d	N-氢化诺卜基-γ-二甲氨基吡啶碘化铵		$C_{18}H_{29}N_2I$	400.14	82.51
N4e	N-氢化诺卜基-α-甲基吡啶碘化铵		$C_{17}H_{26}NI$	371.11	97.85

5.2.1.3 主要仪器设备及试剂

仪器设备：电子天平 JA5003（上海精密科学仪器有限公司），移液枪 100～1000μL、10～100μL（Dragonlab），小型飞行动物驱避实验装置（江西农业大学植物天然产物与林产化工研究所自制），电动吸蚊器，电子秒表。

试剂：去氯水、无水乙醇（分析纯）。

5.2.1.4 实验方法

取 100 只 2～3d 未吸血雌性淡色库蚊放入小型飞行动物驱避实验装置中间

格,将直径为 7cm 的滤纸对半剪开,对折后立在直径 9cm 的培养皿内,倒入浓度为 20% 的化合物溶液 5mL(液体将培养皿底部覆盖),取另一直径 9cm 的培养皿,放置竖立滤纸,倒入等量溶剂,置于实验装置另一侧,作为对照组。

分别在计时 5min、15min、30min、1h、1.5h、2h、2.5h、3h、3.5h、4h、4.5h 时进行观察,观察时放下隔板,记录左右两边蚊子的数量(记录蚊子数量的时间不计)。

完成实验后将两侧培养皿拿出,让仪器通风散气 24h 再进行实验,完成一种化合物实验后,将两侧培养皿拿出,让仪器通风散气 30min 后再做下一个化合物的实验,实验中要不断调换培养皿的位置,消除外界环境对实验的影响。

实验设置 3 个重复,对照组为等量溶剂。

蚊虫驱避率计算公式如下:

$$蚊虫驱避率(\%) = \frac{对照组蚊虫数-处理组蚊虫数}{对照组蚊虫数} \times 100\% \qquad (5\text{-}1)$$

注:如出现对照组蚊虫数少于处理组,则分母为处理组。

5.2.2 氢化诺卜醇衍生物的驱避活性

表 5-10 是浓度为 20% 的 25 种氢化诺卜醇衍生物对淡色库蚊雌蚊的驱避率。从中可以看出,25 种氢化诺卜醇衍生物中大多数化合物对淡色库蚊雌蚊具有一定的驱避作用,各化合物之间的驱避活性存在较大差异,甚至有少量化合物对淡色库蚊雌蚊有引诱作用。化合物 S2a、S2b 对淡色库蚊雌蚊的驱避效果显著,15min 以后驱避率均在 50% 以上,4.5h 驱避率分别高达 82.26%、95.59%。化合物 N4a、L4f、X4d、L4g 的驱避效果较好,各时间段的驱避率大多>50%,其中 L4g 的驱避率在 15min 时达到最大值 100%,之后随着时间的增加驱避率逐渐减弱,4.5h 驱避率降为 16.92%。化合物 X4f、X4h、X4i、X4j、L4a、L4b、L4c、N4b 的驱避效果一般,驱避率在各时间段多<50%。其余化合物对淡色库蚊雌蚊的驱避活性表现不明显。

表 5-10 25 种氢化诺卜醇衍生物对淡色库蚊成虫的驱避率 (单位:%)

化合物	5min	15min	30min	1h	1.5h	2h	2.5h	3h	3.5h	4h	4.5h
S2a	65.63	21.88	76.32	57.50	57.50	56.82	53.19	52.50	66.67	83.93	82.26
S2b	5.88	27.27	82.00	89.71	87.14	95.00	96.39	76.54	57.41	94.03	95.59
S2c	45.71	14.81	−3.45	−9.68	−17.65	21.88	3.85	17.39	−11.11	0.00	6.67
X4a	−20.83	−21.28	−9.30	−4.76	−9.30	5.00	12.50	53.66	14.29	−5.13	25.00
X4b	11.76	0.00	13.79	0.00	11.76	14.29	26.67	34.48	8.82	19.35	42.86
X4c	38.89	−38.46	−31.58	−22.73	−28.57	15.63	−11.63	53.66	41.67	−8.00	17.65
X4d	28.26	73.68	73.77	54.72	16.67	62.50	59.26	53.46	46.81	55.32	50.00

化合物	5min	15min	30min	1h	1.5h	2h	2.5h	3h	3.5h	4h	4.5h
X4e	51.43	73.17	-14.71	0.00	-14.71	0.00	42.86	26.92	60.00	25.00	27.78
X4f	70.69	26.53	58.93	69.86	55.41	45.26	22.73	24.76	18.42	14.15	44.55
X4g	-11.90	0.00	-35.71	0.00	28.95	3.13	-46.34	24.00	-6.25	18.92	25.00
X4h	45.00	36.00	51.72	44.74	53.53	64.10	42.86	40.63	18.18	17.14	27.03
X4i	20.00	47.06	33.33	44.74	22.58	39.13	23.08	36.67	52.50	45.16	17.86
X4j	-21.05	37.50	48.15	41.18	44.44	57.14	37.14	54.76	51.43	35.14	43.24
L4a	28.95	46.67	8.57	17.14	10.71	27.27	3.03	45.71	34.29	20.59	45.45
L4b	45.71	36.36	27.27	40.54	12.90	6.90	31.43	45.71	48.65	19.23	40.63
L4c	0.00	-14.29	10.81	8.11	0.00	25.64	29.27	52.50	46.51	31.03	21.43
L4d	-70.00	17.14	36.84	60.00	-4.17	-13.33	-41.94	24.00	0.00	-34.38	5.41
L4e	-32.14	-23.81	-44.83	-21.05	-45.45	5.26	-47.37	-30.43	-52.38	-68.00	-59.26
L4f	59.09	61.36	26.47	44.74	67.44	50.00	48.72	36.67	66.67	56.41	59.52
L4g	68.52	100.00	62.22	67.39	60.00	31.43	32.35	24.00	13.79	-13.79	16.92
N4a	-12.50	6.90	27.27	74.42	61.90	54.76	65.12	55.81	66.67	56.41	73.17
N4b	12.90	62.16	50.00	60.00	59.46	37.93	42.11	47.22	47.22	35.90	48.28
N4c	-6.67	20.00	33.33	0.00	-3.45	-29.63	-65.00	-62.22	-42.86	-51.61	-37.93
N4d	42.11	21.21	62.50	12.90	-45.71	12.50	-33.33	42.42	48.57	-9.09	4.17
N4e	18.75	6.67	16.67	-3.33	-27.27	18.75	-10.71	36.67	-31.43	37.50	-10.00

对驱避时间和供试化合物性质两个因素进行方差分析，如表 5-11 所示，驱避时间的 P 值≤0.01，达到极显著，说明驱避时间对驱避率影响很大。供试化合物的 P 值≤0.01，达到极显著，说明化合物性质对驱避率的影响也很大。

表 5-11　时间和化合物性质对驱避率的方差分析

方差来源	离差平方和	自由度	均方	F 值	P 值
时间	52 905.597	10	5 290.56	48.206	<0.000 1
化合物性质	650 049.928	24	27 085.414	63.757	<0.000 1

5.2.3　不同官能团氢化诺卜醇衍生物驱避活性规律分析

从驱避率折线图（图 5-1）可以看出，化合物 S2a、S2b 对淡色库蚊雌蚊的驱避效果在 30min 开始显著高于 S2c，S2a、S2b 在前 1h 的驱避率随着时间的变化波动很大，但都表现为驱避作用，1～3h 驱避效果稳定，驱避率分别保持在 50%～60%、75%～100%，之后驱避率有起伏，驱避率均在 55%～100%。S2c 的驱避率随时间的增加起伏波动太大，有时表现为驱避作用，有时表现为引诱作用，因此 S2c 无明显的驱避效果。

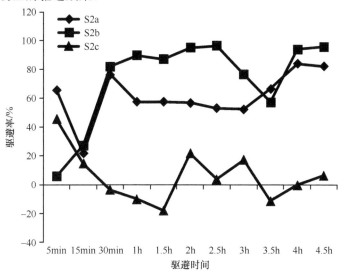

图 5-1　氢化诺卜基缩醛类衍生物对淡色库蚊成虫的驱避率

由氢化诺卜基酰胺类衍生物驱避率折线图（图 5-2 和图 5-3）可以看出，在各时间段中，10 种氢化诺卜基酰胺类衍生物对淡色库蚊雌蚊均有一定的驱避效果，但各化合物之间存在很大的差异。各化合物的驱避率随驱避时间的增长起伏变化很大。其中化合物 X4d、X4h、X4i 随时间的增长均表现为驱避作用，驱避率在 30%～70% 波动。其余化合物的作用效果不明显，随时间增长，有时表现为驱避效果，有时表现为引诱效果。X4j 在前 15min 表现出一定的引诱作用，在 15min 后却一直表现为较高的驱避作用。

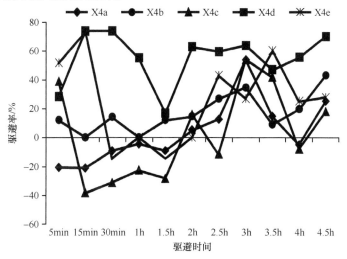

图 5-2　氢化诺卜基酰胺类衍生物对淡色库蚊成虫的驱避率

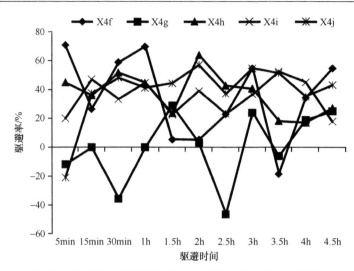

图 5-3 氢化诺卜基酰胺类衍生物对淡色库蚊成虫的驱避率

图 5-4 为氢化诺卜基 3 同烷基卤化铵对淡色库蚊的驱避率折线图。由其可以看出,各化合物的驱避效果不明显,仅化合物 L4a、L4b、L4f 随时间的增长均表现出驱避作用,驱避率在 0~70%。其中 L4g 驱避效果较好,仅在 4h 时表现出微弱的引诱效果。其余化合物的作用效果不明显,在驱避和引诱之间来回波动。

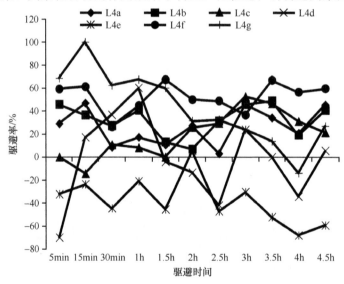

图 5-4 氢化诺卜基 3 同烷基卤化铵对淡色库蚊成虫的驱避率

图 5-5 为氢化诺卜基吡啶卤化铵对淡色库蚊雌蚊的驱避率折线图。由其可知,各化合物的驱避率随时间的增长起伏变化很大,其中 N4a、N4b 有较好的驱避效果,N4a 在 1h 后驱避效果较稳定,驱避率在 55%~75%,N4b 在 15min 以后驱避效果

较稳定,驱避率在35%～65%。其余化合物的作用效果不明显,随时间增长,有时表现为驱避效果,有时表现为引诱效果。

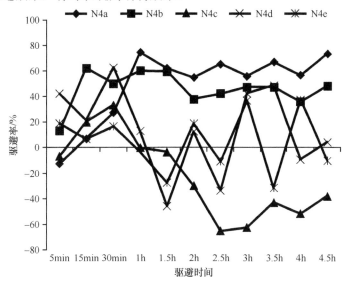

图5-5 氢化诺卜基吡啶卤化铵对淡色库蚊成虫的驱避率

5.2.4 小结与讨论

通过分析氢化诺卜醇衍生物对淡色库蚊雌蚊的驱避率和驱避效果,发现25种氢化诺卜醇衍生物中除少数化合物外,大部分对淡色库蚊雌蚊有一定的驱避活性,各化合物之间存在很大差异,不同类型化合物之间也存在较大差异。可得出如下结论。

化合物氢化诺卜基乙二醇缩醛（S2a）、氢化诺卜基-1,2-丙二醇缩醛（S2b）、N-异丙基氢化诺卜基酰胺（X4d）、氢化诺卜基三乙基碘化铵（L4f）、N-氢化诺卜基吡啶溴化铵（N4a）、氢化诺卜基三正丁基碘化铵（L4g）的驱避效果较好,各时间段驱避率多大于50%。

化合物氢化诺卜基乙二醇缩醛（S2a）、氢化诺卜基-1,2-丙二醇缩醛（S2b）、N-异丙基氢化诺卜基酰胺（X4d）、N-邻氯苯基氢化诺卜基酰胺（X4h）、N-邻羟基苯基氢化诺卜基酰胺（X4i）、N-间硝基苯基氢化诺卜基酰胺（X4j）、氢化诺卜基三甲基氯化铵（L4a）、氢化诺卜基三甲基溴化铵（L4b）、氢化诺卜基三乙基碘化铵（L4f）、N-氢化诺卜基吡啶溴化铵（N4a）、N-氢化诺卜基-γ-甲基吡啶碘化铵（N4b）的驱避效果稳定,无引诱作用。

结合以上两个结论,可以筛选出驱避效果好且作用稳定的化合物,分别为氢化诺卜基乙二醇缩醛（S2a）、氢化诺卜基-1,2-丙二醇缩醛（S2b）、N-异丙基氢化诺卜基酰胺（X4d）、N-氢化诺卜基吡啶溴化铵（N4a）4种。对这4种化合物进行深入研究，可以为开发绿色高效、环境友好的蚊虫驱避剂提供原料和理论依据。

氢化诺卜基缩醛类衍生物 S2a、S2b 除了对淡色库蚊雌蚊的驱避作用良好，对蚊子幼虫的毒杀作用、对蚊虫的熏蒸作用均表现良好，探索其对蚊虫毒杀、熏蒸、驱避的机理，有利于寻找多活性的化合物。

尽管 25 种氢化诺卜醇衍生物中大部分化合物表现出一定的驱避活性，但其中有几种化合物表现为较好的引诱活性，如 L4e、N4c 这 2 种化合物的引诱作用较大，可以进一步深入研究其引诱活性，从而为蚊虫引诱剂或诱芯的研发提供帮助。

第6章 驱避化合物的定量构效关系研究

6.1 萜类驱避化合物蚊虫驱避活性的定量构效关系研究

6.1.1 六元环萜类驱避化合物的定量构效关系研究

6.1.1.1 材料与方法

1. 供试蚊虫

白纹伊蚊（*Aedes albopictus*）来自南京军区军事医学研究所（现为东部战区疾病预防控制中心），室内温度（26±1）℃，相对湿度60%±5%，光照周期 L：D=14h：10h。饲养水源为放置24h以上的脱氯水。

成蚊饲养在长40cm、宽30cm、高30cm的蚊笼内，蚊虫羽化后供以10%葡萄糖水溶液。测试蚊虫为羽化后3～5d未吸血的雌蚊。

2. 供试化合物

选定的20个萜类化合物为实验室自制化合物，化合物名称和结构式见表6-1。

表6-1 具有多样性六元环的萜类驱避化合物

序号	结构式	校正驱避率（CR）	lgCR	序号	结构式	校正驱避率（CR）	lgCR
1	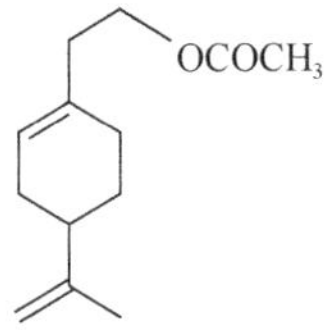	58.5	1.7672	4	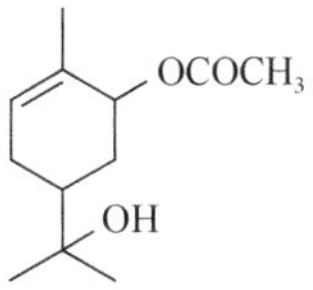	81.0	1.9085
2	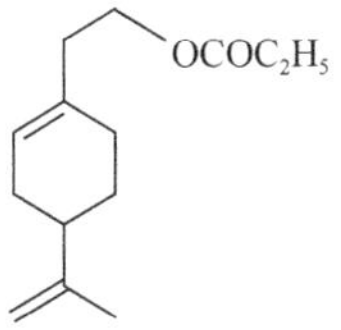	63.6	1.8035	5	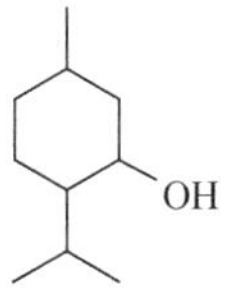	53.0	1.7243
3	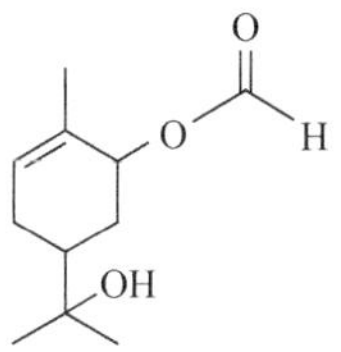	90.0	1.9542	6	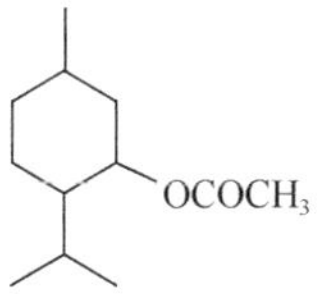	38.7	1.5877

续表

序号	结构式	校正驱避率 (CR)	lgCR	序号	结构式	校正驱避率 (CR)	lgCR
7	(结构式) OCOC$_2$H$_5$	40.5	1.6075	14	(结构式) OCOC$_2$H$_5$	64.4	1.8089
8	(结构式) OH	69.0	1.8388	15	(结构式)	37.8	1.5775
9	(结构式) OCH$_3$	52.1	1.7168	16	(结构式) C$_2$H$_4$OCOCH$_3$	53.0	1.7243
10	(结构式) OC$_2$H$_5$	62.2	1.7938	17	(结构式) C$_2$H$_4$OCOC$_2$H$_5$	56.8	1.7543
11	(结构式) OC$_3$H$_7$	72.5	1.8603	18	(结构式) C$_2$H$_5$, OCOCH$_3$	50.2	1.7007
12	(结构式) OCHO	56.1	1.7490	19	(结构式) C$_3$H$_7$, OCOCH$_3$	51.7	1.7135
13	(结构式) OCOCH$_3$	60.8	1.7839	20	(结构式) C$_2$H$_5$, CH$_3$, OCOCH$_3$	51.5	1.7118

3. 驱避活性测定方法

将小白鼠腹部去毛,在 2.5cm×2cm 的面积上以 0.16mg/cm^2 涂抹用无水乙醇配制的上述萜类化合物溶液。在不同时间点将涂药的体表置于装有不少于 100 只雌蚊的网筒的下端开口处(开口面积为 2cm×2cm),每次观察时间为 2min,记录叮刺蚊虫数,同时设置对照。使用式(6-1)计算驱避率 R,其中 N 是测试中使用的雌蚊总数,BN 是叮咬雌蚊总数。

$$R(\%) = \frac{N - BN}{N} \times 100\% \tag{6-1}$$

为了更准确地评估驱避性，同时进行空白对照实验，空白对照实验的驱避率为 CER。CER 的计算方法与 R 的计算方法相同。

完成 R 和 CER 的计算后，再计算校正驱避率 CR。

$$CR(\%) = \frac{R - CER}{100 - CER} \times 100\% \qquad (6-2)$$

4. 定量构效关系计算

首先利用 Gaussian View 4.1 构建 20 个萜类驱避化合物的结构，使用 Gaussian 03W 在 HF/6-31G(d) 水平上对结构进行优化，获得它们最低能量时的优势构象。

再使用 Ampac 8.16 软件对以上计算结果进行格式转换，并计算量子化学描述符，将转换格式后的文件导入 Codessa 2.7.10 软件，计算它们的结构描述符。描述符包括 6 种类型：结构组成描述符、拓扑描述符、几何描述符、静电描述符、量子化学描述符和热力学描述符。同时收集这些化合物的各类理化性质指标。

然后通过 Codessa 2.7.10 软件进行定量构效关系模型的构建，并参考 Codessa 2.7.10 软件的手册对定量构效关系模型进行各种判断、检验，最后确定最佳定量构效关系模型。其中包括模型中结构描述符个数的确定：根据多元线性回归的要求，样本数和参数个数的关系应当符合 $n \geq 3(k+1)$（n 为样本数，k 为最终模型中的参数个数）。同时，当增加参数个数后，相关系数平方值增加不显著（$\Delta R^2 < 0.02 \sim 0.05$），或交互检验相关系数平方值（$R_{cv}^2$）降低，即出现转折点（breaking point）时，回归终止，此时获得的模型为最佳模型。内部检验：根据内部检验方法（internal validation），把 20 个驱避化合物分为 3 组即 A、B、C，并进行相互组合。具体方法是按 20 个化合物的编号顺序，将第 1、4、7、10、…等分为 A 组，第 2、5、8、…等分为 B 组，剩下的为 C 组。将新组成的 A+B、A+C、B+C 三组导入 Codessa 2.7.10 软件，进行结构描述符的计算和模型的建立，得到相应的 R^2、F、s^2 值。采用所得模型计算对应的剩余化合物的活性值，将这个预测值导入 Codessa 2.7.10 软件进行验证，得到相应的 R^2、F、s^2 值，进行对比评价和判断。

6.1.1.2 定量构效关系计算结果

1. 驱避活性总体评价

从表 6-1 可以看出，这 20 个驱避剂对白纹伊蚊都具有一定的驱避活性，有 3 个化合物的驱避率达到 70% 以上，分别是 8-羟基别二氢葛缕醇甲酸酯（3）、8-羟基别二氢葛缕醇乙酸酯（4）、诺卜丙基醚（11），尤其是 8-羟基别二氢葛缕醇甲酸酯在本实验条件下的校正驱避率达到 90.0%。

2. 最佳定量构效关系模型确定

按照最佳定量构效关系模型的确定方法，首先确定模型中结构描述符的个数。所得到的不同结构描述符个数对应的 R^2 值的关系见图 6-1。

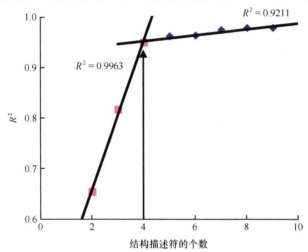

图 6-1　使用转折点来确定模型中结构描述符的个数

图 6-1 显示，R^2 值的转折点处在描述符个数为 4 的位置，4 个描述符之前的 R^2 值增长迅速，而 4 个描述符之后 R^2 值增加缓慢。根据多元线性回归的要求 $n \geqslant 3(k+1)$，确定了含有 4 个结构描述符的最佳模型（表 6-2）。

表 6-2　含有 4 个结构描述符的最佳 QSAR 模型

描述符序号	X	ΔX	t 检验值	描述符
0	−7.0781e+00	5.3312e−01	−3.2769	Intercept
1	4.1474e+00	2.5081e−01	16.5358	lgBP
2	−3.3494e−01	3.6260e−02	−9.2373	lgDM
3	3.9668e+00	6.4117e−01	6.1868	charge II
4	−4.9934e−03	3.6356e−04	−3.7350	MS

对应于驱避剂活性 lgCR 的最佳模型见表 6-2，该最佳模型 R^2=0.9483、F=68.76、s^2=0.0006。同时根据显著性检验，20 个样本，显著性水平 α=0.01 时，4 个因素的 F 值为 4.43，该模型的 F 值远超这个检验值。该模型包括 4 个结构描述符。表 6-2 中的 X 是回归系数，ΔX 为回归系数标准误，另外还有 t 检验值和 4 个描述符的名称。

表 6-3 列出了驱避剂活性实验值和利用最佳计算模型计算出来的预测值，以及二者的差值。预测值和实验值的关系见图 6-2。

表 6-3 驱避活性实验值和通过最佳模型计算的预测值

序号	lgCR 预测值	lgCR 实验值	差值	序号	lgCR 预测值	lgCR 实验值	差值
1	1.7730	1.7672	0.0059	11	1.8432	1.8603	−0.0171
2	1.7942	1.8035	−0.0093	12	1.7597	1.7490	0.0107
3	1.9512	1.9542	−0.0030	13	1.7603	1.7839	−0.0236
4	1.8939	1.9085	−0.0146	14	1.8109	1.8089	0.0020
5	1.6609	1.7243	−0.0634	15	1.6104	1.5775	0.0329
6	1.5778	1.5877	−0.0099	16	1.7310	1.7243	0.0068
7	1.6243	1.6075	0.0168	17	1.7720	1.7543	0.0176
8	1.8730	1.8388	0.0342	18	1.7273	1.7007	0.0266
9	1.7158	1.7168	−0.0010	19	1.7224	1.7135	0.0089
10	1.7853	1.7938	−0.0085	20	1.6997	1.7118	−0.0121

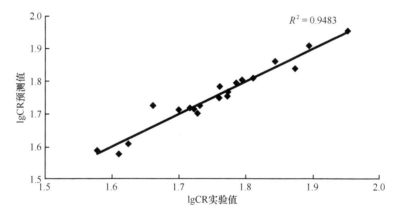

图 6-2 驱避活性实验值与通过最佳模型计算出来的预测值的关系

内部检验的结果列于表 6-4。结果显示,根据内部检验方法把 20 个驱避剂分为 3 组即 A、B、C 后,A+B、A+C、B+C 这 3 组的 R^2、s^2 值都比较理想,同时它们的平均值也比较令人满意,相应的 A、B、C 的 R^2、F、s^2 值及它们的平均值也都比较理想。因此,内部检验对最佳定量构效关系模型也是支持的。

表 6-4 QSAR 模型的内部检验

训练集	N(样本数)	R^2(训练)	s^2(训练)	测试集	N(样本数)	R^2(测试)	s^2(测试)
A+B	14	0.91	0.0007	C	6	0.98	0.0002
A+C	13	0.98	0.0003	B	7	0.86	0.0006
B+C	13	0.94	0.0010	A	7	0.98	0.0004
平均值		0.94	0.0007	平均值		0.94	0.0004

同时，根据留一法（leave one out，LOO）检验的计算结果，外部检验和剩余部分的 R^2 值分别为 0.95 和 0.86。由此可以看出，留一法的检验结果也是比较理想的。

3. 对活性影响显著的结构描述符分析

由表 6-2 中的最佳定量构效关系模型可知，影响萜类蚊虫驱避剂化合物活性的结构描述符主要有 4 个。

第 1 个对驱避活性影响显著的因素是沸点的对数值（lgBP），这与此前研究者的观点一致（Rayner and Wright，1966；Johnson et al.，1968；Davis and Rebert，1972），有效的驱蚊剂应具有合适的沸点/蒸气压，以保持在较长时间内都有一定量的驱避剂作用于蚊虫，并影响蚊虫的嗅觉感受器。

第 2 个对驱避活性影响显著的因素是偶极矩的对数值（lgDM）。偶极矩能够较好地指示出分子的亲脂性和疏水性（McIver，1981），研究表明具有良好驱避活性的化合物其偶极矩往往处于一个较合适的数值范围内（Ma et al.，1999）。值得注意的是，偶极矩反映的是分子的固有极性，而不是分子表面的电荷分布，偶极矩可能对驱避剂与蚊虫嗅觉受体的相互作用具有重要影响。

第 3 个对驱避活性影响显著的结构因素是驱避剂分子带有正电荷官能团的正电荷大小（charge II）。此前的研究认为，含氧取代基在驱避剂驱避蚊虫中起着重要作用（Roadhouse，1953；Alexander and Beroza，1963），而且具有两个官能团的萜类驱蚊剂显示出具更高生物活性的趋势。本研究中所有化合物都有两个功能/取代基，一个带负电荷且含有酯/醚键或乙醇羟基，另一个带正电荷且端部含有烷烃基团。为了探索它们的作用，分别总结了官能团末端的电荷，并将其设计计算为描述每个取代基极性的不同描述符。QSAR 模型表明，正端更有利于趋避剂与受体相互作用，正电荷的大小表征了基团的亲电性质，因此驱避剂与受体的相互作用很可能与亲电相互作用有关。

第 4 个对驱避活性影响显著的结构因素是分子表面积（MS）。结构能否匹配是驱蚊剂与活性受体中心结合的另一个主要问题。我们的结果表明，分子表面积，而不是分子体积，更具统计意义。这可能意味着受体与驱避剂的结合依赖于表面接触，而不是许多生物过程中的锁-键配合。

6.1.1.3　小结

由松节油主成分 α-蒎烯和 β-蒎烯合成的 20 个具有六元环的萜类蚊虫驱避剂，均具有一定的驱避活性，有 3 个化合物的驱避率达到 70% 以上，分别是 8-羟基别二氢葛缕醇甲酸酯（3）、8-羟基别二氢葛缕醇乙酸酯（4）、诺卜丙基醚（11），尤其是 8-羟基别二氢葛缕醇甲酸酯在本实验条件下的校正驱避率达到 90.0%。

使用 Gaussian 03W 对萜类驱避化合物最低能量进行计算和对其构型进行几何优化，再通过 Codessa 2.7.10 软件进行回归分析得到了对应于驱避活性 lgCR 的 R^2

值为 0.9483 的包含 4 个结构描述符的最佳定量构效关系模型。

最佳定量构效关系模型显示，显著影响蚊虫驱避活性的 4 个结构描述符分别是沸点的对数值（lgBP）、偶极矩的对数值（lgDM）、驱避剂分子带有正电荷官能团的正电荷大小（charge II）、分子表面积（MS）。

6.1.2 桥环萜类驱避化合物的定量构效关系研究

6.1.2.1 材料与方法

1. 供试蚊虫

白纹伊蚊引自江西省南昌市疾病预防控制中心，在江西农业大学植物天然产物与林产化工研究所试虫饲养室饲养。室内温度（26±1）℃，相对湿度60%±5%，光照周期 L：D=14h：10h。饲养水源为放置 24h 以上的脱氯水。

成蚊饲养在长 40cm、宽 30cm、高 30cm 的蚊笼内，蚊虫羽化后供以 10% 葡萄糖水溶液。测试蚊虫为羽化后 3～5d 未吸血的雌蚊。

2. 供试化合物

本实验选定的 22 个萜类化合物为实验室自制化合物，化合物名称和结构式见表 6-5。

表 6-5 驱避化合物的名称和结构式

编号	化合物名称	结构式	编号	化合物名称	结构式
1	8-羟基别二氢葛缕醇甲酸酯	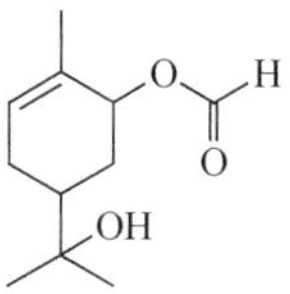	5	甲酸诺卜酯	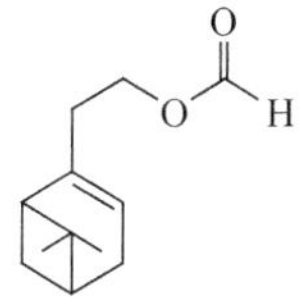
2	诺卜甲基醚	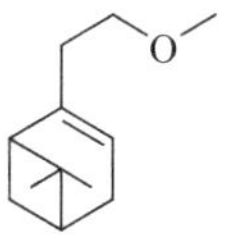	6	乙酸诺卜酯	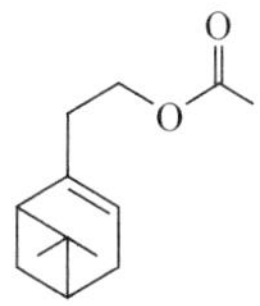
3	诺卜乙基醚	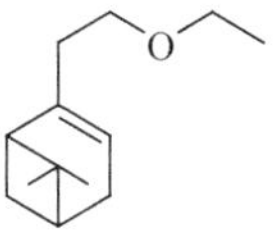	7	氢化诺卜醇	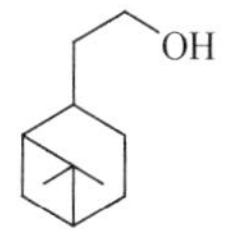
4	诺卜丙基醚	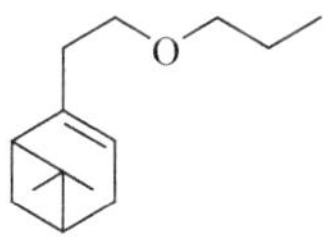	8	氢化诺卜基乙基醚	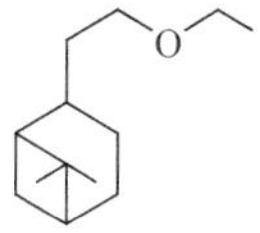

编号	化合物名称	结构式	编号	化合物名称	结构式
9	氢化诺卜基正丙基醚		16	N-氢化诺卜基甲酰基哌啶	
10	氢化诺卜基异丁基醚		17	N-氢化诺卜基甲酰基吗啉	
11	氢化诺卜基正戊基醚		18	N-甲基氢化诺卜基酰胺	
12	乙酸氢化诺卜酯		19	氢化诺卜醛-1,2-丙二醇缩醛	
13	正丁酸氢化诺卜酯		20	氢化诺卜醛-1,3-丙二醇缩醛	
14	正戊酸氢化诺卜酯		21	N-乙基氢化诺卜酰胺	
15	N,N-二异丙基氢化诺卜基甲酰胺		22	N-正丙基氢化诺卜酰胺	

萜类驱避化合物用无水乙醇稀释，稀释浓度为 0.2g/mL、0.1g/mL。

3. 驱避活性测定方法

采用国家标准 GB/T 13917.9—2009 进行人体驱避活性实验。实验温度 (26±1)℃, 相对湿度 (65±10)%。

（1）攻击力实验

蚊笼内放入 300 只雌性成蚊, 将测试人员的手背暴露 4cm×4cm 的皮肤, 其余部位严密遮蔽。将手伸入蚊笼中停留 2min, 观察发现有蚊虫停落, 并在其即将叮咬前抖动手臂将其驱赶, 记为 1 只试虫停落。停落试虫多于 30 只的测试人员和试虫攻击力为合格, 此测试人员及此笼蚊虫可进行驱避活性实验。

（2）驱避活性实验

选择上述攻击力实验判定为合格的测试人员男女各 2 名, 实验前和实验期间不得饮酒、茶或咖啡, 不得使用含香精类的化妆品。在其双手手背各画出 5cm×5cm 的皮肤面积, 其中一只手按 $1.5\mu L/cm^2$ 涂抹待测化合物, 暴露其中 4cm×4cm 的皮肤, 其余部位严密遮蔽, 另一只手为空白对照。涂抹驱避化合物 2h 后, 将手伸入攻击力合格的蚊笼内 2min, 观察是否有蚊虫前来停落并吸血。之后每隔 1h 测试一次, 只要有一只蚊虫前来停落并吸血即判作驱避化合物失效, 记录驱避化合物的有效保护时间 (h), 取 4 名测试人员有效保护时间的平均值作为该化合物的有效保护时间。

4. 定量构效关系计算方法

首先利用 Ampac 8.16 软件对经 Gaussian 计算获得的 gaussian output 文件进行格式转换, 以生成 Codessa 2.7.10 软件可以识别的文件, 即将 Gaussian 09W 软件优化后的 gaussian output 文件转换成 ampac output 文件。再将 ampac output 文件的信息通过 codessa input 文件导入 Codessa 2.7.10 软件, 经过计算, 建立不同体系驱避化合物的几何结构参数与相应驱避活性数据之间的定量构效关系模型, 并进行模型检验。具体操作步骤如下。

（1）输出文件格式转换

打开 Ampac 8.16 软件, 导入 Gaussian 09W 软件优化后的 gaussian output 文件, 出现含有化合物分子结构的可视化界面, 点击 Calculate 中的 Ampac Calculation Setup, 选择与优化计算相对应的各项参数, 点击 Submit 提交, 将输出文件重新保存在 Ampac 文件夹中。

（2）编辑驱避活性数据文件

新建一个 codessa input 文本文档, 打开后第一行编辑为 STRNAME（序号） PROPVALUES: PT（活性值） AMPSCFPATHS（存储路径）, 其下面每一行依次是各个化合物的序号、活性值及存储路径,每一列数据信息以空格作为分隔符。编辑好后将其保存在与 Ampac 文件夹相同的文件夹中,文件类型为 codessa input 文件。

(3)计算分子描述符

打开 Codessa 2.7.10 软件,导入上述编辑好的驱避活性数据 codessa input 文件,然后计算分子描述符,其中,驱避化合物单体只需要计算自身的分子描述符,其与引诱物的缔合体除了要计算分子描述符,还要计算缔合区域的特征描述符。

(4)建立含有不同描述符个数的 QSAR 模型

上述分子描述符计算完后,利用 Codessa 2.7.10 软件中的启发式方法(Heuristic Method,HM)筛选出对驱避活性影响显著的分子结构描述符,以构建含有不同个数描述符的 QSAR 模型。

(5)确定最佳参数模型

参考 6.1.1.1 中的方法完成。

(6)检验模型

参考 6.1.1.1 中的方法完成。

6.1.2.2 定量构效关系计算结果

1. 萜类驱避化合物驱避活性结果

萜类驱避化合物对白纹伊蚊的驱避活性(对人体的有效保护时间)列于表 6-6。

表 6-6 萜类驱避化合物对白纹伊蚊的驱避活性

编号	GC 分析纯度/%	有效保护时间/h		编号	GC 分析纯度/%	有效保护时间/h	
		0.2g/mL	0.1g/mL			0.2g/mL	0.1g/mL
1	77.16	5.75±0.957	4.75±0.500	12	98.30	4.50±0.577	3.00±0.816
2	94.16	2.50±0.577	2.00±0.000	13	94.20	2.00±0.000	2.00±0.000
3	99.63	4.00±0.816	3.25±0.957	14	95.60	2.25±0.500	2.00±0.000
4	80.29	3.50±0.577	2.75±0.500	15	98.80	2.50±1.000	2.00±0.000
5	95.29	3.25±0.957	2.25±0.500	16	98.60	2.25±0.500	2.00±0.000
6	95.03	2.50±0.577	2.00±0.000	17	98.80	4.50±0.577	3.50±0.577
7	99.50	4.75±0.500	3.00±0.816	18	95.60	3.00±0.816	2.00±0.000
8	98.10	2.25±0.500	2.00±0.000	19	91.10	4.00±0.816	2.75±0.500
9	97.20	2.25±0.500	2.00±0.000	20	94.10	3.50±0.577	2.25±0.500
10	97.80	2.00±0.000	2.00±0.000	21	94.70	4.00±0.816	3.00±0.816
11	99.40	3.50±0.577	2.50±0.577	22	98.20	3.50±0.577	2.00±0.000

2. 定量构效关系计算结果

以驱避化合物对白纹伊蚊的驱避活性为因变量，以驱避化合物单体的分子结构描述符为自变量，应用启发式方法进行回归分析，建立 QSAR 模型，其相关系数平方值 R^2 和交互检验相关系数平方值 R_{cv}^2、最佳参数模型及最佳参数模型检验分别列于表 6-7～表 6-9。

表 6-7　不同参数个数的模型对应的 R^2 和 R_{cv}^2

参数个数	相关系数平方值	交互检验相关系数平方值
1	0.5412	0.5477
2	0.6988	0.6278
3	0.7586	0.6997
4	0.8017	0.7479
5	0.8366	0.7251
6	0.8454	0.7869
7	0.8502	0.8157
8	0.8531	0.8352

表 6-8　最佳四参数模型

描述符序号	回归系数	回归系数标准误	t 检验值	描述符
0	9.3870	2.8270	3.3204	Intercept
1	25.3275	21.0164	4.4335	M-FPSA-3 Fractional PPSA (PPSA-3/TMSA) [Zefirov's PC]
2	−3.8871	4.7111	−3.0354	M-Min valency of a O atom
3	−11.7598	6.7620	−1.7391	M-Max σ-π bond order
4	−8.3122	6.0110	−1.3828	M-YZ Shadow/YZ Rectangle

注：M-为来自驱避化合物单体的分子结构描述符，下同

表 6-9　最佳四参数模型检验

模型	相关系数平方值	交互检验相关系数平方值	训练组	相关系数平方值	测试组	相关系数平方值
最佳四参数模型检验	0.8017	0.7479	A+B	0.8953	C	0.8219
			B+C	0.8076	A	0.8984
			A+C	0.8267	B	0.7850
			平均值	0.8432	平均值	0.8351

由表 6-7 可知，当建模参数个数为 1 时，模型的相关系数平方值 R^2 为 0.5412，随着建模参数个数的增加，模型的相关系数平方值 R^2 不断增加，当建模参数个数增加为 5 时，获得模型的相关系数平方值（R^2=0.8366）相对于具有 4 个建模参数

的模型的相关系数平方值（$R^2=0.8017$）增加并不显著［ΔR^2 为 0.0349，符合转折点规则（$\Delta R^2 < 0.02 \sim 0.05$）］。因此，将具有 4 个参数描述符的模型确定为最佳参数模型。

由表 6-8 可知，具有 4 个建模参数的定量构效关系（QSAR）模型可以写作：

$$PT = 25.3275X_1 - 3.8871X_2 - 11.7598X_3 - 8.3122X_4 + 9.3870 \qquad (6\text{-}3)$$

式中，PT 为有效保护时间。

对获得的模型进行检验，检验结果列于表 6-9。由其可知，训练组 R^2 的平均值为 0.8432，测试组 R^2 的平均值为 0.8351，两组之间 R^2 的平均值相差不大，表明所确定的最佳四参数模型具有较好的稳定性。

其中，第 1 个描述符 FPSA-3 Fractional PPSA (PPSA-3/TMSA) [Zefirov's PC] 属于静电描述符，其含义是驱避化合物带正电荷部分的表面积。第 2 个和第 3 个描述符 Min valency of a O atom、Max σ-π bond order 属于量子化学描述符，它们的含义分别为驱避化合物分子中氧原子的最小价态和最大 σ-π 键级。第 4 个描述符 YZ Shadow/YZ Rectangle 属于几何描述符，它表示驱避化合物分子投射在 yz 平面的面积大小。根据 t 检验值的绝对值判断最佳模型的 4 个描述符对驱避化合物产生驱避作用的影响程度依次为 1＞2＞3＞4。

6.1.2.3 小结

在 Codessa 2.7.10 软件中，应用启发式方法，构建以结构描述符为自变量、驱避活性为因变量的定量构效关系（QSAR）模型，采用留一法和三重内部检验对模型进行稳定性检验。

构建的萜类驱避化合物单体分子结构参数和驱避活性数据之间的 QSAR 模型为：$PT = 25.3275X_1 - 3.8871X_2 - 11.7598X_3 - 8.3122X_4 + 9.3870$，$R^2$ 为 0.8017。

萜类驱避化合物分子的表面电荷分布情况、成键情况、极性大小及分子大小对其驱避活性具有较大影响。

6.2 酰胺类驱避化合物蚊虫驱避活性的定量构效关系研究

驱避剂在蚊虫治理中起着重要作用，它有效防止了蚊虫传播各种致命性疾病，如疟疾、登革热、黄热病和乙型脑炎（Korenromp et al., 2003; Bhatt et al., 2013; Lees et al., 2014）。在 20 世纪 50 年代美国合成了避蚊胺（DEET）（Gilbert et al., 1955），其已成为广泛使用的蚊虫驱避剂。此后，研究者开展了与其具有相似结构或者功能化合物的研究。定量构效关系研究借助统计学理论方法研究目标分子结构与其生物活性之间的关系（Winkler, 2002）。为了解驱避化合物结构与其驱避活性之间的关系，以及开发新的驱避剂，定量构效关系研究被应用于驱避剂领域（Katritzky et al., 1996）。

Suryanarayana 等（1991）通过研究 40 个酰胺类化合物获得一个 R^2 为 0.3036 的 QSAR 模型。虽然 R^2 值不太理想，但该研究在蚊虫驱避剂 QSAR 研究方面开辟了新纪元。Katritzky 等（2006）选取上述酰胺类化合物中的 31 个及其对埃及伊蚊的驱避活性作为研究对象，利用专业 QSAR 软件 Codessa Pro 建立 QSAR 模型，获得一个 R^2 为 0.8 的模型。Natarajan 等（2008）采用 Gram-Schmidt 算法研究 40 个酰胺类化合物（Suryanarayana et al., 1991），获得一个交互检验相关系数平方值 R_{cv}^2 为 0.7340 的四参数模型。虽然许多定量构效关系研究着重于酰胺类驱虫剂，但仍有一些缺陷需要克服。最重要的问题是模型的 R^2 值还不太理想，这可能直接影响模型的可靠性和预测能力。

本研究用 Gaussian 软件包构建和优化结构；用 Ampac 软件转换 Gaussian output 文件；用 Codessa 2.7.10 软件为 43 个酰胺类驱避化合物建立 QSAR 模型，再用留一法检验模型，分析模型中出现的描述符。

6.2.1 材料与方法

6.2.1.1 数据来源

本研究采用的 43 个酰胺类蚊虫驱避化合物及其活性数据来自 Oliferenko 等（2013）的研究。其中，蚊虫的最小驱避浓度（minimum effective dosage, MED; mmol/mm^2）作为活性数据，将活性数据进行对数处理，结果见表 6-10。

表 6-10　酰胺类蚊虫驱避化合物的结构通式与活性数据

编号：1~43

编号	名称	最小驱避浓度对数处理值	编号	名称	最小驱避浓度对数处理值
1	N-丁基-N-甲基己酰胺	1.0682	7	N-丁基-N-乙基-3-甲基丁酰胺	1.0969
2	N-丁基-N-乙基己酰胺	1.1931	8	N,N-二异丁基-3-甲基丁酰胺	1.6085
3	N,N-二烯丙基己酰胺	1.2900	9	N-丁基-N-乙基-2,2-二甲基丙酰胺	1.4564
4	N-丁基-N-乙基-2-甲基戊酰胺	1.0170	10	N-乙基-2,2-二甲基-N-(2-甲基-2-丙烯基)丙酰胺	1.6712
5	N-丁基-$N,2$-二乙基丁酰胺	1.0969	11	1-(1-氮杂环庚烷基)-2,2-二甲基-1-丙酮	1.4955
6	$N,2$-二乙基-N-(2-甲基-2-丙烯基)丁酰胺	1.5740	12	(E)-N-丁基-N-乙基-2-甲基-2-戊烯酰胺	1.0682

编号	名称	最小驱避浓度对数处理值	编号	名称	最小驱避浓度对数处理值
13	(E)-N-乙基-2-甲基-N-(2-甲基-2-丙烯基)-2-戊烯酰胺	1.2601	29	N-环己基-N-甲基庚酰胺	1.2355
14	(E)-2-甲基-N,N-二-2-丙烯基-2-戊烯酰胺	1.6201	30	(E)-N-环己基-N-乙基-2-甲基-2-戊烯酰胺	1.4613
15	N-丁基-N-乙基-3-甲基-2-丁烯酰胺	1.2833	31	六氢-1-(1-氧代己基)-1H-吖庚因	0.5185
16	N-乙基-3-甲基-N-(2-甲基-2-丙烯基)-2-丁烯酰胺	1.4955	32	1-(1-氮杂环庚烷基)-2-甲基-1-戊酮	1.0086
17	N,N-二异丁基-3-甲基巴豆酰胺	1.3404	33	(E)-1-(1-氮杂环庚烷基)-2-甲基-2-戊烯-1-酮	0.9912
18	(E)-N-正丁基-N-乙基-2-己烯酰胺	1.4378	34	六氢-1-(3-甲基巴豆酰基)-1H-吖庚因	1.4613
19	(E)-N,N-二-(2-甲基丙基)-2-己烯酰胺	1.7959	35	N-丁基-N-乙基肉桂酰胺	3.0314
20	(E)-N-环己基-N-乙基-2-己烯酰胺	1.8136	36	N,N-二(2-甲基丙基)-3-苯基-2-丙烯酰胺	3.3037
21	N-丁基-N-甲基-5-己炔酰胺	1.2601	37	N-乙基-N,3-二苯基-2-丙烯酰胺	3.3064
22	(E)-N,2-二甲基-N-辛基-2-烯酰胺	1.0969	38	N,3-二环己基-N-甲基丙烯酰胺	3.3118
23	N-环己基-N-乙基己酰胺	1.4249	39	3-环己基-N-甲基-N-辛基丙烯酰胺	3.3979
24	N-乙基-N-苯基己酰胺	1.7959	40	4-甲基-N-苯基苯甲酰胺	3.3979
25	N-环己基-N-乙基-3-甲基丁酰胺	1.2355	41	2-甲基-N-苯基苯甲酰胺	3.3979
26	N-丁基-N-乙基-2-甲基苯甲酰胺	1.1931	42	N-环己基-N-异丙基-4-甲基辛酰胺	3.3979
27	N-乙基-2-甲基-N-(2-甲基-2-丙烯基)苯甲酰胺	1.1614	43	N,N-二环己基-4-甲基辛酰胺	3.3979
28	N-乙基-2-甲基-N-苯基苯甲酰胺	2.7126			

6.2.1.2 描述符计算

利用 Gaussian View 4.1 构建上述 43 个化合物的三维结构式,用 Gaussian 03W 软件中量子化学从头算法 HF/6-31G(d) 对构建的结构式进行优化;再经过程序 Ampac 8.16 将所有结构导入 Codessa 2.7.10 软件并计算各类描述符,描述符分为 6

种，即结构组成描述符、拓扑描述符、几何描述符、静电描述符、量子化学描述符、热力学描述符。

6.2.1.3 构建 QSAR 模型

参考 6.1.1.1 中的方法完成。

6.2.1.4 最佳模型检验

参考 6.1.1.1 中的方法完成。

6.2.2 蚊虫驱避活性定量构效关系计算结果

6.2.2.1 最佳 QSAR 模型

利用 Codessa 2.7.10 软件对产生的描述符进行筛选，获得具有不同结构描述符个数的定量构效关系模型，对应的 R^2 值和 R_{cv}^2 值见表 6-11，R^2 之间的线性关系见图 6-3。

表 6-11 不同参数个数的模型对应的 R^2 和 R_{cv}^2

参数个数	相关系数平方值	交互检验相关系数平方值
1	0.7172	0.6923
2	0.8117	0.7840
3	0.8703	0.8397
4	0.8969	0.8671
5	0.9091	0.8787
6	0.9263	0.8705
7	0.9321	0.8705

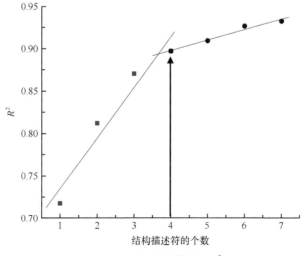

图 6-3 不同参数模型的 R^2

由图 6-3 可见，具 4 个及以上描述符的模型，随着描述符个数的增加，其相关系数平方值没有显著提高（ΔR^2 均小于 0.02），因此将具有 4 个描述符的模型确定为最佳定量构效关系模型，具体见公式（6-4）和表 6-12。

$$\text{MED}=0.0382x_1+0.1774x_2+6.3384x_3-6.5926x_4+24.9375 \tag{6-4}$$

表 6-12　最佳四参数模型

描述符序号	回归系数	回归系数标准误	描述符	相关系数平方值	交互检验相关系数平方值	F 值	方差
0	24.9375	8.0548	Intercept				
1	0.0382	0.0159	1X GAMMA polarizability (DIP)				
2	0.1774	0.0188	ESP-DPSA-2 Difference in CPSAs (PPSA2-PNSA2)	0.8969	0.8671	82.65	0.0869
3	6.3384	1.4586	ESP-Min net atomic charge for a H atom				
4	−6.5926	7.7401	Min valency of a C atom				

最佳模型相关系数平方值 R^2 为 0.8969，交互检验相关系数平方值 R_{cv}^2 为 0.8671，F 检验值为 82.65，方差 s^2 为 0.0869。第 1 和第 4 个描述符属于量子化学描述符，它们分别显示出分子的偶极矩和碳原子最低价；第 2 和第 3 个描述符属于静电描述符，它们分别显示出分子中总电荷加权部分正电荷分子表面积与总电荷加权部分负电荷分子表面积之间的差值及氢原子最小局部电荷数（Katritzky et al., 2006; Wang et al., 2008a, 2008b; García-Domenech et al., 2010; Song et al., 2013）。

6.2.2.2　模型预测活性值

利用最佳模型计算获得 43 个化合物的活性预测值，并将其与实验值进行对比（表 6-13），通过它们之间的差值可以看出，获得的最佳模型具有良好的预测能力。

表 6-13　实验和预测的最小驱避浓度的差值

编号	实验值	预测值	差值	编号	实验值	预测值	差值
1	1.0682	1.0752	0.0070	7	1.0969	1.1697	0.0728
2	1.1931	1.0472	−0.1459	8	1.6085	2.1169	0.5084
3	1.2900	0.9138	−0.3762	9	1.4564	1.2791	−0.1773
4	1.0170	1.1957	0.1787	10	1.6712	1.9458	0.2746
5	1.0969	1.0374	−0.0595	11	1.4955	1.4064	−0.0891
6	1.5740	1.5442	−0.0298	12	1.0682	0.8466	−0.2216

续表

编号	实验值	预测值	差值	编号	实验值	预测值	差值
13	1.2601	1.4045	0.1444	29	1.2355	1.5386	0.3031
14	1.6201	1.3945	−0.2256	30	1.4613	1.5432	0.0819
15	1.2833	1.2639	−0.0194	31	0.5185	0.9969	0.4784
16	1.4955	1.4269	−0.0686	32	1.0086	0.9210	−0.0876
17	1.3404	1.6688	0.3284	33	0.9912	0.9729	−0.0183
18	1.4378	1.2142	−0.2236	34	1.4613	1.0920	−0.3693
19	1.7959	1.8794	0.0835	35	3.0314	3.1882	0.1568
20	1.8136	1.7959	−0.0177	36	3.3037	3.1682	−0.1355
21	1.2601	1.1046	−0.1555	37	3.3064	3.1788	−0.1276
22	1.0969	1.5870	0.4901	38	3.3118	3.4643	0.1525
23	1.4249	1.5450	0.1201	39	3.3979	2.6270	−0.7709
24	1.7959	2.0799	0.2840	40	3.3979	3.7272	0.3293
25	1.2355	1.2790	0.0435	41	3.3979	3.0533	−0.3446
26	1.1931	1.3371	0.1440	42	3.3979	3.0050	−0.3929
27	1.1614	1.5264	0.3650	43	3.3979	3.5187	0.1208
28	2.7126	2.1015	−0.6111				

6.2.2.3 模型检验

利用留一法对获得的最佳模型进行交互检验,结果见表 6-14。训练组和测试组的相关系数平方值 R^2 的平均值相差不大,表明所确定的最佳模型的稳定性良好。

表 6-14 最佳模型检验

	分组	相关系数平方值	方差		分组	相关系数平方值	方差
训练组	A+B	0.8869	9.9565	测试组	C	0.9204	3.8260
	A+C	0.8725	12.5620		B	0.8481	3.2658
	B+C	0.8763	10.8664		A	0.8522	4.1016
	平均值	0.8786	11.1283		平均值	0.8736	3.7311

6.2.3 小结

本研究通过 Gaussian 软件对 43 个酰胺类化合物的结构进行构建和优化,再利用 Codessa 2.7.10 软件建立其结构描述符与最小驱避浓度之间的定量构效关系模型,获得一个含 4 个描述符的 R^2 为 0.8969 的最佳模型。计算结果表明,酰胺类化合物分子的偶极矩、分子间价键相互作用和分子中局部电荷对埃及伊蚊的最小驱避浓度具有显著影响，模型检验后表明所确定的最佳模型稳定性良好及预测能力强。

6.3 萜类驱避化合物小黄家蚁驱避活性的定量构效关系研究

蚂蚁是世界上最常见、数量最多的昆虫种类之一。不少蚂蚁在不同的方面对人们的正常生活和身体健康构成威胁（姜志宽和郑智民，2005）。例如，红火蚁是我国的一种入侵蚁种，它生性凶猛且常袭击人类，人们被红火蚁蜇咬后，皮肤上会留下令人痒痛的红包，少数人因对毒液中的蛋白质过敏而发生过敏性休克甚至死亡（曾玲等，2005）。

小黄家蚁（*Monomorium pharaonis*）是分布广泛、最为常见的室内蚂蚁优势种。小黄家蚁不仅会骚扰人类并导致过敏反应，还会传播疾病，因而是害虫防治领域的重要对象之一。目前蚂蚁的防治主要依靠环境治理和化学杀虫剂。昆虫和脊椎动物在神经生理方面相似，而大多数杀虫剂为神经毒剂，因此容易对人畜健康构成威胁和给环境安全带来风险（韩招久等，2008）。昆虫驱避剂的作用机理与传统杀虫剂不同，在人畜安全和环境友好方面具有较大的优势，因而越来越被人们重视。目前针对小黄家蚁的驱避化合物的主要研究对象是动植物的分泌物或内含物，如群居黄蜂（*Mischocyttarus drewseni*）分泌物中具有驱避蚂蚁的化合物，从而阻止蚂蚁找到它们的巢（Jeanne，1970）；从甲虫（*Necrodes surinamensis*）分泌物中分离到一种萜醇类的蚂蚁驱避化合物（Eisner et al.，1986）；从马香科植物 *Teucrium marum* 中分离得到一个单萜醇二醛类化合物，其具有驱避蚂蚁的作用（Eisner et al.，2000）。

萜类驱避剂具有芳香、毒性低、刺激性小、对人类和环境友好的特点，因此具有良好的开发应用前景（王宗德等，2004a）。项目组在萜类驱避剂（韩招久等，2005b；王宗德等，2008；Wang et al.，2008a）和萜类拒食剂（韩招久等，2007；Wang et al.，2008b）方面开展了一系列研究，并且以论文的形式发表了在萜类蚂蚁驱避剂方面取得的研究成果（郑卫青等，2008a，2008b），此处介绍17个具有六元环的松节油基萜类蚂蚁驱避剂的合成与定量构效关系（QSAR）研究，从而为萜类蚂蚁驱避剂的寻找、驱避机理探讨，以及松节油开发利用新途径的开辟提供前期研究基础。

6.3.1 材料与方法

6.3.1.1 驱避活性测定

1. 萜类蚂蚁驱避剂

按照王宗德（2005）的方法合成，由α-蒎烯（a）或者是β-蒎烯（b）合成，具体情况见图6-4。这些化合物都具有六元环基本骨架。

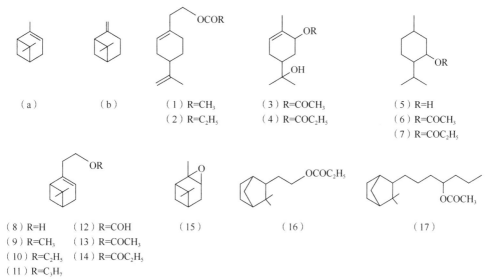

图6-4　17个具有六元环的萜类蚂蚁驱避化合物

2. 实验动物

小黄家蚁的工蚁采用引诱法在野外捕获，然后在实验室标准饲养到进行驱避活性实验。

3. 驱避活性测定

用无水乙醇将萜类蚂蚁驱避剂配制成20mg/mL的溶液。将12颗形状、大小基本相同的荞麦种子分成2组（每组6颗），分别置于装有对照溶剂或驱避剂溶液的烧杯内浸渍，待荞麦种子浸透，取出来分组晾干3min后，放入培养皿中。将对照和用驱避剂处理了的荞麦种子分别对称地放置在培养皿内两侧，排列方法是沿着培养皿的直径方向从靠近内壁开始排成2行，每行3颗，控制行距约0.5cm，荞麦种子之间的距离约0.1cm。把20只小黄家蚁工蚁转移至培养皿中央，并盖好培养皿。小黄家蚁工蚁置入培养皿内2min后开始观察，记录小黄家蚁工蚁经过荞麦种子的次数，记录观察5min。重复该实验，进行数据汇总和处理。

4. 数据处理

BA=[($C-T$)/($C+T$)]×100%，其中，BA表示驱避率，C表示小黄家蚁工蚁经过对照荞麦种子的次数，T表示小黄家蚁工蚁经过处理荞麦种子的次数。lgBA值见表6-15。

表 6-15　萜类蚂蚁驱避剂的驱避活性和结构描述符

驱避剂	驱避率/%	驱避率的对数值	结构描述符			
			ESP-FPSA-3 Fractional PPSA (PPSA-3/TMSA)	Min nucleoph. reactivity index for a C atom	HOMO-1 energy	Max 1-electron reactivity index for a O atom
1	73	1.8633	0.1117	8.07e−06	−9.808	−5.66e−05
2	60	1.7782	0.1022	7.68e−06	−9.806	−5.26e−05
3	85	1.9294	0.1146	4.78e−06	−10.865	1.91e−03
4	92	1.9638	0.1127	7.64e−06	−10.798	−9.56e−10
5	83	1.9191	0.1191	8.43e−04	−10.823	−1.68e−03
6	60	1.7782	0.1073	4.18e−06	−10.983	2.72e−03
7	79	1.8976	0.1045	1.75e−04	−10.952	1.05e−03
8	80	1.9031	0.1172	2.96e−04	−10.635	−5.54e−05
9	88	1.9445	0.1218	1.53e−04	−10.482	6.27e−05
10	80	1.9031	0.1124	4.20e−05	−10.373	4.71e−05
11	76	1.8808	0.1090	2.12e−04	−10.365	5.05e−05
12	81	1.9085	0.1040	1.28e−04	−10.861	−1.43e−04
13	100	2.0000	0.1198	8.57e−05	−10.792	2.29e−04
14	86	1.9345	0.1099	4.98e−06	−10.756	9.69e−05
15	67	1.8261	0.1215	1.06e−03	−10.954	2.32e−03
16	82	1.9138	0.1086	3.36e−05	−10.918	7.19e−04
17	88	1.9445	0.1117	2.33e−07	−10.767	1.25e−03

6.3.1.2　定量构效关系模型的计算

参考 6.1.1.1 中的方法完成。

6.3.2　小黄家蚁驱避活性定量构效关系计算结果

6.3.2.1　驱避活性

1. 驱避活性总体评价

从表 6-15 可以看出，这 17 个驱避剂对小黄家蚁都具有一定的驱避活性，有 11 个驱避剂的驱避率达到 80% 及以上，其中 8-羟基别二氢葛缕醇乙酸酯（4）、诺卜甲基醚（9）、乙酸诺卜酯（13）和内型 1-异莰烷基-3-己醇乙酸酯（17）的驱避率都在 88% 及以上，尤其是乙酸诺卜酯在本研究实验条件下的驱避率达到 100%。

2. 高活性驱避剂的评价

乙酸诺卜酯是先由 β-蒎烯经过 Prins 反应得到诺卜醇，再经过酯化反应得到的产物，其合成方法和合成工艺都不复杂，因此是一个具有良好开发应用前景的萜类蚂蚁驱避剂。当然它对其他蚂蚁的驱避活性还有必要进一步研究。

通过以上活性实验可以看出，萜类驱避剂很有可能作为小黄家蚁的驱避剂加以实际运用，在不同应用条件下的表现和合适的使用剂型，以及寻找更好的萜类蚂蚁驱避剂并探讨其驱避机理都有待于进一步研究。

6.3.2.2　定量构效关系

1. 最佳定量构效关系模型确定

按照最佳定量构效关系模型的确定方法，首先确定模型中结构描述符的个数。所得到的不同结构描述符个数对应的 R^2 值的关系见图 6-5。

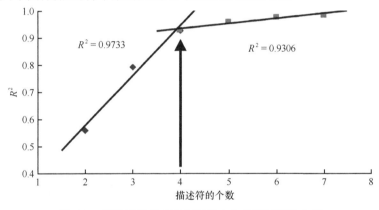

图 6-5　使用转折点来确定模型中结构描述符的个数

图 6-5 显示，R^2 值的转折点在描述符个数为 4 的位置，4 个描述符之前的 R^2 值增长迅速，而 4 个描述符之后的 R^2 值增加缓慢。根据多元线性回归的要求 $n \geqslant 3(k+1)$，确定了含有 4 个结构描述符的最佳模型（表 6-16），其中 4 个结构描述符的具体情况见表 6-15。

表 6-16　含有 4 个结构描述符的最佳 QSAR 模型（R^2=0.9265，F=37.84，s^2=0.0004）

描述符序号	X	ΔX	t 检验值	描述符
0	3.35e−02	1.78e−01	0.1882	Intercept
1	6.64e+00	9.08e−01	7.3107	ESP-FPSA-3 Fractional PPSA
2	−1.57e+02	1.83e+01	−8.5797	Min nucleoph. react. index for a C atom
3	−1.09e−01	1.47e−02	−7.4110	HOMO-1 energy
4	−2.58e+01	4.87e+00	−5.3023	Max 1-electron reactivity index for a O atom

对应于驱避剂活性 lgBA 的最佳模型见表 6-16，该最佳模型的 R^2=0.9265、F=37.84、s^2=0.0004。同时根据显著性检验，17 个样本，显著性水平 α=0.01 时，4 个因素的 F 值为 4.67，该最佳模型的 F 值远远大于这个检验值。该模型包括 4 个结构描述符。表 6-16 中的 X 是回归系数，ΔX 为回归系数标准误，另外还有 t 检验值和 4 个描述符的名称。

表 6-17 列出了驱避剂活性实验值和利用最佳计算模型计算出来的驱避活性值，以及二者的差值。预测值和实验值的关系见图 6-6。

表 6-17 驱避活性实验值和通过最佳模型计算出来的预测值

驱避剂	lgBA 实验值	lgBA 预测值	差值	驱避剂	lgBA 实验值	lgBA 预测值	差值
1	1.8633	1.8468	−0.0165	10	1.9031	1.9054	0.0023
2	1.7782	1.7836	0.0054	11	1.8808	1.8852	0.0044
3	1.9294	1.9315	0.0021	12	1.9085	1.9125	0.0040
4	1.9638	1.9605	−0.0033	13	2.0000	1.9884	−0.0116
5	1.9191	1.9174	−0.0017	14	1.9345	1.9348	0.0003
6	1.7782	1.8099	0.0317	15	1.8261	1.8106	−0.0155
7	1.8976	1.8690	−0.0286	16	1.9138	1.9237	0.0099
8	1.9031	1.9285	0.0254	17	1.9445	1.9192	−0.0253
9	1.9445	1.9615	0.0170				

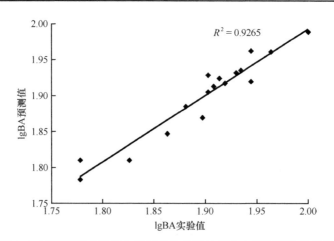

图 6-6 驱避活性实验值与通过最佳模型计算出来的预测值的关系

内部检验的结果列在表 6-18 中。结果显示，根据内部检验方法把 17 个驱避剂分为 3 组 A、B、C 后，A+B、A+C、B+C 这 3 组的 R^2、F、s^2 值都比较理想，同时它们的平均值也令人满意。相应的 A、B、C 的 R^2、F、s^2 值及它们的平均值也都比较理想。因此，内部检验对最佳定量构效关系模型也是支持的。

表 6-18　QSAR 模型的内部检验

训练集	N	R^2	F	s^2	测试集	N	R^2	F	s^2
A+B	12	0.961	43.61	0.0002	C	5	0.856	17.89	0.0003
B+C	11	0.959	34.98	0.0003	A	6	0.926	37.64	0.0034
A+C	11	0.903	13.92	0.0006	B	6	0.913	15.81	0.0011
平均值		0.941	30.84	0.0004	平均值		0.898	23.78	0.0016

同时，根据留一法检验的计算结果，外部检验和剩余部分的 R^2 值分别为 0.9072 和 R^2=0.8920。由此可以看出，留一法的检验结果也是比较理想的。

2. 对活性影响显著的结构描述符分析

由表 6-18 中的最佳定量构效关系模型可知，影响萜类蚂蚁驱避剂活性的结构描述符主要有 4 个。

第 1 个描述符原子正电荷加权部分表面积（ESP-FPSA-3 Fractional PPSA）属于量子化学结构描述符电荷加权部分表面积（CPSA）当中的一种，可以用式（6-5）计算，其中 PPSA3 为原子正电荷加权部分表面积，TMSA 为分子总表面积。PPSA3 可以用式（6-6）来计算，其中 q_A 为原子部分电荷数，S_A 为带正电荷原子的溶剂可及面积，A 代表不同的原子（Stanton and Jurs，1990；Stanton et al.，1992）。说明驱避活性跟分子表面正电荷的分布有关。

$$\text{FPSA3} = \text{PPSA3} / \text{TMSA} \tag{6-5}$$

$$\text{PPSA3} = \sum_A q_A \cdot S_A \quad A \in \{\delta_A > 0\} \tag{6-6}$$

第 2 个描述符碳原子的最小亲核反应指数（Min nucleoph. react. index for a C atom）属于量子化学结构描述符，可用式（6-7）计算，其中 $C_{i\text{HOMO}}$ 为最高占据分子轨道系数，$\varepsilon_{\text{HOMO}}$ 为最高占据分子轨道能量。第 3 个描述符是次高占据分子轨道能量（HOMO-1 energy）。说明驱避活性跟分子的最高和次高占据分子轨道能量有关。

$$N_A = \sum_{i \in A} C_{i\text{HOMO}}^2 / (1 - \varepsilon_{\text{HOMO}}) \tag{6-7}$$

第 4 个描述符氧原子的最大单电子反应指数（Max 1-electron reactivity index for a O atom）属于量子化学结构描述符，具体计算见式（6-8），相比式（6-7）增加了最低未占轨道系数 $C_{j\text{LUMO}}$ 和最低未占轨道能量 $\varepsilon_{\text{LUMO}}$（Stanton and Jurs，1990）。说明驱避活性跟分子最高占据分子轨道和最低未占分子轨道的系数及能量都有关。

$$R_A = \sum_{i \in A} \sum_{j \in A} C_{i\text{HOMO}} C_{j\text{LUMO}} / (\varepsilon_{\text{LUMO}} - \varepsilon_{\text{HOMO}}) \tag{6-8}$$

综合来看，萜类蚂蚁驱避剂的驱避活性主要跟分子表面正电荷的分布、最高占据分子轨道、最低未占分子轨道及次高占据分子轨道的能量或者系数有关。这些因素是如何影响其驱避活性的，对驱避作用机理方面的探讨有何帮助，都是值得进一步研究的问题。

6.3.3 小结

以松节油中的主要组分 α-蒎烯和 β-蒎烯为原料，合成了 17 个具有六元环的萜类蚂蚁驱避剂。荞麦种子浸液选择性生测法的结果表明，17 个化合物对小黄家蚁都具有一定的驱避活性，其中 8-羟基别二氢葛缕醇丙酸酯、诺卜甲基醚、乙酸诺卜酯和内型 1-异莰烷基-3-己醇乙酸酯表现出良好的驱避活性。

使用 Gaussian 03W 对这些化合物进行最低能量计算和对其构型进行几何优化，再通过 Codessa 2.7.10 软件的启发式方法得到了对应于驱避剂活性（lgCR）的最佳定量构效关系模型。该模型的 R^2 值为 0.9265，包含 4 个结构描述符。

最佳定量构效关系模型显示，影响这些萜类驱蚁剂活性的 4 个结构描述符分别是原子正电荷加权部分表面积、碳原子的最小亲核反应指数、次高占据分子轨道能量、氧原子的最大单电子反应指数。

6.4 萜类驱避化合物德国小蠊驱避活性的定量构效关系研究

蟑螂是最为常见的室内卫生害虫，在世界范围广泛分布，是传播肠道疾病的重要媒介。使用化学杀虫剂是防治蟑螂的常用手段。长期使用化学杀虫剂会导致害虫抗药性的发生，并引起严重的环境污染与健康风险。

传统的杀虫剂大多是作用于中枢神经系统的神经毒剂，使用过程中可能对非靶生物造成伤害。随着时代的发展，人们防治害虫的理念也在不断更新与发展。防治害虫的目的是有效地控制其危害，杀死并非实现这一目的的唯一手段。昆虫驱避剂是杀虫剂的重要替代药剂，一般认为昆虫驱避剂通过作用于昆虫的外周神经系统来干扰或抑制昆虫的行为。昆虫驱避剂不仅可以用于涂抹皮肤保护人畜免遭害虫侵扰，还可用于物品包装和特殊环境以阻止害虫侵染（Peterson and Coats，2001）。

萜类化合物在植物精油中广泛存在，有的对昆虫表现出良好的驱避活性。松节油是世界上产量最大的植物精油，利用其主要成分 α-蒎烯和 β-蒎烯合成多个系列的萜类化合物，并从中筛选驱避剂是一个重要的研究思路。现已从松节油基萜类化合物中成功筛选出了对蚊虫具有较好驱避活性的驱避剂（韩招久等，2005a；王宗德等，2005）。本节研究 α-蒎烯、β-蒎烯及由其衍生合成的 24 个萜类化合物对德国小蠊的驱避活性，并分析其定量构效关系，从而为萜类蟑螂驱避剂的分子设计、驱避机理探讨，以及松节油开发利用新途径的开辟提供前期研究基础。

6.4.1 材料与方法

6.4.1.1 材料

1. 试虫

德国小蠊由南京军区军事医学研究所（现为东部战区疾病预防控制中心）按照国家标准饲养。昆虫饲养室条件：光照时间10h/d，相对湿度60%～75%，饲养温度25～28℃。实验用虫为活跃的雄性成虫。

2. 供试化合物

26个萜类化合物为江西农业大学植物天然产物与林产化工研究所合成。

6.4.1.2 方法

1. 驱避活性测试方法

参照Peterson等（2002）的方法，并进行相应的改进。把直径为15cm的滤纸用钢片刀对半切成两半，标记好浸处理液的半张滤纸，以便在实验过程中与对照滤纸区分。将做好标记的半张滤纸用1.5mL浓度为20mg/mL的萜类化合物溶液均匀浸湿，另半张滤纸用不含样品的溶剂（无水乙醇）浸湿作为对照。滤纸自然晾干5min后，把两个半张滤纸相对放置在直径为18cm的培养皿底。皿盖中央切一个2cm×2cm的方孔。用大试管通过方孔把1只德国小蠊引入到培养皿中，等待5min（刚投入到培养皿的德国小蠊经常惊慌，需等待一段时间，待其平息下来），开始用2只秒表分别记录德国小蠊在处理与对照滤纸上停留的时间，观察300s。德国小蠊停留在滤纸空白处的时间，不计入处理和对照滤纸上德国小蠊的停留时间内，但计入总时间（300s）内。

2. 驱避活性计算

驱避率计算公式如下。

$$驱避率(\%) = [(对照滤纸上停留时间 - 处理滤纸上停留时间)/300] \times 100\% \quad (6-9)$$

用PoloPlus version 1.0和Excel 2003进行数据的统计分析。

3. 定量构效关系的计算

定量构效关系的计算参考6.1.1.1中的方法完成。

6.4.2 德国小蠊驱避活性定量构效关系计算结果

6.4.2.1 驱避活性

测试的26个萜类化合物表现出了不同水平的驱避活性，其中20个化合物具有正向驱避活性，活性最高的为薄荷醇，驱避率为 69.8%，具体情况如表 6-19 所示。由于 α-蒎烯和 β-蒎烯具有良好的化学反应性能，能够用于合成不同系列的萜类化合物。根据碳链骨架结构的不同，系列萜类化合物可分为四元环类、六元环类、桥环类和开链类，本研究测试的为 13 个桥环萜类化合物和 13 个六元环萜类化合物。根据官能团不同，则可分为醇类、醚类、酯类、酮类等，这些类型在本研究测试的萜类化合物中均有。此外，还可根据衍生合成的基础化合物分为不同的类型。萜类化合物结构的丰富多样性，以及驱避活性的复杂性，既为合成筛选蟑螂驱避剂提供了潜能，也增加了工作的难度与不确定性。对结构与活性进行定量分析，能够为萜类蟑螂驱避剂的分子设计提供参考，提升针对性。

表 6-19 供试的 26 个化合物及其活性

编号	化学式	名称	结构式	驱避率/%
1	$C_{10}H_{16}$	α-蒎烯		47.8±28.7
2	$C_{10}H_{16}$	β-蒎烯		18.3±32.8
3	$C_{10}H_{16}O$	2,3-环氧蒎烷		47.7±59.6
4	$C_{11}H_{18}O$	诺卜醇		−50.1±39.4
5	$C_{12}H_{20}O$	诺卜甲基醚		−36.2±47.4
6	$C_{13}H_{22}O$	诺卜乙基醚		−23.8±67.1
7	$C_{14}H_{24}O$	诺卜丙基醚		19.2±70.0
8	$C_{12}H_{18}O$	甲酸诺卜酯		37.6±55.6

续表

编号	化学式	名称	结构式	驱避率/%
9	$C_{13}H_{20}O_2$	乙酸诺卜酯		25.7±15.4
10	$C_{14}H_{22}O_2$	丙酸诺卜酯		33.3±50.6
11	$C_{10}H_{16}$	莰烯		−6.3±25.7
12	$C_{13}H_{22}O_2$	内型异莰烷基甲醇乙酸酯		−5.9±71.9
13	$C_{14}H_{24}O_2$	内型异莰烷基甲醇丙酸酯		44.0±45.9
14	$C_{17}H_{30}O_2$	内型 1-异莰烷基-3-戊醇乙酸酯		27.6±26.0
15	$C_{18}H_{32}O_2$	内型 1-异莰烷基-3-己醇乙酸酯		−25.3±33.6
16	$C_{18}H_{32}O_2$	内型 4-异莰烷基-3-乙基-2-丁醇乙酸酯		0.2±7.5
17	$C_{10}H_{14}O$	葛缕酮（又名：香芹酮）		34.6±12.6
18	$C_{13}H_{20}O_2$	4-(1-甲基乙烯基)-1-环己烯-1-乙醇乙酸酯		45.9±44.0

编号	化学式	名称	结构式	驱避率/%
19	$C_{14}H_{22}O_2$	4-(1-甲基乙烯基)-1-环己烯-1-乙醇丙酸酯		58.4±19.5
20	$C_{10}H_{20}O$	薄荷醇		69.8±14.6
21	$C_{12}H_{22}O_2$	乙酸薄荷酯		33.3±16.8
22	$C_{13}H_{24}O_2$	丙酸薄荷酯		51.2±24.9
23	$C_{10}H_{18}O_2$	8-羟基别二氢葛缕醇		5.2±9.1
24	$C_{11}H_{18}O_3$	8-羟基别二氢葛缕醇甲酸酯		54.8±46.1
25	$C_{12}H_{20}O_3$	8-羟基别二氢葛缕醇乙酸酯		13.2±10.3
26	$C_{13}H_{22}O_3$	8-羟基别二氢葛缕醇丙酸酯		51.9±47.0

6.4.2.2 分子描述符筛选

利用启发式方法（HM）计算出分子结构描述符，最终筛选出与萜类德国小蠊驱避活性密切相关的 6 个描述符，它们的相关系数均小于 0.8（表 6-20），表明它们之间不相关，参数之间不存在共线性问题，可以作为建模的输入参数。

表 6-20 模型候选参数的相关矩阵

描述符	启发式方法					
	X_1	X_2	X_3	X_4	X_5	X_6
X_1	1.0000	0.2421	−0.1942	−0.5327	−0.4438	0.1353
X_2	0.2421	1.0000	0.0014	0.1121	0.0884	−0.0826
X_3	−0.1942	0.0014	1.0000	−0.2530	−0.4365	0.4044
X_4	−0.5327	0.1121	−0.2530	1.0000	0.4719	−0.1944
X_5	−0.4438	0.0884	−0.4365	0.4719	1.0000	−0.5413
X_6	0.1353	−0.0826	0.4044	−0.1944	−0.5413	1.0000

6 个描述符中，X_1 是 Max atomic state energy for a H atom，X_2 是 FPSA-3 Fractional PPSA (PPSA-3/TMSA)，X_3 是 Tot hybridization comp. of the molecular dipole，X_4 是 Max atomic state energy for a C atom，X_5 是 ESP-FNSA-2 Fractional PNSA (PNSA-2/TMSA)，X_6 是 Image of the Onsager-Kirkwood solvation energy。Max atomic state energy for a H atom、Max atomic state energy for a C atom、Tot hybridization comp. of the molecular dipole 和 Image of the Onsager-Kirkwood solvation energy 都属于量子化学描述符，分别表示氢原子的最大原子态能量、碳原子的最大原子态能量、分子的总偶极矩及杂化成分和 Onsager-Kirkwood 溶解能的图像。FPSA-3 Fractional PPSA (PPSA-3/TMSA) 和 ESP-FNSA-2 Fractional PNSA (PNSA-2/TMSA) 属于静电描述符，分别表示带电部分表面积占总表面积的比例和带负电部分表面区域总带电量。了解这些描述符，有利于找出影响驱避活性的主要因素。

6.4.2.3 最佳定量构效关系模型确定

按照最佳定量构效关系模型的确定方法，首先确定模型中结构描述符的个数。含有不同结构描述符个数的定量构效关系模型对应的 R^2 值及 R_{cv}^2 值见表 6-21，它们之间的线性关系见图 6-7。回归计算的转折点出现在 6 个参数时，在 6 个参数以后，随着参数的增加，相关系数平方值并没有显著提高（ΔR^2 均小于 0.02~0.05），因此选择六参数模型为最佳模型。

表 6-21 不同参数个数的模型对应的 R^2 和 R_{cv}^2

指标	1	2	3	4	5	6	7	8
相关系数平方值	0.2354	0.4062	0.5252	0.6567	0.7286	0.7923	0.8367	0.8689
交互检验相关系数平方值	0.1129	0.2573	0.3451	0.4511	0.5659	0.6412	0.6737	0.7126

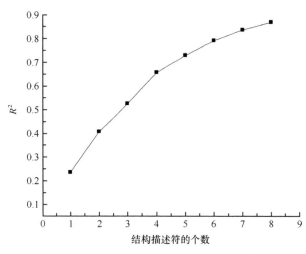

图 6-7 不同参数个数的模型对应的 R^2

获得的最佳 QSAR 模型,其 $R^2=0.7923$,$F=23.08$,$s^2=0.028$。模型的 t 检验值及 6 个结构描述符的具体情况见表 6-22。根据显著性检验,26 个样本,显著性水平 $\alpha=0.01$ 时,6 个因素的 F 值为 3.59,该最佳模型的 F 值远远大于这个检验值。X 和 ΔX 分别表示回归系数及其标准误,该模型的 6 个描述符根据其显著水平按照降序排列。

表 6-22 最佳六参数模型

描述符序号	X	ΔX	t 检验值	描述符
0	269.13	56.59	4.76	Intercept
1	15.36	2.17	7.07	Max atomic state energy for a H atom
2	−77.16	14.08	−5.48	FPSA-3 Fractional PPSA (PPSA-3/TMSA) [Quantum-Chemical PC]
3	0.83	0.18	4.58	Tot hybridization comp. of the molecular dipole
4	1.38	0.43	3.20	Max atomic state energy for a C atom
5	0.83	0.23	3.58	ESP-FNSA-2 Fractional PNSA (PNSA-2/TMSA) [Quantum-Chemical PC]
6	2.58	1.07	2.42	Image of the Onsager-Kirkwood solvation energy

表 6-23 列出了驱避剂活性实验值和利用最佳计算模型计算出来的预测值,以及二者的差值。预测值和实验值的关系见图 6-8。由表 6-23 可知,一些驱避剂的

活性实验值和预测值之间有较大的差值,反映出在生物活性测试时,测定值出现波动难以避免,为避免这种波动过大,可以增加测试次数和改进实验方法等。

表 6-23　模型计算的驱避率预测值和实验值

编号	预测值	实验值	差值	编号	预测值	实验值	差值
1	0.3731	0.478	−0.1049	14	0.1013	0.276	−0.1747
2	0.0395	0.183	−0.1435	15	0.0209	−0.253	0.2739
3	0.5988	0.477	0.1218	16	−0.0145	0.002	−0.0165
4	−0.4103	−0.551	0.1407	17	0.4487	0.346	0.1027
5	−0.3611	−0.362	0.0009	18	0.5342	0.459	0.0752
6	−0.1224	−0.238	0.1156	19	0.6142	0.584	0.0302
7	−7.20e−03	1.92e−01	−0.1992	20	0.6428	0.698	−0.0552
8	0.2913	0.376	−0.0847	21	0.3296	0.333	−0.0034
9	0.0501	0.257	−0.2069	22	0.6290	0.512	0.1170
10	0.3772	0.333	0.0442	23	0.1273	0.052	0.0753
11	0.1393	−0.063	0.2023	24	0.2814	0.548	−0.2666
12	0.0473	−0.059	0.1063	25	0.3094	0.132	0.1774
13	0.2168	0.440	−0.2232	26	0.4148	0.519	−0.1042

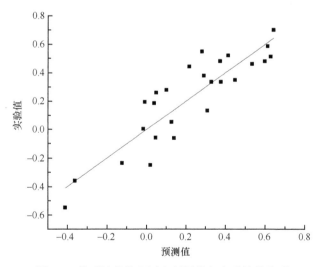

图 6-8　模型计算的驱避率预测值与实验值的关系

6.4.2.4　模型的检验

每一个亚组由其他两个亚组组成的训练集来检验,而每一个训练集的回归方程是由相同的描述符构建的。用于预测的 QSAR 模型的有效性是用每个训练集经留一法交互验证（R_{cv}^2）来评价的。计算结果见表 6-24。

表 6-24 六参数模型检验

训练集	样本数	相关系数平方值	方差	测试集	样本数	相关系数平方值	方差
A+B	18	0.5083	0.0633	C	8	0.7620	0.3619
A+C	17	0.5421	0.0551	B	9	0.6940	0.2289
B+C	17	0.5868	0.0603	A	9	0.2100	0.2222
平均值		0.5457	0.0596	平均值		0.5553	0.2710

由于检验组所含有的个体数量不多，获得的 R^2 预测值会比较离散，比较 R^2、R_{fit}^2（训练集）、R_{pred}^2（预测集）可知，R_{fit}^2、R_{pred}^2 相对于 R^2 减小了，但 R_{fit}^2、R_{pred}^2 比较接近，仍然可以得到相对理想的结果，因此获得的 QSAR 模型具有较好的稳定性和预测能力。

6.4.3 小结

松节油是世界上产量最大的植物精油，其主要成分 α-蒎烯和 β-蒎烯具有良好的化学反应性能，可以通过基团引入等方式合成多个系列的萜类化合物。从这些化合物中筛选昆虫驱避剂具有很大的潜力（宋湛谦等，2006）。本研究测试的 26 个萜类化合物中有 20 个表现出对德国小蠊具有正向驱避活性。由于这些萜类化合物具有结构的丰富性，如根据碳链骨架分类包含了六元环类和桥环类，根据官能团分类则包含了醇类、醚类、酯类、酮类等丰富的结构多样性，为筛选蟑螂驱避剂提供了可能。我国松节油资源十分丰富，年产量约 8 万 t，可为萜类昆虫驱避剂合成与开发提供丰富的原料。随着研究的深入，有望筛选出适宜的蟑螂驱避剂，改变当前蟑螂防治过于依赖杀虫剂的局面。本研究发现薄荷醇对德国小蠊有较好的驱避活性，具有作为蟑螂驱避剂加以开发利用的前景。

萜类化合物结构的丰富多样性，导致其生物活性复杂。这既为筛选蟑螂驱避剂提供了潜力，也增加了工作的难度与不确定性。对化合物进行定量构效关系分析，能够为蟑螂驱避剂的分子设计提供参考，提升针对性。通过对 26 个萜类化合物针对德国小蠊的构效关系进行定量分析，我们发现影响萜类德国小蠊驱避活性的最主要 6 个描述符为 Max atomic state energy for a H atom、FPSA-3 Fractional PPSA (PPSA-3/TMSA)、Tot hybridization comp. of the molecular dipole、Max atomic state energy for a C atom、ESP-FNSA-2 Fractional PNSA (PNSA-2/TMSA)、Image of the Onsager-Kirkwood solvation energy。从这些描述符的含义可知，分子内部原子间的相互影响、分子极性、溶解性等因素对驱避活性有较大影响。

6.5 萜类驱避化合物臭虫驱避活性的定量构效关系研究

臭虫是半翅目（Hemiptera）臭虫科（Cimicidae）的吸血性昆虫，通常与人类、鸟类和蝙蝠相伴（Reinhardt and Siva-Jothy，2007）。温带臭虫（*Cimex lectularius*）是常见的种类之一，它与人类的密切关系可以追溯到4000多年前（Panagiotakopulu and Buckland，1999）。

由于羽化和产卵/精子的需要，臭虫的雄性和雌性都需吸血，而且在叮咬时给宿主带来多方面的影响，包括引起免疫反应、引发继发感染和传播病原体等（Thomas et al.，2004；Ter and Prose，2005；Sakamoto and Rasgon，2006），这已成为世界公共卫生共同关注的问题。杀虫剂已在有害昆虫防制中被广泛使用，并且做出了巨大贡献，但杀虫剂抗药性的快速发展情况，使得人们对害虫防制工作进行了重新思考。有关臭虫抗药性，从20世纪70年代就开始有报道（Feroz，1971），以后一直陆续有报道（Myamba et al.，2002；Karunaratne et al.，2007；Romero et al.，2007；Szalanski et al.，2008），因此迫切需要发展其他方法来共同进行臭虫的防治。非致死性昆虫驱避剂的作用因为不是针对中枢神经系统，可以避免杀虫剂引起的抗性问题。然而关于臭虫驱虫剂的研究报道还比较少见（Kumar et al.，1995；Moore and Miller，2006），且其驱避机理也不清晰。本课题组以天然松节油主要成分α-蒎烯和β-蒎烯为原料合成了一系列萜类化合物，生物测定结果表明，其中一些对温带臭虫具有较强的驱避作用，为了帮助人们认识驱避作用机理，开展驱避化合物化学结构与其驱避活性之间的定量构效关系研究是十分有必要的。

6.5.1 材料与方法

6.5.1.1 供试昆虫

臭虫（*C. lectularius*）购自南京市疾病预防控制中心，在温度20~30℃、相对湿度55%~60%的条件下饲养，光照时间为10h/d。选择羽化1~2d后的成年臭虫进行生物测定。

6.5.1.2 供试化合物

本研究选择由α-蒎烯或β-蒎烯合成的20个萜类化合物（图6-9）作为研究对象。所有化合物分子中都具有六元环基本结构，并且至少有一个含氧的官能团。它们的结构已通过MS、IR、^{1}H NMR和^{13}C NMR进行表征，GC分析纯度均高于95%。这20个萜类衍生物可分为3组：①化合物1~8，由α-蒎烯或β-蒎烯经四碳开环反应合成（陈金珠等，2006；王宗德等，2007a）；②化合物9~15，由β-蒎烯经Prins反应或由α-蒎烯经环氧化反应合成的具有6,6-二甲基双环庚-2-烯结构的化合物（王宗德等，2004b，2007b）；③化合物16~20，由α-蒎烯经异构化反应得到的具有 2,2-二甲基双环烷结构的化合物（王宗德，2005）。

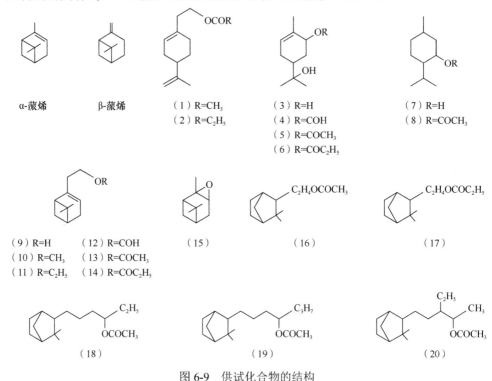

图 6-9 供试化合物的结构

6.5.1.3 驱避活性测定

根据郑卫青（2008）的方法，进行驱避活性生物测定。将所有驱避化合物用无水乙醇稀释至 15mg/mL，然后取每个化合物的溶液 5mL 加入到 20mL 的黑色广口瓶中。将滤纸（直径 9cm）切成两半，放入每个瓶内，盖上盖子摇晃至滤纸完全浸湿后，将广口瓶置于冰箱中于 5℃ 保存备用。

在进行驱避活性生物测定前，将广口瓶从冰箱中取出，室温下放置 1h 后，将滤纸从广口瓶中取出，置于铺有吸水纸的平板上，直至风干。在此过程中，用同样的方法制备好用于对照实验的滤纸。将处理后的滤纸和对照滤纸一同放入与其大小相同的培养皿中，并且拼接成完整的一张滤纸，再将 10 只臭虫转移到培养皿中间，盖好带有小孔的培养皿盖，置于 25℃ 左右、相对湿度为 55%～60% 的黑暗环境下保存。保存到 36h 时，记录留在处理和对照滤纸上的臭虫数量。每个样品重复测定 3 次，用平均虫数进行驱避率的计算。

使用式（6-10）来计算驱避率（RR）：

$$RR(\%) = \frac{CN - TN}{CN + TN} \times 100\% \quad (6-10)$$

式中，CN 为对照滤纸上的总虫数；TN 为处理滤纸上的总虫数。

6.5.1.4 定量构效关系计算方法

参考 6.1.1.1 中的方法完成。

6.5.2 臭虫驱避活性定量构效关系计算结果

6.5.2.1 回归结果

由图 6-10 可知,转折点发生在 4 个描述符处。所有描述符及与最佳模型相关的统计数据见表 6-25。

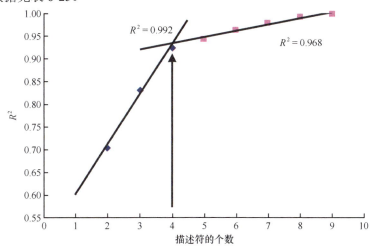

图 6-10 使用转折点来确定模型中结构描述符的个数

表 6-25 具有 4 个结构描述符的最佳 QSAR 模型 (R^2=0.924,F=45.53,s^2=0.005)

描述符序号	回归系数	回归系数标准误	t 检验值	指数修正值	描述符
0	60.9184	8.7923	6.9286		Intercept
1	28.2113	3.8886	7.2549	0.0270	FNSA3 Fractional PNSA (PNSA-3/TMSA) (Zefirov PC)
2	−1.4625	0.2255	−6.4860	0.1201	Min n-n repulsion for bond H-C
3	−2.9225	0.4829	−6.0516	0.0954	YZ Shadow/YZ Rectangle
4	−8.5127	1.6000	−5.3206	0.0328	Max electroph. react. index for atom C

经过优化得到的 QSAR 方程具有如下统计特征:R^2=0.924、F=45.53、s^2=0.005,该模型的 4 个描述符按其统计显著性(t 检验值)依次递减排序。用表 6-25 中的最佳模型可以计算活性值(RR),具体计算结果见表 6-26。实验值和通过最佳模型计算的预测值的关系见图 6-11。

RR = 60.9184+28.2113 (FNSA3 Fractional PNSA)−1.4625 (Min n-n repulsion for bond H-C)−2.9225(YZ Shadow/YZ Rectangle) −8.5127 (Max electroph. react. index for atom C) (6-11)

表 6-26　驱避活性实验值和通过最佳模型计算出来的预测值

序号	实验值	预测值	差值	序号	实验值	预测值	差值
1	0.960	0.898	−0.062	11	0.735	0.633	−0.102
2	0.715	0.740	0.025	12	0.307	0.246	−0.061
3	0.670	0.664	−0.006	13	0.480	0.551	0.071
4	0.200	0.296	0.096	14	0.322	0.408	0.086
5	0.750	0.706	−0.044	15	0.640	0.660	0.020
6	0.600	0.650	0.050	16	0.430	0.447	0.017
7	0.980	0.947	−0.033	17	0.320	0.256	−0.064
8	0.555	0.479	−0.076	18	0.750	0.796	0.046
9	0.243	0.210	−0.033	19	0.640	0.594	−0.046
10	0.551	0.665	0.114	20	0.830	0.833	0.003

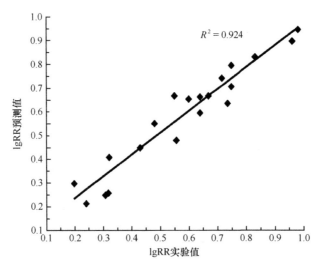

图 6-11　驱避活性实验值与通过最佳模型计算出来的预测值的关系

内部检验结果见表 6-27。测试集相关系数平方值 R^2_{pred} 和训练集相关系数平方值 R^2_{fit}，包括平均 R^2_{pred} 和平均 R^2_{fit} 均获得满意的结果。其中，对所得 QSAR 模型进行了三重内部交互验证预测能力评价，以类似于内部验证的方式进行了留一法交互验证，每 4 个化合物放入外部测试集中，其余化合物包含在训练集中，得到了包含相同 4 个描述符集的 QSAR 模型，$R^2=0.914$。外部集测试时，得到的满意 R^2_{pred} 为 0.920，结果表明所得 QSAR 模型比较理想。

表 6-27　QSAR 模型的内部检验

训练集	N	R^2	F	s^2	测试集	N	R^2	F	s^2
A+B	14	0.924	27.24	0.006	C	6	0.990	26.01	0.002
A+C	13	0.944	33.96	0.005	B	7	0.936	7.34	0.008
B+C	13	0.935	28.71	0.004	A	7	0.986	34.20	0.003
平均值		0.934	29.97	0.005	平均值		0.971	22.52	0.004

6.5.2.2　最佳 QSAR 模型中的描述符分析

在最终的 QSAR 模型中，第 1 个描述符是 FNSA3 Fractional PNSA (PNSA-3/TMSA) (Zefirov PC)，可由式（6-12）计算（Stanton and Jurs，1990）：

$$FNSA3 = PNSA\text{-}3 / TMSA \tag{6-12}$$

式中，TMSA 为分子总表面积；PNSA-3 为原子电荷加权部分负电荷分子表面积。PNSA-3 可由式（6-13）计算得到：

$$PNSA\text{-}3 = \sum_A q_A \cdot S_A \quad A \in \{\delta_A < 0\} \tag{6-13}$$

式中，A 代表不同的原子；q_A 为原子部分电荷数；S_A 为带负电荷原子的溶剂可及面积。q_A 和 S_A 可利用 Codessa Pro 软件包计算。

由式（6-12）和式（6-13）可见，FNSA3 作为带电部分表面积（CPSA）描述符之一，既与电荷分布有关，又与几何结构有关。FNSA3 可以作为分子间极性相互作用程度的反映指标（Karelson，2000），此前的研究表明 FNSA3 在分子间极性相互作用（Stanton and Jurs，1990）和氢键相互作用中具有非常重要的作用（Stanton et al.，1992）。

吸血昆虫确定寄主的位置被认为包括 3 个阶段：诱食性搜索、对寄主定位、与寄主接触（Lehane，2005）。有研究表明，臭虫可以通过人类宿主热信号、宿主利它素或 CO_2 探测到距离其 1.5m 以外的人类宿主（Reinhardt and Siva-Jothy，2007）。FNSA3 是驱避剂与溶剂分子之间极性相互作用程度的反映指标，与驱避剂的沸点有关。推测驱避剂蒸气的性质对驱避剂从寄主到达臭虫感受器具有较大的影响。

第 2 个描述符 Min n-n repulsion for bond H-C 表示两个给定原子（H 和 C）之间的核排斥能，可以通过式（6-14）计算（Clementi，1980；Yaffe et al.，2001）。

$$E_{nn}(AB) = Z_A Z_B / R_{AB} \tag{6-14}$$

式中，A 和 B 是不同的原子种类；Z_A 和 Z_B 分别是 A 和 B 原子核的电荷大小；R_{AB} 是 A 和 B 原子核之间的距离。

这个描述符来源于键能分析（Clementi，1980）。分子的总能量可以描述为原子的原子能之和及多中心相互作用能量的总和，其中多中心相互作用只能映射为两个中心相互作用。它可以作为区分不同反应路径的手段，也可以用来获得简单、可转移的原子-原子势来描述分子间的相互作用。

第 3 个描述符 YZ Shadow/YZ Rectangle 是分子的相对阴影区域面积，可以通过式（6-15）进行计算（Karelson，2000）。

$$S_{yz}^{\gamma} = [\oint_{(C)} (y\mathrm{d}z - z\mathrm{d}y)] / S^{(yz)} \tag{6-15}$$

式中，C 为分子在 yz 平面上投影的外形；$S^{(yz)}$ 为分子在 yz 平面上投影矩形的面积。在本研究中，描述符记为 S_{YZ}^{γ}。

第 3 个描述符的值可以用来估计驱避剂分子在空间中沿 y 轴和 z 轴的惯性矩大小、形状和取向（Janardhan et al.，2006）。当驱避剂与臭虫的化学感受器之间存在疏水和空间相互作用时，这些结构特征就具有重要作用（Si et al.，2006）。图 6-12 显示了化合物 1 和 4 的两个模型在 yx 和 yz 平面上的投影。化合物 1 可作为良好驱避剂的例子（实验和理论上），化合物 4 则相反。结果表明，与化合物 4 具有更多分支（在 yx 和 yz 平面上的投影）的结构相比，化合物 1 更线性（在 yx 平面上的投影）和更窄（在 yz 平面上的投影）。在缺少关于昆虫体内受体信息的时候，这一结果可能有利于刻画活性化合物与受体之间的空间表面识别相互作用。此处表明，二者可发生空间相互作用可能存在活性化合物和受体之间发生表面识别方面的原因（Katritzky et al.，2008）。

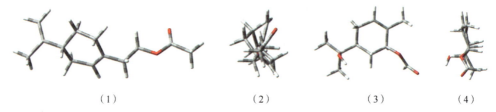

（1）　　　　　　（2）　　　　　　（3）　　　　　　（4）

图 6-12　驱避化合物结构在 yx 和 yz 平面上的投影
（1）化合物 1 在 yx 平面上的投影；（2）化合物 1 在 yz 平面上的投影；
（3）化合物 4 在 yx 平面上的投影；（4）化合物 4 在 yz 平面上的投影

第 4 个描述符是 Max electroph. react. index for atom C，可以通过式（6-16）进行计算。

$$E_A = \sum_{j \in A} [C_{j\text{LUMO}}^2 / (\varepsilon_{\text{LUMO}} + 10)] \tag{6-16}$$

式中，$\varepsilon_{\text{LUMO}}$ 是最低未占分子轨道能量；$C_{j\text{LUMO}}$ 是最低未占分子轨道系数。这两个量子力学参数可以使用 Codessa Pro 软件包计算。

该描述符作为量子化学描述符，为表征驱避剂和受体之间的电荷转移相互作用提供了一种有效手段。因为描述符仅与碳原子的亲电反应指数有关，这提示可能存在碳原子上的局部区域电荷转移,并且驱避剂分子表现为受体(Dubitzky and Azuaje,2004)。

6.5.3 小结

本研究获得了包括 4 个描述符的最佳多元线性 QSAR 模型。对描述符进行了初步讨论,并对驱避剂和受体可能的结合机理进行了分析,结果表明:驱避剂蒸气的特性、驱避剂与臭虫嗅觉受体之间的亲电性和空间相互作用可能会影响驱避效果。该结果对于新型驱避剂的设计和开发具有一定的参考意义,但还需要对嗅觉受体有进一步的掌握,并开展多学科交叉研究,从而更为清晰地阐明驱避机理。

第 7 章 驱避化合物与引诱物分子缔合作用的理论计算

关于驱避化合物与引诱物缔合作用的研究尚少见报道，我们在前期的研究中已认识到驱避化合物与引诱物缔合作用对驱避活性影响的重要性，因此开展了一些探索性研究。分析驱避化合物与引诱物的分子结构可以发现，L-乳酸、氨、1-辛烯-3-醇和一些小分子羧酸大多存在碳氧键、氧氢键或氮氢键，当它们与含有氧、氮等杂原子的驱避化合物接触时，将可能产生一些弱的分子间相互作用（缔合作用）。围绕这一推测，我们研究了氨与酰胺类驱避化合物发生缔合作用对驱避活性的影响，计算结果表明由于缔合作用的存在，所构建的模型显示驱避活性与缔合相关描述符存在相关性（廖圣良等，2012a）。在研究二氧化碳与萜类驱避化合物的缔合作用时同样发现，来自缔合体的描述符与驱避活性显著相关（廖圣良等，2012b）。以上研究初步表明，驱避化合物与引诱物的缔合作用对驱避活性存在影响，由于研究中引诱物相对单一，无法得到系统的结论，因此需要比较系统地开展研究。

7.1 萜类驱避化合物与引诱物双分子缔合作用的理论计算

7.1.1 双分子缔合作用的计算

研究萜类驱避化合物与蚊虫引诱物的缔合作用对于揭示驱避化合物作用机理具有非常重要的意义。遗憾的是，人们研究驱避化合物作用机理的关注点主要集中在蚊虫的嗅觉器官部位，对人体皮肤上驱避化合物与引诱物相互作用的关注甚少，相关的报道几乎未见。系统地研究这种缔合作用显得十分必要和非常重要。

缔合作用可以从理论和实验两个方面来进行研究。在理论计算中，常用的一种方法为从头计算法（*ab initio* method），从头计算较为普遍的有如下两种方法：① Hartree-Fock（HF）方法；② Moller-Plesset（MP）方法。本研究采用 HF 方法完成缔合过程中驱避化合物、引诱物及驱避化合物与引诱物缔合体的结构优化，缔合过程的能量计算，缔合角度和距离的测算并分析缔合作用的类型。

7.1.1.1 数据与方法

1. 萜类驱避化合物和人体引诱物

本研究涉及的 22 个萜类化合物均由实验室前期研究人员自行合成并完成活性测试,是一系列具有六元环结构的蚊虫驱避化合物,活性数据按照 6.1.1.1 中的方法测定获得,具体的结构信息和驱避活性数据列于表 7-1。

表 7-1 22 个驱避化合物的结构和驱避活性

序号	结构名称	结构式	校正驱避率/%	校正驱避率对数值
1	4-(1-甲基乙烯基)-1-环己烯-1-乙醇乙酸酯	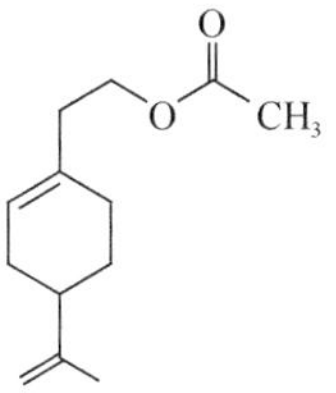	58.5	1.7672
2	4-(1-甲基乙烯基)-1-环己烯-1-乙醇丙酸酯	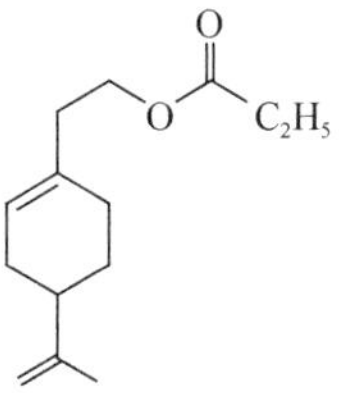	63.6	1.8035
3	8-羟基别二氢葛缕醇	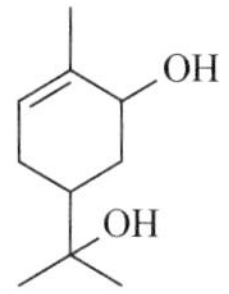	72.7	1.8615
4	8-羟基别二氢葛缕醇甲酸酯	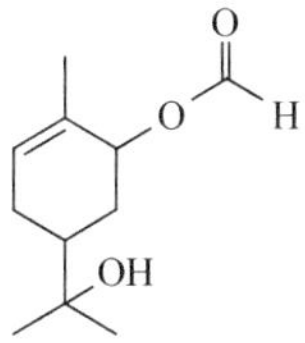	90.0	1.9542
5	8-羟基别二氢葛缕醇乙酸酯	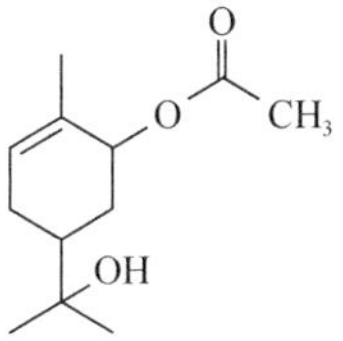	81.0	1.9085
6	8-羟基别二氢葛缕醇丙酸酯	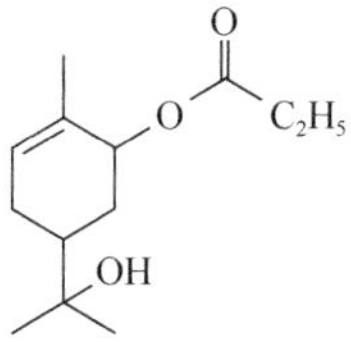	72.0	1.8573

续表

序号	结构名称	结构式	校正驱避率/%	校正驱避率对数值
7	薄荷醇		53.0	1.7243
8	乙酸薄荷酯		38.7	1.5877
9	丙酸薄荷酯		40.5	1.6075
10	诺卜醇		69.0	1.8388
11	诺卜甲基醚		52.1	1.7168
12	诺卜乙基醚		62.2	1.7938
13	诺卜丙基醚		72.5	1.8603
14	甲酸诺卜酯		56.1	1.7490
15	乙酸诺卜酯		60.8	1.7839
16	丙酸诺卜酯		64.4	1.8089

续表

序号	结构名称	结构式	校正驱避率/%	校正驱避率对数值
17	2,3-环氧蒎烷		37.8	1.5775
18	内型异莰烷基甲醇乙酸酯	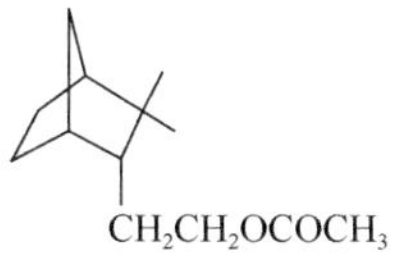	53.0	1.7243
19	内型异莰烷基甲醇丙酸酯	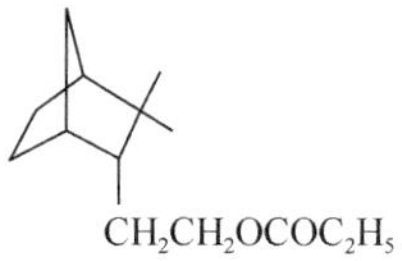	56.8	1.7543
20	内型 1-异莰烷基-3-戊醇乙酸酯	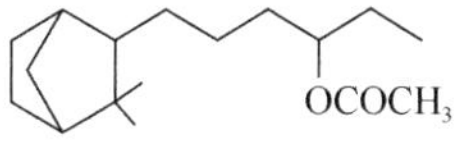	50.2	1.7007
21	内型 1-异莰烷基-3-己醇乙酸酯	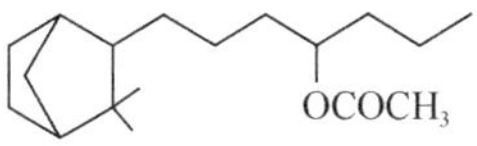	51.7	1.7135
22	内型 4-异莰烷基-3-乙基-2-丁醇乙酸酯	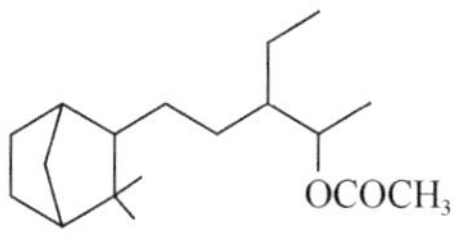	51.5	1.7118

本研究涉及的 5 种引诱物包括 L-乳酸、氨、1-辛烯-3-醇、甲酸、碳酸（二氧化碳水合物），具体的结构信息列于表 7-2。L-乳酸、氨、1-辛烯-3-醇 3 种化合物是被广为研究的人体引诱物，具有很强的代表性。甲酸是小分子羧酸中对蚊虫刺激最为强烈的化合物（Cork and Park，1996），可作为小分子羧酸的代表化合物。在前人的研究中，在测试二氧化碳的引诱作用时，通常是与湿润的空气同时释放（Hoel et al.，2007），作者推测二氧化碳在湿润的空气中可能与水发生化合，因此，在研究二氧化碳与驱避化合物相互作用时，二氧化碳的水合物碳酸是一个不容忽视并值得研究的物质。

表 7-2 5 种引诱物的结构

序号	结构名称	结构式
1	L-乳酸	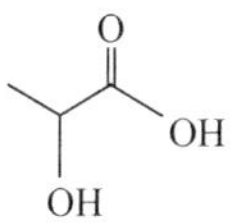
2	氨	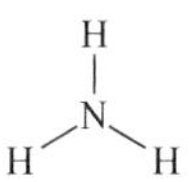

续表

序号	结构名称	结构式
3	1-辛烯-3-醇	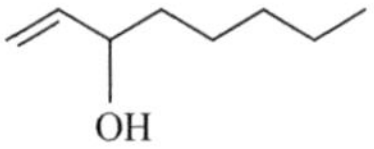
4	甲酸	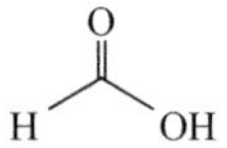
5	碳酸	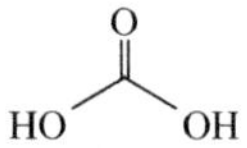

2. 缔合作用的计算

（1）计算软件

Gaussian View 4.1：该软件主要的功能是构建 Gaussian 的输入文件和以图的形式显示 Gaussian 计算的结果。

Gaussian 03W：Gaussian 是一个功能强大的量子化学综合软件包。可以计算的范围包括：过渡态能量和结构、键和反应能量、分子轨道、原子电荷和电势、振动频率、红外和拉曼光谱、核磁性质、极化率和超极化率、热力学性质、反应路径，也可以对体系的基态或激发态执行计算。其可执行程序可在不同型号的大型计算机、超级计算机、工作站和个人计算机上运行，并有相应的版本。本研究所使用的版本为 Gaussian 03W。

Ampac：Ampac 是一款半经验量子力学程序，计算速度快。它包含图形用户界面，可以构造分子和图形显示全部计算结果。应用于本研究，主要是因为 Gaussian 优化后的结构文件格式与 Codessa 不兼容，因此，通过 Ampac 进行一个格式的转换，同时计算 Codessa 所需要的描述符。

Agui 8.16：该软件主要的功能是以图的形式显示 Ampac 软件计算的结果。

（2）结构构建与几何优化

首先，进行驱避化合物、引诱化合物和引诱化合物-驱避化合物缔合体的结构构建。

应用 Gaussian View 4.1 软件构建 22 个萜类驱避化合物的三维结构图，具体的操作过程如下：打开 Gaussian View 4.1 软件，按照 22 个萜类驱避化合物的分子结构式，在内置的元素周期表和基团列表内选择合适的原子、基团在作图界面进行正确连接或取代。完成作图后，以 gaussian input 文件的形式保存在指定文件夹内。

应用 Gaussian View 4.1 软件以上述方法构建 5 种引诱化合物的三维结构图。

图 7-1 所示的是缔合体构建的简略过程。

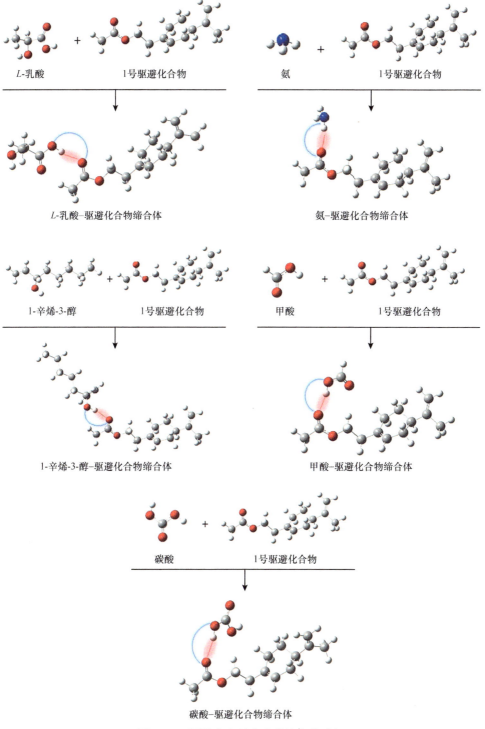

图 7-1 引诱物与驱避化合物缔合的过程

为了减少缔合体结构优化所耗费的时间,在驱避化合物结构优化完成后,再在优化后的驱避化合物上进一步构建缔合体。缔合体构建的具体过程如下:应用 Gaussian View 4.1 软件打开已优化好的驱避化合物的三维结构,通过旋转驱避化合物分子,观察可能发生缔合作用的部位,在可能发生缔合作用的部位补充构建引诱化合物,一个驱避剂分子可能会有多个可供缔合的位点,因此每个结合位点都可以构建一个缔合体,在结构优化完毕后,对比同一个驱避剂在不同缔合位点构建的缔合体的能量,剔除能量高的缔合体。通过软件内置的键长、键角和二面角调整工具对缔合体的两个部分——引诱化合物和驱避化合物之间的相对位置进行调整,调整到相对理想的构型能够大量减少结构优化的时间。完成调整后,同样以 gaussian input 文件的形式另存在指定的文件夹内。

其次,驱避化合物、引诱化合物和引诱化合物-驱避化合物缔合体的结构优化。

将以上构建的结构导入 Gaussian 03W 软件进行结构优化。几何优化以获得能量最低的构象为目的。计算水平为 HF/6-31G(d)。受计算机性能、缔合体分子量大小和缔合体构象不同的影响,计算所耗费的时间也有差别,本研究中单个缔合体优化构象所耗费的时间在 0~24h。结构优化过程中会以 gaussian output 文件的形式自动保存计算结果。

在结构优化结束后,通过 Ampac 软件转换计算后,gaussian output 文件将会被转换为 ampac output 文件。在该文件中,可以查找到单个结构的能量。

(3)缔合能量、距离和角度计算

在 ampac output 文件中可以获得各个分子构象的能量和缔合体的能量,首先计算缔合前驱避化合物分子的能量与引诱化合物分子的能量之和,再与缔合体的能量相减,所得差值即为缔合能量。计算公式如下:

$$E(\text{Association}) = E(\text{Attractant}) + E(\text{Repellent}) - E(\text{Complex}) \tag{7-1}$$

式中,E(Association) 表示缔合能量;E(Attractant) 表示引诱化合物分子的能量;E(Repellent) 表示驱避化合物分子的能量;E(Complex) 表示缔合体的能量。

在结构优化结束后,利用 Agui 8.16 软件打开 ampac output 文件,可以测算缔合部位的缔合距离和缔合角度。另一种获取缔合距离和缔合角度的方法为,以写字板或记事本的方式打开 ampac output 文件,从内部记载的内容中查找缔合距离和缔合角度。

7.1.1.2 结果与分析

1. 缔合能量

利用 Ampac 优化所有的驱避化合物、引诱化合物和两者形成的缔合体的结构之后,可以详细了解它们各自的能量。根据式(7-1),可以得到上述 5 种引诱化合物与 22 个萜类驱避化合物缔合的缔合能量,获得的缔合能量列于表 7-3。

表 7-3 缔合能量 （单位: kJ/mol）

编号	L-乳酸-驱避剂	氨-驱避剂	1-辛烯-3-醇-驱避剂	甲酸-驱避剂	碳酸-驱避剂
1	21.9	8.3	15.8	20.7	20.2
2	20.4	15.3	16.7	21.0	17.7
3	16.5	13.0	8.6	25.5	29.2
4	24.9	10.3	10.2	23.1	26.7
5	22.1	19.9	10.5	21.0	26.9
6	25.0	19.9	14.0	26.1	25.3
7	25.3	14.1	10.6	19.6	23.1
8	22.1	13.8	16.8	21.7	23.4
9	18.8	14.7	16.5	19.0	23.7
10	18.0	12.6	10.5	22.2	21.3
11	16.6	12.1	13.4	16.4	17.0
12	17.4	13.7	12.8	17.2	20.6
13	17.3	13.5	11.8	17.7	22.3
14	24.3	10.2	14.2	24.1	29.9
15	21.9	14.3	16.0	21.5	26.2
16	20.0	15.0	14.6	18.2	25.6
17	18.7	12.7	8.3	15.5	19.5
18	19.7	14.3	18.5	19.4	24.2
19	19.7	14.4	17.1	19.3	24.1
20	18.8	12.9	17.3	18.5	23.1
21	19.2	15.9	16.0	18.5	22.4
22	18.6	13.7	14.0	18.2	16.2
平均	20.3	13.8	13.8	20.2	23.1

由表 7-3 可知，碳酸与萜类驱避化合物形成缔合体（碳酸-驱避化合物缔合体）的缔合能量较其他 4 组高，平均值达到 23kJ/mol 左右。L-乳酸和甲酸分别与驱避化合物形成缔合体（L-乳酸-驱避化合物缔合体和甲酸-驱避化合物缔合体）的缔合能量相近，平均值达到 20kJ/mol 左右，氨和 1-辛烯-3-醇分别与驱避化合物形成缔合体（氨-驱避化合物缔合体和 1-辛烯-3-醇-驱避化合物缔合体）的缔合能量也相近，大约为 14kJ/mol。产生这一结果可能是因为不同引诱物参与缔合的基团存在差异，L-乳酸、甲酸和碳酸参与缔合的部位主要是羧基上的羟基，而氨和 1-辛烯-3-醇参与缔合的部位分别为氮氢基团和羟基，由于羧基存在诱导作用，L-乳酸和甲酸与驱避剂形成的缔合体相对于氨及 1-辛烯-3-醇与驱避剂形成的缔合体更加稳定，所有缔合能量更大。

2. 缔合距离和缔合角度

表 7-4~表 7-8 分别是 L-乳酸-驱避化合物缔合体、氨-驱避化合物缔合体、1-辛烯-3-醇-驱避化合物缔合体、甲酸-驱避化合物缔合体和碳酸-驱避化合物缔合体的缔合距离与缔合角度。

表 7-4 L-乳酸-驱避化合物缔合体的缔合距离和缔合角度

编号	缔合类型	距离/Å	角度/(°)	编号	缔合类型	距离/Å	角度/(°)
1	—OH⋯O=C<	2.0847	176.03	11	—OH⋯O<	2.1247	172.40
2	—OH⋯O=C<	2.0913	169.21	12	—OH⋯O<	2.0794	169.73
3	—OH⋯O<	2.0775	146.61	13	—OH⋯O<	2.0807	172.16
4	—OH⋯O=C<	2.0850	166.69	14	—OH⋯O=C<	2.0836	166.65
5	—OH⋯O=C<	2.0955	168.85	15	—OH⋯O=C<	2.0928	173.99
6	—OH⋯O=C<	2.1169	169.68	16	—OH⋯O=C<	2.1776	166.16
	>O⋯HO—	2.2046	156.19		—OH⋯O<	2.5083	126.14
	—OH⋯O<	2.5144	120.58	17	—OH⋯O<	2.0898	169.20
7	—OH⋯O<	2.0470	153.25	18	—OH⋯O=C<	2.1255	163.68
	>C=O⋯HO—	2.2045	117.24	19	—OH⋯O=C<	2.1247	165.46
8	—OH⋯O=C<	2.0872	174.03	20	—OH⋯O=C<	2.1177	168.31
9	—OH⋯O=C<	2.1248	174.95	21	—OH⋯O=C<	2.1213	156.00
10	—OH⋯O<	2.0795	165.15	22	—OH⋯O=C<	2.1326	164.58

表 7-5 氨-驱避化合物缔合体的缔合距离和缔合角度

编号	缔合类型	距离/Å	角度/(°)	编号	缔合类型	距离/Å	角度/(°)
1	>NH⋯O=C<	2.301	169.7	10	>NH⋯O<	2.426	106.8
2	>NH⋯O=C<	2.496	102.1		>NH⋯O<	2.430	106.5
	>NH⋯O=C<	2.418	107.2	11	>NH⋯O<	2.578	95.2
3	>NH⋯O<	2.411	106.9		>NH⋯O<	2.530	98.0
	>NH⋯O<	2.435	105.3	12	>NH⋯O<	2.510	100.3
4	>N⋯HO—	2.692	169.5		>NH⋯O<	2.514	100.1
5	>NH⋯O<	2.265	138.6	13	>NH⋯O<	2.596	94.5
	>NH⋯O=C<	2.369	115.7		>NH⋯O<	2.512	99.6
6	>NH⋯O<	2.253	140.0	14	>NH⋯O=C<	2.274	154.3
	>NH⋯O<	2.369	115.8	15	>NH⋯O<	2.527	98.6
7	>NH⋯O<	2.363	110.1		>NH⋯O<	2.511	99.5
	>NH⋯O<	2.585	95.9	16	>NH⋯O=C<	2.329	113.8
8	—NH⋯O=C<	2.161	179.7	17	>NH⋯O<	2.504	103.3
9	>NH⋯O=C<	2.525	98.6		>NH⋯O<	2.396	110.6
	>NH⋯O=C<	2.541	97.6	18	>NH⋯O=C<	2.339	112.4

编号	缔合类型	距离/Å	角度/(°)	编号	缔合类型	距离/Å	角度/(°)
19	>NH⋯O=C<	2.348	111.9	22	>NH⋯O=C<	2.637	92.5
20	>NH⋯O=C<	2.163	176.5		>NH⋯O=C<	2.406	106.8
21	>NH⋯O=C<	2.472	103.6				
	>NH⋯O=C<	2.426	106.6				
	>NH⋯O<	3.942	118.9				

表 7-6 1-辛烯-3-醇-驱避化合物缔合体的缔合距离和缔合角度

编号	缔合类型	距离/Å	角度/(°)	编号	缔合类型	距离/Å	角度/(°)
1	—OH⋯O=C<	2.155	144.5	12	—OH⋯O<	2.155	151.8
2	—OH⋯O=C<	2.181	148.3	13	—OH⋯O<	2.187	155.6
3	—OH⋯O<	2.179	164.2	14	—OH⋯O=C<	2.196	169.6
4	—OH⋯O=C<	2.227	160.7		—OH⋯O<	2.531	121.7
	—OH⋯O<	2.363	141.4	15	—OH⋯O=C<	2.165	137.1
5	—OH⋯O=C<	2.214	155.8	16	—OH⋯O=C<	2.627	152.1
6	—OH⋯O=C<	2.173	166.7		—OH⋯O<	2.176	132.1
7	—OH⋯O<	2.172	163.6	17	—OH⋯O<	2.184	162.7
8	—OH⋯O=C<	2.185	177.6	18	—OH⋯O<	2.191	153.8
	—OH⋯O<	2.466	125.8	19	—OH⋯O<	2.183	163.8
9	—OH⋯O=C<	2.186	174.8	20	—OH⋯O<	2.186	173.7
	—OH⋯O<	2.385	127.6	21	—OH⋯O<	2.159	139.4
10	—OH⋯O<	2.148	161.9	22	—OH⋯O<	2.221	138.5
11	—OH⋯O<	2.187	154.5				

表 7-7 甲酸-驱避化合物缔合体的缔合距离和缔合角度

编号	缔合类型	距离/Å	角度/(°)	编号	缔合类型	距离/Å	角度/(°)
1	—OH⋯O=C<	2.131	172.3	11	—OH⋯O<	2.133	179.0
2	—OH⋯O=C<	2.131	172.4	12	—OH⋯O<	2.081	174.3
3	—OH⋯O<	2.081	146.7	13	—OH⋯O<	2.090	159.3
4	—OH⋯O=C<	2.172	172.8	14	—OH⋯O=C<	2.088	166.8
	>C=O⋯HO—	2.354	167.9	15	—OH⋯O=C<	2.102	179.7
5	—OH⋯O=C<	2.150	175.0	16	—OH⋯O=C<	2.136	177.2
6	—OH⋯O=C<	2.206	146.4	17	—OH⋯O<	2.151	170.3
	>C=O⋯HO—	2.436	161.7	18	—OH⋯O<	2.130	177.2
7	—OH⋯O<	2.096	163.6	19	—OH⋯O=C<	2.131	177.8
8	—OH⋯O=C<	2.100	178.8	20	—OH⋯O=C<	2.124	177.0
9	—OH⋯O=C<	2.111	172.9	21	—OH⋯O=C<	2.123	175.6
10	—OH⋯O<	2.106	150.5	22	—OH⋯O=C<	2.138	168.2
	>C=O⋯HO—	2.140	121.0				

表 7-8 碳酸-驱避化合物缔合体的缔合距离和缔合角度

编号	缔合类型	距离/Å	角度/(°)	编号	缔合类型	距离/Å	角度/(°)
1	—OH···O=C<	2.109	170.7	10	—OH···O<	2.064	159.1
2	—OH···O=C<	2.097	167.1	11	—OH···O<	2.042	157.9
3	—OH···O<	2.024	146.8	12	—OH···O<	2.048	168.6
	>C=O···HO—	2.161	115.6	13	—OH···O<	2.061	163.6
4	—OH···O=C<	2.096	154.7	14	—OH···O=C<	2.127	156.6
	—OH···O<	2.380	144.6		—OH···O<	2.304	142.7
5	—OH···O=C<	2.092	150.2	15	—OH···O=C<	2.138	147.1
	—OH···O<	2.308	149.0		—OH···O<	2.417	135.5
6	—OH···O<	2.040	148.7	16	—OH···O=C<	2.141	147.1
	>C=O···HO—	2.174	119.5		—OH···O<	2.395	135.9
7	—OH···O<	2.013	157.7	17	—OH···O=C<	2.110	175.5
	>O HO—	2.282	106.3	18	—OH···O=C<	2.101	177.5
8	—OH···O=C<	2.096	154.2	19	—OH···O=C<	2.100	176.7
	—OH···O<	2.284	139.4	20	—OH···O=C<	2.094	176.4
9	—OH···O=C<	2.090	161.7	21	—OH···O=C<	2.095	177.0
	—OH···O<	3.384	134.3	22	—OH···O=C<	2.083	172.0

由表 7-4 可知，在 L-乳酸与驱避化合物缔合时，通常情况下，L-乳酸充当的是氢键缔合（O—H···O）中氢的供体，驱避化合物充当氢的受体。L-乳酸分子具有两个羟基，一个连在羧基的 α-碳上，另一个是羧基内部的羟基。实验发现，缔合体结构优化结束后，在优势构象中，L-乳酸主要是通过羧基内部的羟基与驱避化合物的含氧基团缔合。由于有些驱避化合物分子中同样具有羟基，因此驱避化合物分子也可以作为氢键缔合（O—H···O）中氢的供体，如 6 号和 7 号缔合体。另外，一些驱避化合物分子中含有多个氧原子时，可产生多种类型的氢键缔合，如 6 号、7 号和 16 号缔合体。

由表 7-5 可知，氨分子与驱避化合物缔合时，氨分子充当的是氢键缔合（N—H···O）中氢的供体，驱避化合物充当氢的受体。由于氨分子含有 3 个氢原子，因此在一个缔合体中，氨分子可以提供多个氢参与氢键缔合，除 1 号、4 号、8 号、14 号、16 号、18 号、19 号和 20 号缔合体以外，其他的缔合体都存在多种缔合类型。与 L-乳酸-驱避化合物缔合作用一样，一些驱避化合物分子中含有多个氧原子时，也可产生多种类型的氢键缔合。

由表 7-6 可知，1-辛烯-3-醇与驱避化合物缔合时，1-辛烯-3-醇在氢键缔合（O—H···O）过程中充当氢的供体，驱避化合物充当氢的受体。由于 1-辛烯-3-醇只有一个羟基可以用于缔合，因此相对于 L-乳酸或氨分子与驱避化合物缔合的类型，其与驱避化合物缔合的类型更为简单，4 号、8 号、9 号、14 号和 16 号出现两种缔合类型的主要原因是驱避化合物分子中含有多个氧原子。

由表 7-7 可知，甲酸与驱避化合物缔合时，甲酸在氢键缔合（O—H⋯O）过程中充当氢的供体，驱避化合物充当氢的受体。由于甲酸也只含有一个羟基可以用于缔合作用，因此甲酸与驱避化合物缔合的类型也相对简单。4 号、6 号、10 号缔合体存在两种缔合类型的主要原因同样是驱避化合物分子中含有多个氧原子。

由表 7-8 可知，碳酸与驱避化合物缔合时，碳酸在氢键缔合（O—H⋯O）过程中充当氢的供体，驱避化合物充当氢的受体。由于碳酸含有两个羟基可以用于缔合作用，因此碳酸与驱避化合物缔合的类型也有多种。3 号、6 号和 7 号缔合体还存在以碳酸作为氢的受体、驱避化合物作为氢的供体的缔合类型。驱避化合物分子中含有多个氧原子是缔合类型多样化的另一个原因。

7.1.1.3 小结

利用理论计算方法研究了 22 个驱避化合物与人体主要的 5 种引诱物的相互作用。结果表明：萜类驱避化合物与人体主要的 5 种引诱物之间存在强度不等的相互作用，这些相互作用的形式以氢键相互作用为主。一般而言，分子间氢键的键能在 10～65kJ/mol，氢键的距离根据氢键组成原子的不同而不同，氢键的键角应大于 90°，接近 180°。本研究中，碳酸与萜类驱避化合物的缔合能量达到 23kJ/mol 左右，L-乳酸和甲酸与驱避化合物的缔合能量均达到 20kJ/mol 左右，氨和 1-辛烯-3-醇与驱避化合物的缔合能量均达到 14kJ/mol 左右，就强度而言，以上缔合作用属于中等偏弱的氢键作用。上述氢键缔合距离的范围为 2.0～4.0Å，而缔合角度处于 90°～180°。

研究还显示，由于参与缔合作用的引诱物和驱避化合物存在差异，因此氢键作用的类型不同。碳酸、L-乳酸和氨三个引诱化合物由于含有多个羟基或氮氢基团，在与驱避化合物发生缔合时，缔合的类型比只含有一个羟基的 1-辛烯-3-醇和甲酸要丰富。另外，驱避化合物分子中含有多个氧原子是缔合类型多样化的另一个原因。

7.1.2 缔合体特征区域描述符的设计与计算

以结构图形的形式来表示化合物的结构式是常用的方式之一，然而在研究化学物质的化学结构与其活性的相互关系时，人们通常需要对化学结构进行数字化处理，即利用结构描述符来描述整个结构。

结构描述符可以通过一系列的软件计算生成。结构描述符主要可以分为两大类：一类是特征区域描述符，另一类是分子描述符。分子描述符可以由软件直接计算获得，而特征区域描述符则需要自主设计后再进行计算。通过研究定量构效关系的方法探讨缔合作用对驱避活性的影响，需要寻找缔合作用相关描述符和驱避活性的关系，缔合体特征区域描述符是由涉及缔合作用的重要基团计算得出的，是与缔合作用密切相关的描述符。因此，缔合体特征区域的自主设计及其描述符的计算对于探讨缔合作用对驱避活性的影响具有重要意义。本研究应用 Codessa 2.7.10 软件,自主设计了 5 种引诱化合物分别与 22 个驱避化合物发生缔合作用时缔合区域内的特征区域,并计算这些区域的描述符,描述符类型包括:结构组成描述符、拓扑描述符、几何描述符和量子化学描述符。

7.1.2.1　设计与计算

1. 计算软件

Codessa 2.7.10:全称为 Comprehensive Descriptors for Structural and Statistical Analysis,是一款多用途的化学计算软件,主要功能是进行定量构效关系和定量构性关系(QSAR/QSPR)统计分析与预测。根据导入的分子几何或电子结构,Codessa 2.7.10 软件可以对每个分子进行计算并产生超过 400 个分子描述符。其中包含了许多描述分子属性的描述符,如拓扑连通性指数、分子中与电荷分布相依存的性质、不同温度下的热力学功能及溶解性能等。利用 Codessa 2.7.10 软件,可以产生一些新的描述符。该软件还可以通过已算得的描述符和标准的数学方程计算出新的描述符。

2. 特征区域描述符的设计

特征区域描述符是指对由缔合区域可能对缔合作用产生影响的原子、基团或分子片段所组成的特征区域进行计算产生的描述符。特征区域描述符自主设计的大致步骤如下:在 Codessa 软件中选择菜单栏的描述符选项后,选择区域描述符计算,随后出现包含所有结构列表的对话框,在对话框中逐一选择结构进行区域设计;区域设计过程中,根据缔合作用的具体情况,选择特征的原子或基团,通过点击鼠标左键将其选择。5 类缔合体特征区域的设计情况列于表 7-9~表 7-13。

表 7-9　L-乳酸-驱避化合物缔合体特征区域描述符

缔合体编号	缔合特征区域(引诱物-驱避剂)	描述符个数	缔合体编号	缔合特征区域(引诱物-驱避剂)	描述符个数
1	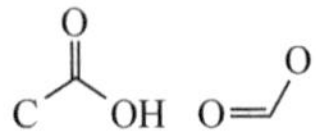 (结构图)	370	4	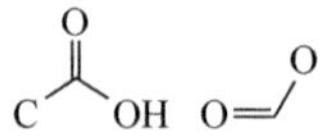 (结构图)	
2	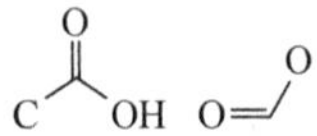 (结构图)	370	5	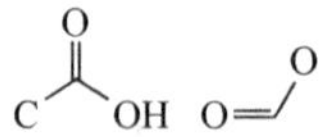 (结构图)	
3	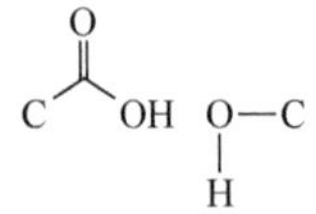 (结构图)	370	6	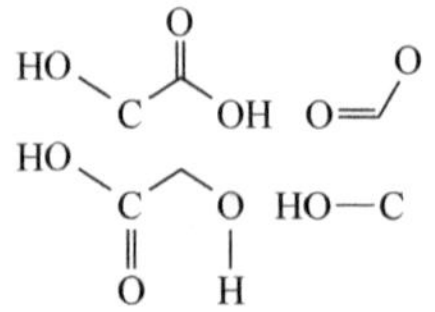 (结构图)	

第 7 章　驱避化合物与引诱物分子缔合作用的理论计算

缔合体编号	缔合特征区域（引诱物-驱避剂）	描述符个数	缔合体编号	缔合特征区域（引诱物-驱避剂）	描述符个数
7	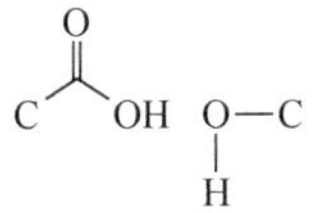	370	15	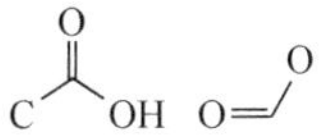	370
8	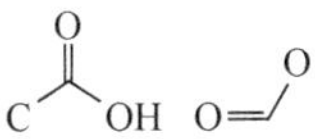	370	16	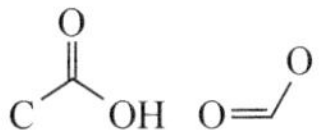	370
9	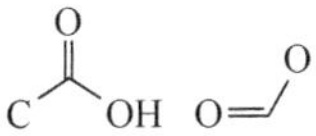	370	17	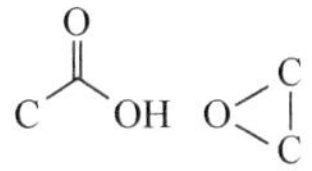	370
10	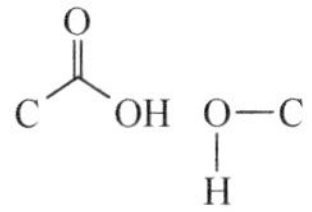	370	18	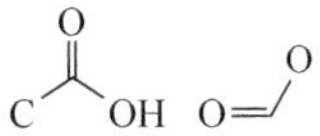	370
11	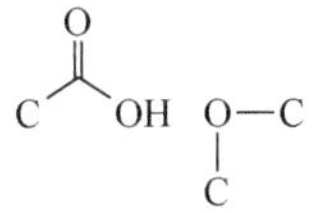	370	19	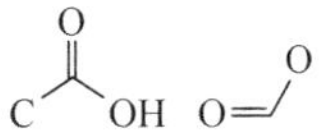	370
12	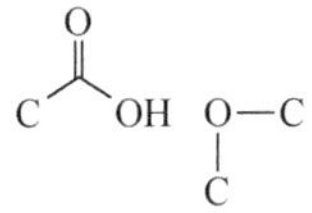	370	20	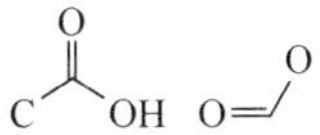	370
13	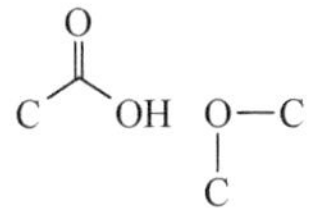	370	21	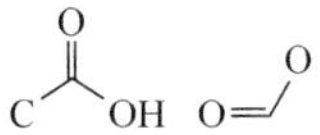	370
14	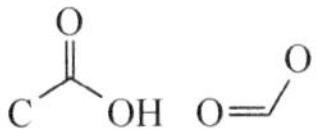	370	22	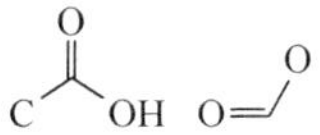	370

表 7-10　氨-驱避化合物缔合体特征区域描述符

缔合体编号	缔合特征区域（引诱物-驱避剂）	描述符个数	缔合体编号	缔合特征区域（引诱物-驱避剂）	描述符个数
1	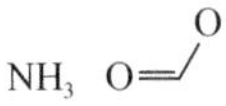	381	4	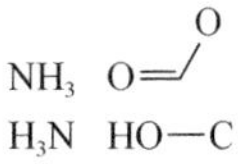	390
2	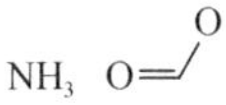	382	5	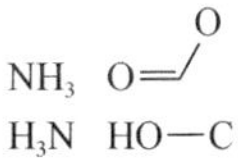	390
3	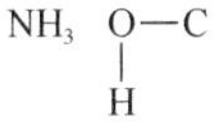	391	6	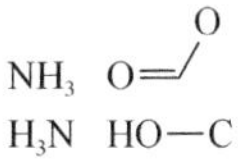	391

缔合体编号	缔合特征区域（引诱物-驱避剂）	描述符个数	缔合体编号	缔合特征区域（引诱物-驱避剂）	描述符个数
7	NH₃ O—C(H)	391	15	NH₃ O=	381
8	NH₃ O=	381	16	NH₃ O=	382
9	NH₃ O=	382	17	NH₃ O(C,C)	391
10	NH₃ O—C(H)	382	18	NH₃ O=	381
11	NH₃ O—C(H)	381	19	NH₃ O=	382
12	NH₃ O—C	382	20	NH₃ O=	381
13	NH₃ O—C	382	21	NH₃ O=	381
14	NH₃ O=	381	22	NH₃ O=	381

表 7-11 1-辛烯-3-醇-驱避化合物缔合体特征区域描述符

缔合体编号	缔合特征区域（引诱物-驱避剂）	描述符个数	缔合体编号	缔合特征区域（引诱物-驱避剂）	描述符个数
1	³/₂ OH O=	370	6	³/₂ OH O=	370
2	³/₂ OH O=	370	7	³/₂ OH O—C(H)	370
3	³/₂ OH O—C(H)	370	8	³/₂ OH O=	370
4	³/₂ OH O=	370	9	³/₂ OH O=	370
5	³/₂ OH O=	370	10	³/₂ OH O—C(H)	370

第7章 驱避化合物与引诱物分子缔合作用的理论计算

缔合体编号	缔合特征区域 （引诱物-驱避剂）	描述符个数	缔合体编号	缔合特征区域 （引诱物-驱避剂）	描述符个数
11	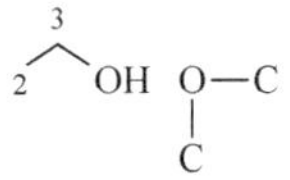 ²⁄OH O—C 　　　　C	370	17	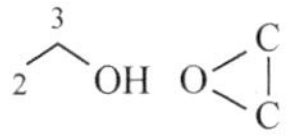 ²⁄OH O⟨C 　　　　C	370
12	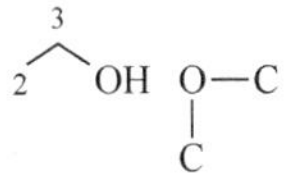 ²⁄OH O—C 　　　　C	370	18	 ²⁄OH O=	370
13	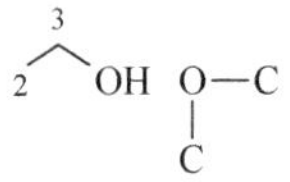 ²⁄OH O—C 　　　　C	370	19	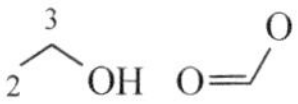 ²⁄OH O=	370
14	 ²⁄OH O=	370	20	 ²⁄OH O=	370
15	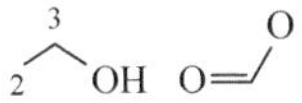 ²⁄OH O=	370	21	 ²⁄OH O=	370
16	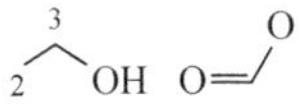 ²⁄OH O=	370	22	 ²⁄OH O=	370

注：特征区域出现的数值表示这两个原子是1-辛烯-3-醇中编号分别为2和3的两个碳原子

表7-12 甲酸-驱避化合物缔合体特征区域描述符

缔合体编号	缔合特征区域 （引诱物-驱避剂）	描述符个数	缔合体编号	缔合特征区域 （引诱物-驱避剂）	描述符个数
1	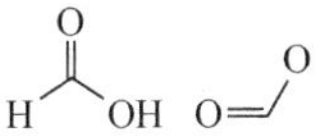 H—COOH O=	369	5	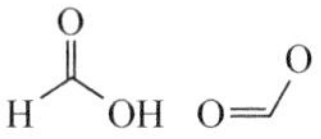 H—COOH O=	369
2	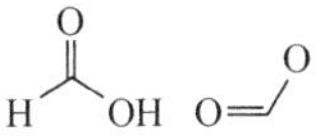 H—COOH O=	370	6	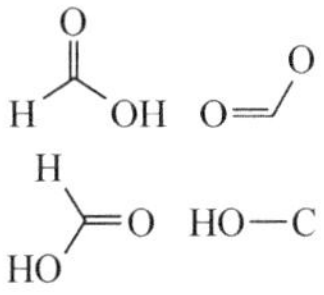 H—COOH O= H—CO HO—C HO	370
3	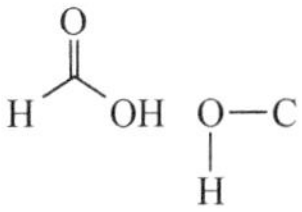 H—COOH O—C 　　　　H	370	7	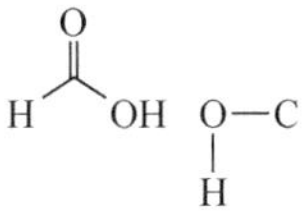 H—COOH O—C 　　　　H	370
4	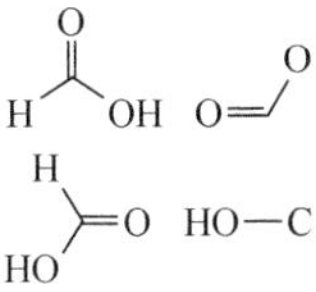 H—COOH O= H—CO HO—C HO	369	8	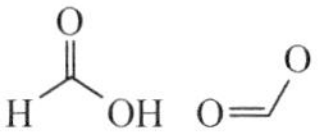 H—COOH O=	369

缔合体编号	缔合特征区域（引诱物-驱避剂）	描述符个数	缔合体编号	缔合特征区域（引诱物-驱避剂）	描述符个数
9	(structure)	370	16	(structure)	370
10	(structure)	369	17	(structure)	379
11	(structure)	369	18	(structure)	369
12	(structure)	370	19	(structure)	370
13	(structure)	370	20	(structure)	369
14	(structure)	369	21	(structure)	369
15	(structure)	369	22	(structure)	369

表 7-13　碳酸-驱避化合物缔合体特征区域描述符

缔合体编号	缔合特征区域（引诱物-驱避剂）	描述符个数	缔合体编号	缔合特征区域（引诱物-驱避剂）	描述符个数
1	(structure)	360	5	(structure)	360
2	(structure)	361	6	(structure)	360
3	(structure)	361	7	(structure)	361
4	(structure)	360	8	(structure)	360

缔合体编号	缔合特征区域（引诱物-驱避剂）	描述符个数	缔合体编号	缔合特征区域（引诱物-驱避剂）	描述符个数
9		361	16		361
10		360	17		370
11		360	18		360
12		361	19		361
13		361	20		360
14		360	21		360
15		360	22		360

3. 特征区域描述符的计算

在完成区域的选择后，点击计算区域描述符，Codessa 软件将生成大量的描述符，由特征区域计算出的描述符包括 4 种类型：结构组成描述符、拓扑描述符、几何描述符和量子化学描述符。在计算过程中，由于缔合区域的不同，计算获得的描述符个数也会有一定的差异。

7.1.2.2 结果与分析

表 7-9 显示的是 L-乳酸与萜类驱避化合物缔合体的特征区域和计算所得描述符的数量。缔合特征区域的左边部分来自引诱物，右边部分来自驱避化合物（其他缔合体的缔合特征区域也是如此）。在选择缔合区域时，由于 α-碳也连有羟基，在缔合过程中，需要考虑其对缔合的影响。

表 7-10 显示的是氨-驱避化合物缔合体的特征区域和计算所得描述符的数量。氨分子与驱避化合物发生缔合作用时，考虑到氨分子含有的三个氢原子属于等效原子，所以将整个氨分子都选入到缔合区域中。

表 7-11 显示的是 1-辛烯-3-醇-驱避化合物缔合体的特征区域和计算所得描述符的数量。在选择缔合区域时，考虑到 1-辛烯-3-醇中双键可能对缔合作用产生影响，因此缔合区域的引诱物部分选择了羟基及与其相连的碳原子，另外再加上双键上的一个碳原子。

表 7-12 显示的是甲酸-驱避化合物缔合体的特征区域和计算所得描述符的数量。在选择缔合区域时，考虑到甲酸分子较小，整个分子可以与驱避化合物以多个角度、多种形式缔合，因此将整个甲酸分子作为特征区域的一部分。

表 7-13 显示的是碳酸-驱避化合物缔合体的特征区域和计算所得描述符的数量。在选择缔合区域时，由于碳酸具有两个羟基，这两个羟基可能对缔合作用都存在影响，因此将碳酸整个分子作为特征区域的一部分。

7.1.2.3 小结

本研究应用 Codessa 2.7.10 软件自主设计了 5 种引诱化合物分别与 22 个驱避化合物发生缔合作用时缔合区域内的特征区域，并计算了这些区域的描述符，结果如下。

自主设计获得了 L-乳酸-驱避化合物缔合体缔合部位的特征区域、氨-驱避化合物缔合体缔合部位的特征区域、1-辛烯-3-醇-驱避化合物缔合体缔合部位的特征区域、甲酸-驱避化合物缔合体缔合部位的特征区域和碳酸-驱避化合物缔合体缔合部位的特征区域，并通过计算获得了大量的特征区域描述符。

上述获得的这些描述符是与缔合作用密切相关的描述符，通过分析这些描述符与驱避活性的相关关系，将可以了解到缔合作用对驱避活性的影响。

7.1.3 双分子缔合对驱避活性影响的定量计算

物质的结构决定了它们的性质，然而，目前还没有这样一种方法能根据分子的结构来直接预测它们的性质。该问题可以用一种间接的方法来解决，即建立化合物的定量构性关系（quantitative structure-property relationship，QSPR）和定量构效关系（QSAR）模型，这些模型显示了分子结构描述符与我们感兴趣的各种物理化学性质或活性之间的定量函数关系，可利用各种理论学习方法和统计分析工具相结合来获得。

一个典型 QSPR/QSAR 研究的主要步骤如下：①获取活性数据；②将完成优化的化合物结构导入统计分析软件进行描述符计算；③计算分子结构描述符、特征区域描述符及导入与活性相关的描述符；④模型建立；⑤模型检验；⑥可能的机理分析（结果解释）等。

本研究借助定量构效关系研究的方法，通过分析缔合体分子结构描述符（包括特征区域描述符）与驱避活性的定量函数关系来确定引诱物-驱避化合物缔合体的结构和驱避活性的关系。

7.1.3.1 计算方法

参考 6.1.1.1 中的方法完成。

7.1.3.2 结果与分析

1. 分子描述符的计算

经计算，获得驱避化合物的分子描述符和 5 组缔合体的分子描述符分别为 400 多个。最终用于最佳定量构效关系模型建模参数筛选的描述符个数（驱避化合物分子描述符、引诱物-驱避化合物缔合体分子描述符和缔合特征区域描述符三者之和）达到 1100 个以上。

2. 最佳定量构效关系模型

（1）建模描述符的个数

利用启发式方法计算参与建模的描述符个数不同时，可获得不同模型的相关系数平方值及其各自对应留一法检验的相关系数平方值。表 7-14～表 7-18 分别显示的是 L-乳酸-驱避化合物模型、氨-驱避化合物模型、1-辛烯-3-醇-驱避化合物模型、甲酸-驱避化合物模型和碳酸-驱避化合物模型含有不同个数描述符时的相关系数平方值 R^2 及其留一法检验的相关系数平方值 R_{cv}^2。

表 7-14　不同描述符个数时 L-乳酸-驱避化合物模型的 R^2 和 R_{cv}^2

指标	1	2	3	4	5	6
R^2	0.5977	0.8585	0.9258	0.9423	0.9693	0.9837
R_{cv}^2	0.5132	0.8243	0.8764	0.8912	0.9202	0.9495

表 7-15　不同描述符个数时氨-驱避化合物模型的 R^2 和 R_{cv}^2

指标	1	2	3	4	5	6
R^2	0.5977	0.8585	0.9078	0.9471	0.9670	0.9850
R_{cv}^2	0.5132	0.8243	0.8660	0.9173	0.8921	0.9582

表 7-16　不同描述符个数时 1-辛烯-3-醇-驱避化合物模型的 R^2 和 R_{cv}^2

指标	1	2	3	4	5	6
R^2	0.5977	0.8585	0.9108	0.9344	0.9712	0.9838
R_{cv}^2	0.5132	0.8243	0.8662	0.8942	0.8926	0.9392

表 7-17　不同描述符个数时甲酸-驱避化合物模型的 R^2 和 R_{cv}^2

指标	1	2	3	4	5	6
R^2	0.5977	0.8585	0.9374	0.9593	0.9751	0.9860
R_{cv}^2	0.5132	0.8243	0.9040	0.4867	0.7746	0.9717

表 7-18　不同描述符个数时碳酸-驱避化合物模型的 R^2 和 R_{cv}^2

指标	1	2	3	4	5	6
R^2	0.5977	0.8585	0.9200	0.9581	0.9802	0.9868
R_{cv}^2	0.5132	0.8243	0.8860	0.3503	0.9487	0.9352

表 7-14 显示的是不同描述符个数时 L-乳酸-驱避化合物模型的 R^2 及 R_{cv}^2，当参与构建模型的描述符个数达到 4 时，模型的相关系数平方值为 0.9423，与三参数模型的相关系数平方值相比，$\Delta R^2=0.0165$，符合 $\Delta R^2 < 0.02 \sim 0.05$，根据转折点规则，选择参与建立 L-乳酸-驱避化合物模型的描述符个数为 3。

表 7-15 显示的是不同描述符个数时氨-驱避化合物模型的 R^2 及 R_{cv}^2，当参与构建模型的描述符个数达到 5 时，模型的相关系数平方值为 0.9670，与四参数模型的相关系数平方值相比，$\Delta R^2=0.0199$，符合 $\Delta R^2 < 0.02 \sim 0.05$。另外，由于五参数模型的 R_{cv}^2 较四参数模型的 R_{cv}^2 有所下降，说明从五参数模型开始出现过度拟合问题，模型的泛化能力和稳定性降低，综合考虑，选择参与建立氨-驱避化合物模型的描述符个数为 4。

表 7-16 显示的是不同描述符个数时 1-辛烯-3-醇-驱避化合物模型的 R^2 及 R_{cv}^2，当参与构建模型的描述符个数达到 5 时，模型的相关系数平方值为 0.9712，与四参数模型的相关系数平方值相比，$\Delta R^2=0.0368$，符合 $\Delta R^2 < 0.02 \sim 0.05$，另外，由于五参数模型的 R_{cv}^2 较四参数模型的 R_{cv}^2 有所下降，说明五参数模型同样出现过度拟合问题，模型的泛化能力和稳定性降低，综合考虑，选择参与建立 1-辛烯-3-醇-驱避化合物模型的描述符个数为 4。

表 7-17 显示的是不同描述符个数时甲酸-驱避化合物模型的 R^2 及 R_{cv}^2，当参与构建模型的描述符个数达到 4 时，模型的相关系数平方值为 0.9593，与三参数模型的相关系数平方值相比，$\Delta R^2=0.0219$，符合 $\Delta R^2 < 0.02 \sim 0.05$，另外，由于四参数模型的 R_{cv}^2 较三参数模型的 R_{cv}^2 呈大幅度下降，说明从四参数模型开始出现严重的过度拟合问题，模型的泛化能力和稳定性显著下降，综合考虑，选择参与建立甲酸-驱避化合物模型的描述符个数为 3。

表 7-18 显示的是不同描述符个数时碳酸-驱避化合物模型的 R^2 及 R_{cv}^2，当参与构建模型的描述符个数达到 4 时，模型的相关系数平方值为 0.9581，与三参数模型的相关系数平方值相比，$\Delta R^2=0.0381$，符合 $\Delta R^2 < 0.02 \sim 0.05$，另外，由于四参数模型的 R_{cv}^2 较三参数模型的 R_{cv}^2 呈大幅度下降，说明从四参数模型开始同样出

现严重的过度拟合问题，模型的泛化能力和稳定性显著下降，综合考虑，选择参与建立碳酸-驱避化合物模型的描述符个数为3。

（2）建模描述符的相关矩阵

确定了每个模型含有的描述符个数之后，研究将对筛选出的描述符进行相关性分析，获得5个描述符相关矩阵，见表7-19～表7-23。其中数据显示，任何一个描述符相关矩阵内任意两个描述符的相关性都不显著（相关系数小于0.8），因此，获得的这些描述符可以用于建立具有统计意义的定量构效关系模型。

表7-19　L-乳酸-驱避化合物模型的描述符相关矩阵

描述符	A	B	C
1	1.0000	−0.0139	0.0514
2		1.0000	−0.0958
3			1.0000

表7-20　氨-驱避化合物模型的描述符相关矩阵

描述符	A	B	C	D
1	1.0000	−0.0139	−0.3607	0.4716
2		1.0000	−0.3745	0.2346
3			1.0000	−0.2484
4				1.0000

表7-21　1-辛烯-3-醇-驱避化合物模型的描述符相关矩阵

描述符	A	B	C	D
1	1.0000	−0.0139	−0.2381	−0.3434
2		1.0000	0.4279	−0.6726
3			1.0000	−0.4745
4				1.0000

表7-22　甲酸-驱避化合物模型的描述符相关矩阵

描述符	A	B	C
1	1.0000	−0.0139	−0.0452
2		1.0000	−0.1720
3			1.0000

表 7-23 碳酸-驱避化合物模型的描述符相关矩阵

描述符	A	B	C
1	1.0000	−0.0139	−0.0694
2		1.0000	−0.0550
3			1.0000

在表 7-19 中，A（即 1）、B（即 2）和 C（即 3）分别代表的描述符是 M-Min nucleoph. react. index for a C atom、M-Min e-e repulsion for a H atom 和 COM-ESP-Min net atomic charge for a O atom。

在表 7-20 中，A（即 1）、B（即 2）、C（即 3）和 D（即 4）分别代表的描述符是 M-Min nucleoph. react. index for a C atom、M-Min e-e repulsion for a H atom、M-Max 1-electron react. index for a C atom 和 f-TerNH$_3$-ZX Shadow/ZX Rectangle。

在表 7-21 中，A（即 1）、B（即 2）、C（即 3）和 D（即 4）分别代表的描述符是 M-FHBCA Fractional HBCA(HBCA/TMSA)、M-Min nucleoph. react. index for a C atom、COM-Max 1-electron react. index for a C atom 和 f-TerOCT-A2R-exch. eng. + e-e rep. for a H-O bond。

在表 7-22 中，A（即 1）、B（即 2）和 C（即 3）分别代表的描述符是 M-Min nucleoph. react. index for a C atom、M-Min e-e repulsion for a H atom 和 COM-ESP-Min net atomic charge for a O atom。

在表 7-23 中，A（即 1）、B（即 2）和 C（即 3）分别代表的描述符是 M-Min nucleoph. react. index for a C atom、M-Min e-e repulsion for a H atom 和 f-TerTS A6R-ESP-Min net atomic charge。

（3）模型的构建

用由启发式方法筛选出的描述符构建定量构效关系模型，分别获得 L-乳酸-驱避化合物、氨-驱避化合物、1-辛烯-3-醇-驱避化合物、甲酸-驱避化合物、碳酸-驱避化合物共计 5 个最佳定量构效关系模型，见表 7-24～表 7-28。

表 7-24 L-乳酸-驱避化合物模型

描述符序号	回归系数	回归系数标准误	t 检验值	描述符
	$R^2=0.9258$, $R_{cv}^2=0.8764$, RMSE=0.0260, $F=74.87$, $n=22$			
	$\lg CRR_1 = -221.11A_1 - 0.33A_2 + 0.91A_3 + 2.94$			
A_0	2.94	0.12	25.54	Intercept
A_1	−221.11	20.90	−10.58	M-Min nucleoph. react. index for a C atom
A_2	−0.33	0.03	−9.73	M-Min e-e repulsion for a H atom
A_3	0.91	0.23	4.04	COM-ESP-Min net atomic charge for a O atom

注：M-为驱避化合物分子描述符；COM-为缔合体分子描述符；$\lg CRR_x$（$x=1, 2, 3, 4$）为校正驱避率的对数值；R^2 为相关系数平方值；R_{cv}^2 为留一法交互检验相关系数平方值；RMSE 为均方根误差；F 为 Fisher 检验值；n 为样本数。下同

表 7-25　氨-驱避化合物模型

描述符序号	回归系数	回归系数标准误	t 检验值	描述符
\multicolumn{5}{c}{$R^2=0.9471$, $R_{cv}^2=0.9173$, RMSE=0.0219, $F=76.13$, $n=22$}				
\multicolumn{5}{c}{$\lg CRR_2 = -222.48B_1 - 0.32B_2 + 1.40B_3 + 0.28B_4 + 2.35$}				
B_0	2.35	0.08	28.28	Inercept
B_1	−222.48	22.26	−9.99	M-Min nucleoph. react. index for a C atom
B_2	0.32	0.03	−9.68	M-Min e-e repulsion for a H atom
B_3	1.40	0.36	3.91	M-Max 1-electron react. index for a C atom
B_4	0.28	0.08	3.56	f-TerNH$_3$-ZX Shadow/ZX Rectangle

注：f-为缔合体特征区域描述符，下同

表 7-26　1-辛烯-3-醇-驱避化合物模型

描述符序号	回归系数	回归系数标准误	t 检验值	描述符
\multicolumn{5}{c}{$R^2=0.9369$, $R_{cv}^2=0.8998$, RMSE=0.0240, $F=63.04$, $n=22$}				
\multicolumn{5}{c}{$\lg CRR_3 = 2.35C_1 - 224.80C_2 + 1.83C_3 - 0.60C_4 + 42.49$}				
C_0	42.49	15.00	2.83	Intercept
C_1	2.35	0.30	7.85	M-FHBCA Fractional HBCA(HBCA/TMSA)
C_2	−224.80	23.47	−9.58	M-Min nucleoph. react. index for a C atom
C_3	1.83	0.37	4.91	COM-Max 1-electron react. index for a C atom
C_4	−0.60	0.22	−2.72	f-TerOCT-A2R-exch. eng. + e-e rep. for a H-O bond

表 7-27　甲酸-驱避化合物模型

描述符序号	回归系数	回归系数标准误	t 检验值	描述符
\multicolumn{5}{c}{$R^2=0.9374$, $R_{cv}^2=0.9040$, RMSE=0.0239, $F=89.89$, $n=22$}				
\multicolumn{5}{c}{$\lg CRR_4 = -212.45D_1 - 0.31D_2 + 0.85D_3 + 2.89$}				
D_0	2.89	0.09	30.57	Intercept
D_1	−212.45	19.19	−11.07	M-Min nucleoph. react. index for a C atom
D_2	−0.31	0.03	−10.08	M-Min e-e repulsion for a H atom
D_3	0.85	0.18	4.76	COM-ESP-Min net atomic charge for a O atom

表 7-28　碳酸-驱避化合物模型

描述符序号	回归系数	回归系数标准误	t 检验值	描述符
\multicolumn{5}{c}{$R^2=0.9200$, $R_{cv}^2=0.8860$, RMSE=0.0270, $F=69.01$, $n=22$}				
\multicolumn{5}{c}{$\lg CRR_5 = -211.19E_1 - 0.33E_2 + 0.62E_3 + 2.83$}				
E_0	2.83	0.10	27.42	Intercept
E_1	−211.19	21.73	−9.72	M-Min nucleoph. react. index for a C atom
E_2	−0.33	0.03	−9.56	M-Min e-e repulsion for a H atom
E_3	0.62	0.17	3.72	f-TerTS A6R-ESP-Min net atomic charge

根据显著性检验，22 个样本，显著性水平 $\alpha=0.01$ 时，3 个因素的 F 值为 4.82，4 个因素的 F 值为 4.31，表 7-24～表 7-28 中模型的 F 值远远大于这个检验值。5 个模型的相关系数平方值都比较高，表明获得的模型非常理想。

在获得的模型中，由 L-乳酸-驱避化合物缔合体和甲酸-驱避化合物缔合体计算而得的描述符都是 ESP-Min net atomic charge for a O atom（全称 Electronic static potential-Minimum net atomic charge for a O atom），属于静电描述符，表示缔合体氧原子最小净电荷。

来自氨-驱避化合物缔合体的描述符是 ZX Shadow/ZX Rectangle，该描述符由缔合特征区域计算得到，属于几何描述符，表示分子投射在 ZX 轴平面上的面积大小，可以反映缔合体的大小和形状。

来自 1-辛烯-3-醇-驱避化合物缔合体的描述符是 Max 1-electron react. index for a C atom（全称 Maximum 1-electron reactivity index for a C atom）和 exch. eng. + e-e rep. for a H-O bond（全称 exchange energy and electron-electron repulsion energy for a H-O bond）。前者是由缔合特征区域计算而得的描述符，属于量子化学描述符，表示碳原子最大 1-电子反应指数，与缔合作用的活化能有关，可以评估缔合体中碳原子的相对反应性。后者表示 H—O 键的电子交换能和电子排斥能，这两种能量是决定缔合体构象变换和自旋性质及原子反应性的重要因素（Song et al., 2013）。

来自碳酸-驱避化合物缔合体的描述符是 ESP-Min net atomic charge，是一个由缔合特征区域计算而得的描述符，属于静电描述符，表示缔合区域原子的最小净电荷。

由以上分析可知，由缔合体及缔合特征区域计算获得的描述符与驱避活性之间显著相关，缔合体的大小和形状、构象、自旋性质及缔合部位的静电能对驱避活性存在显著影响。

由表 7-24～表 7-28 可知，模型中的其他描述符是来自驱避化合物分子的描述符。除了 1-辛烯-3-醇-驱避化合物模型，其他几个模型的前两个描述符均为 Min nucleoph. react. index for a C atom（全称 Minimum nucleophilic reactivity index for a C atom）和 Min e-e repulsion for a H atom（全称 Minimum electron-electron repulsion energy for a H atom）。

Min nucleoph. react. index for a C atom 是量子化学描述符，可以评估萜类分子中碳原子的相对反应活度。Min e-e repulsion for a H atom 也是一个量子化学描述符，它与驱避化合物分子的原子反应活度及构象变化相关。

1-辛烯-3-醇-驱避化合物模型的前两个描述符为 FHBCA Fractional HBCA (HBCA/TMSA) 和 Min nucleoph. react. index for a C atom。

FHBCA Fractional HBCA (HBCA/TMSA) 是一个静电描述符，反应驱避化合物分子表面的电荷分布特征。

这些来自驱避化合物的分子描述符与驱避活性之间的相关性表明，驱避化合物分子结构及驱避化合物与引诱物缔合作用都对驱避活性产生贡献,因此,在研究驱避化合物作用机理的过程中,两个方面的影响都不能忽略。

(4)模型的检验

完成定量构效关系模型的建立之后,对模型的稳定性和预测能力进行检验,表 7-29～表 7-33 显示的分别是利用留一法和三重内部检验对获得的 5 个模型进行检验的结果。

表 7-29 L-乳酸-驱避化合物模型的检验

相关系数平方值	留一法交互检验相关系数平方值	训练集	训练集相关系数平方值	测试集	测试集相关系数平方值
0.9258	0.8764	A+B	0.9336	C	0.9501
		A+C	0.8901	B	0.9676
		B+C	0.9132	A	0.7836
		平均值	0.9123	平均值	0.9004

表 7-30 氨-驱避化合物模型的检验

相关系数平方值	留一法交互检验相关系数平方值	训练集	训练集相关系数平方值	测试集	测试集相关系数平方值
0.9471	0.9173	A+B	0.9516	C	0.9166
		A+C	0.8641	B	0.9529
		B+C	0.9697	A	0.9088
		平均值	0.9285	平均值	0.9261

表 7-31 1-辛烯-3-醇-驱避化合物模型的检验

相关系数平方值	留一法交互检验相关系数平方值	训练集	训练集相关系数平方值	测试集	测试集相关系数平方值
0.9369	0.8998	A+B	0.9161	C	0.9220
		A+C	0.8676	B	0.9659
		B+C	0.9693	A	0.8091
		平均值	0.9177	平均值	0.8990

表 7-32 甲酸-驱避化合物模型的检验

相关系数平方值	留一法交互检验相关系数平方值	训练集	训练集相关系数平方值	测试集	测试集相关系数平方值
0.9374	0.9040	A+B	0.9614	C	0.8158
		A+C	0.9243	B	0.9371
		B+C	0.9562	A	0.8889
		平均值	0.9473	平均值	0.8806

表 7-33　碳酸-驱避化合物模型的检验

相关系数平方值	留一法交互检验相关系数平方值	训练集	训练集相关系数平方值	测试集	测试集相关系数平方值
0.9200	0.8860	A+B	0.9265	C	0.9185
		A+C	0.8749	B	0.9687
		B+C	0.9132	A	0.7836
		平均值	0.9049	平均值	0.8903

根据获得的模型检验结果，对比模型的相关系数平方值、留一法交互检验相关系数平方值、训练集相关系数平方值和测试集相关系数平方值，可以获得较好的一致性，说明获得的模型具有良好的稳定性和预测能力。因此，这些模型可以很好地评估缔合体结构与其驱避活性之间的关系。

（5）模型预测值与实验值的对比

应用获得的模型对 22 个驱避剂分子的驱避活性进行预测，可以获得模型预测值。图 7-2 显示的是驱避剂分子驱避活性实验值与模型预测值之间的关系。

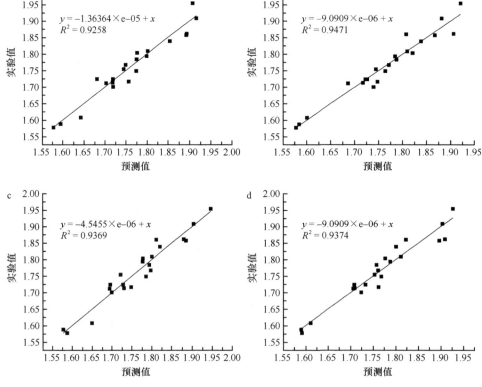

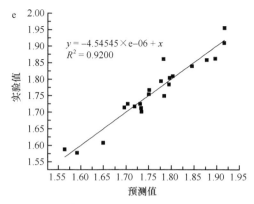

图 7-2 驱避活性实验值与模型预测值的关系

a. L-乳酸-驱避化合物模型；b. 氨-驱避化合物模型；c. 1-辛烯-3-醇-驱避化合物模型；
d. 甲酸-驱避化合物模型；e. 碳酸-驱避化合物模型

7.1.3.3 小结

本研究借助 Codessa 2.7.10 软件计算驱避化合物分子描述符和缔合体分子描述符；应用启发式方法筛选与活性显著相关的描述符并构建定量构效关系模型，具体结果如下。

计算获得驱避化合物分子描述符 400 多个，缔合体分子描述符 400 多个，加上由缔合特征区域计算获得的描述符，最终用于最佳定量构效关系模型建模参数筛选的描述符个数达 1100 多个。

应用启发式方法筛选描述符并构建 L-乳酸-驱避化合物模型：$lgCRR_1$=2.94-221.11A_1-0.33A_2+0.91A_3，R^2=0.9258，RMSE=0.0260，F=74.87，模型包含 3 个描述符，其中 2 个描述符由驱避化合物计算获得，另一个描述符由缔合体计算获得。

应用启发式方法筛选描述符并构建氨-驱避化合物模型：$lgCRR_2$=2.35-222.48B_1-0.32B_2+1.40B_3+0.28B_4，R^2=0.9471，RMSE=0.0219，F=76.13，模型包含 4 个描述符，其中 3 个描述符由驱避化合物计算获得，另一个描述符由缔合特征区域计算获得。

应用启发式方法筛选描述符并构建 1-辛烯-3-醇-驱避化合物模型：$lgCRR_3$=42.49+2.35C_1-224.80C_2+1.83C_3-0.60C_4，R^2=0.9369，RMSE=0.0240，F=63.04，模型包含 4 个描述符，其中 2 个描述符由驱避化合物计算获得，另外 2 个描述符分别由缔合体和缔合特征区域计算获得。

应用启发式方法筛选描述符并构建甲酸-驱避化合物模型：$lgCRR_4$=2.89-212.45D_1-0.31D_2+0.85D_3，R^2=0.9274，RMSE=0.0239，F=89.89，模型包含 3 个描述符，其中 2 个描述符由驱避化合物计算获得，另一个描述符由缔合体计算获得。

应用启发式方法筛选描述符并构建碳酸-驱避化合物模型：$lgCRR_5$=2.83-211.19E_1-0.33E_2+0.62E_3，R^2=0.9200，RMSE=0.0270，F=69.01，模型包含 3 个描述

符，其中 2 个描述符由驱避化合物计算获得，另一个描述符由缔合特征区域计算获得。

分析以上获得的 5 个模型中描述符的含义可知，由缔合体及缔合特征区域计算获得的描述符与驱避活性之间显著相关，对这些描述符进行分析，结果显示缔合体的大小和形状、构象、自旋性质及缔合区域静电能对驱避活性存在显著影响。

7.1.4 小结

以松节油主要成分 α-蒎烯和 β-蒎烯为原料，可以合成一系列萜类化合物，萜类蚊虫驱避化合物作为其中一类具有生物活性的植物源物质，拥有对蚊虫高效、对人类安全、对生态友好等优良特性，具有良好的开发前景。在驱避化合物被广为关注的同时，驱避化合物作用机理的研究也有很大的进展，但由于驱避作用机理的复杂性，研究人员虽然借助多种手段开展了众多的实验，但依然没能彻底、全面地了解驱避作用机理，因此开展驱避作用机理研究依然非常具有价值。本研究提出推论：萜类驱避化合物与主要蚊虫引诱物存在缔合作用，并且这种缔合作用对其驱避活性存在影响。

7.1.4.1 通过理论计算的方法研究了萜类驱避化合物与主要蚊虫引诱物的缔合作用

利用 Gaussian View 和 Gaussian 03W 软件分别构建与优化 5 种引诱物（L-乳酸、氨、1-辛烯-3-醇、甲酸和碳酸）、22 个萜类蚊虫驱避化合物，以及这些驱避化合物与 5 种引诱物缔合后的三维分子结构。

经 Ampac 8.16 转换后，通过计算缔合前、后能量变化，分别获得 5 类缔合体的缔合能量；通过测算分别获得 5 类缔合体结构中缔合距离和缔合角度。结果显示，驱避化合物和引诱物之间存在缔合作用并且可以形成缔合体，缔合形式以氢键缔合为主。

由于引诱物的不同，缔合作用的强度也存在一定的差异。碳酸与驱避化合物发生缔合作用的缔合强度最大；L-乳酸和甲酸分别与驱避化合物发生缔合作用的缔合强度相近；氨和 1-辛烯-3-醇分别与驱避化合物发生缔合作用的缔合强度也相近；L-乳酸和甲酸分别与驱避化合物发生缔合作用的缔合强度大于氨和 1-辛烯-3-醇分别与驱避化合物发生缔合作用的缔合强度。

7.1.4.2 借助定量构效关系计算方法研究缔合作用对驱避活性的影响

利用 Codessa 2.7.10 软件设计缔合特征区域，并计算其描述符，经计算分别获得 5 类缔合体的缔合特征区域描述符。这些描述符由涉及缔合作用的重要基团计算得出，是与缔合作用密切相关的描述符。对驱避化合物和缔合体进行计算，获得两类结构相应的分子描述符,包括六大类描述符(结构组成、拓扑、几何、静电、量子化学、热力学),使得最终用于最佳定量构效关系模型建模参数筛选的描述符总数达 1100 多个。

应用启发式方法筛选描述符,以萜类驱避化合物对白蚊伊蚊的校正驱避率对数值为活性数据,建立描述符与驱避活性的定量构效关系(QSAR)模型,模型的稳定性和可靠性采用内部检验进行验证。通过建立 QSAR 模型,获得了描述符与驱避活性之间的相关关系,本研究获得了 5 个 QSAR 模型,其中三参数模型 3 个(L-乳酸−驱避化合物模型、甲酸−驱避化合物模型和碳酸−驱避化合物模型),四参数模型 2 个(氨−驱避化合物模型和 1-辛烯-3-醇−驱避化合物模型)。

模型结果显示,在 5 个 QSAR 模型中,任意一个模型中至少有一个描述符属于缔合体描述符或缔合特征区域描述符,因此由缔合体及缔合特征区域计算获得的描述符与驱避活性之间显著相关,对这些描述符进行分析,结果显示缔合体的大小和形状、构象、自旋性质及缔合区域静电能对驱避活性存在显著影响。与此同时,驱避化合物自身结构描述符也与驱避活性相关。因此,在研究驱避化合物作用机理的过程中,应当同时考虑驱避化合物和引诱物−驱避化合物缔合体两个方面对驱避活性的影响。

模型验证显示,5 个模型具有良好的稳定性,可以很好地反映驱避活性与缔合体结构的定量关系。

以上结果表明,萜类驱避化合物与 5 种引诱物(L-乳酸、氨、1-辛烯-3-醇、甲酸和碳酸)存在缔合作用,缔合作用对驱避活性的影响显著,这一发现能为驱避机理的完善提供新的理论依据。

本研究借助理论计算的方法对萜类驱避化合物与主要引诱物的缔合作用进行了大量的研究,得到的结果可以很好地证明萜类驱避化合物与主要引诱物的缔合作用对驱避活性存在显著影响。

7.1.4.3 进一步研究建议

借助理论计算的方法继续研究其他类型驱避化合物(酰胺类驱避化合物、氮酰基哌啶类驱避化合物等)与主要引诱物的缔合作用,总结不同和归纳驱避化合物与主要引诱物缔合作用的规律。

借助其他科学手段(行为学、触角电生理等手段)验证驱避化合物与主要引诱物的缔合作用。设计合理的实验方案,借助行为学、触角电生理等手段,对蚊虫进行生物测试,从而将获得的实验结果与理论计算结果相互对比和分析。

另外,Syed 和 Leal(2008)推测当人们在皮肤上使用 DEET 时,DEET 能够抑制某些生理活性相关化合物的释放,因此,驱避化合物对人体表皮生理行为的影响,尤其是对具有引诱功效化合物分泌的影响值得深入研究。

研究表明,人体皮肤存在着一系列的微生物,这些微生物的次级代谢产物中有多种对蚊虫具有引诱作用的化合物（Verhulst et al., 2009），驱避化合物的使用对这些微生物活性的影响，必定将影响它们产生的代谢产物，因此，驱避化合物对人体皮肤微生物活性的影响同样值得深入研究。

经过数十年对驱避作用机理的研究，到目前已取得了很大进展，研究人员分别从行为学、电生理学、分子生物学、神经科学等方向取得了一些研究成果，但由于驱避过程非常复杂，目前的研究尚无法完全诠释驱避机理。对于驱避作用机理的全面深入研究，需要借助多学科相互交叉和多研究手段结合。

7.2 酰胺类驱避化合物与引诱物双分子缔合作用的理论计算

蚊虫主要依赖自身灵敏的嗅觉系统感知宿主散发出的引诱物，从而定位宿主进行吸血行为（Hallem et al., 2004）。有研究显示，驱避剂能使蚊虫感知宿主引诱物的能力受到限制（Dogan et al., 1999; Sato et al., 2008）；还有研究认为，驱避剂通过刺激嗅觉感受器而引起蚊虫的主动躲避行为（Ditzen et al., 2008; Xia et al., 2008）。蚊虫驱避剂确实能使蚊虫远离宿主，然而其作用机理至今还没有清晰的认识。

从分子间互相作用的角度，我们推测人体引诱物与驱避剂之间能发生氢键形式的缔合作用。缔合作用是不改变化学性质的分子间可逆结合作用，其实质是分子间相互作用，而分子间形成氢键是发生缔合的主要原因（许锡招等，2015a）。课题组已探究了萜类和 DEET 类似物驱避剂与引诱物之间的互相作用，证实了缔合作用存在；QSAR 研究表明，该作用对蚊虫驱避剂生物活性的影响至关重要（廖圣良等，2012a，2012b，2014a，2014b）。

为了用更多类型的驱避剂探究缔合作用，本研究选择了另一组未开展过缔合作用研究的 43 个酰胺类驱避剂（Oliferenko et al., 2013），研究了它们与重要引诱物（L-乳酸、氨、二氧化碳和 1-辛烯-3-醇）之间的缔合作用及该作用对驱避活性的影响，以期寻找到新型高效蚊虫驱避剂，并为揭示其作用机理提供参考。

7.2.1 双分子缔合作用的计算

7.2.1.1 材料与方法

1. 数据来源

驱避化合物和活性数据同 6.2.1.1，选取的 43 个酰胺类蚊虫驱避剂及其生物活性数值来自 Oliferenko 等（2013）的研究。

2. 蚊虫引诱物

本研究选取 4 种人体分泌物中含量较多或引诱力强的蚊虫引诱物：L-乳酸

（L-lactic acid，La）、氨（ammonia，Am）、二氧化碳（carbon dioxide，Co）和 1-辛烯-3-醇（1-octen-3-ol，Oct）。它们的具体结构信息见表 7-34。

表 7-34　4 种蚊虫引诱物

编号	引诱物	结构式
1	L-乳酸	
2	氨	
3	二氧化碳	O=C=O
4	1-辛烯-3-醇	

3. 化合物结构的构建和优化方法

前文利用 Gaussian View 4.1 构建了 43 个酰胺类蚊虫驱避剂的三维结构，继续构建 4 个蚊虫引诱物的三维结构，通过分析驱避剂和引诱物结构中的官能团，考虑两者间的可能缔合位点来构建 4 个蚊虫引诱物分别与 43 个酰胺类蚊虫驱避剂分子的缔合体：L-乳酸–驱避剂双分子缔合体（D_{La}^A）、氨–驱避剂双分子缔合体（D_{Am}^A）、二氧化碳–驱避剂双分子缔合体（D_{Co}^A）和 1-辛烯-3-醇–驱避剂双分子缔合体（D_{Oct}^A）。图 7-3 是 1 号驱避剂与 L-乳酸缔合体的构建过程。

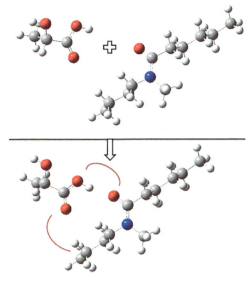

图 7-3　引诱物与驱避剂形成双分子缔合体的过程

所有化合物构建完成后,统一存于一个指定文件夹里。用记事本打开该文件,指定优化所需的计算方法为从头计算方法 RHF/6-31G(d)。然后通过 Gaussian 03W 软件优化上述所有结构,每个结构完成优化后会以 guassian output 的文件形式保存在相同文件夹中。

4. 缔合距离、角度和缔合能量的计算方法

在所有结构完成优化后,我们利用 Ampac 8.16 软件把 guassian output 转换为 ampac output 的形式。然后直接打开 ampac output 文件,借助软件工具栏中显示原子间键距或者键角的快捷按钮,点击作用区域中引诱物和驱避剂的原子,分别测得它们的缔合距离及缔合角度。

我们利用写字本或者记事本从 ampac output 文件中获取对应化合物分子的总能量。比较缔合前引诱物加驱避剂的总能量与缔合体能量的差异可获得缔合能量,即缔合体能量减去缔合前各个化合物的总能量。计算公式如下:

$$\Delta E = E(\text{D}) - [E(\text{R}) + E(\text{A})] \tag{7-2}$$

式中,ΔE 定义为缔合能量;$E(\text{D})$ 定义为缔合体的能量;$E(\text{A})$ 定义为引诱物分子的能量;$E(\text{R})$ 定义为驱避剂分子的能量。

7.2.1.2 缔合作用计算结果

1. 双分子缔合体的缔合能量

通过 Ampac 8.16 转换 guassian output 文件后,用写字本打开 ampac output 文件,从中查找得到 L-乳酸分子、氨分子、二氧化碳分子和 1-辛烯-3-醇分子的能量分别为 $-137\,837.37\text{kJ/mol}$、$-23\,973.73\text{kJ/mol}$、$-74\,166.24\text{kJ/mol}$ 和 $-151\,020.45\text{kJ/mol}$。

从 43 个酰胺类驱避剂的 ampac output 文件中查找得到各自的能量,用同样的方法获取 4 种缔合体的能量。根据缔合能量的计算公式获得 L-乳酸-驱避剂双分子、氨-驱避剂双分子、二氧化碳-驱避剂双分子和 1-辛烯-3-醇-驱避剂双分子的缔合能量,见表 7-35。

表 7-35 酰胺类驱避剂与引诱物双分子缔合的能量　　(单位: kJ/mol)

编号	驱避化合物能量	D_{La}^A 缔合能量	D_{Am}^A 缔合能量	D_{Co}^A 缔合能量	D_{Oct}^A 缔合能量
1	$-217\,404.16$	-23.06	-16.99	-10.50	-16.97
2	$-232\,425.22$	-23.40	-17.11	-9.16	-16.61
3	$-226\,890.01$	-23.16	-17.71	-9.95	-19.66
4	$-232\,403.02$	-24.61	-15.00	-10.40	-16.72
5	$-232\,401.12$	-25.76	-21.53	-13.90	-21.13
6	$-229\,640.91$	-21.99	-16.97	-8.74	-17.11

续表

编号	驱避化合物能量	D_{La}^A 缔合能量	D_{Am}^A 缔合能量	D_{Co}^A 缔合能量	D_{Oct}^A 缔合能量
7	−217 386.15	−23.55	−17.58	−9.41	−17.90
8	−247 420.92	−23.05	−16.64	−10.10	−16.23
9	−217 351.79	−21.71	−17.06	−8.88	−16.93
10	−214 584.31	−21.08	−16.46	−9.87	−15.46
11	−214 679.65	−29.15	−24.11	−16.20	−19.08
12	−229 665.84	−21.42	−17.15	−9.84	−17.10
13	−226 898.89	−21.46	−17.16	−10.10	−15.16
14	−224 130.68	−20.82	−15.77	−9.13	−16.70
15	−214 642.15	−22.55	−17.22	−10.60	−17.63
16	−211 878.77	−20.53	−16.80	−8.51	−18.90
17	−244 676.71	−23.18	−16.96	−8.14	−17.93
18	−229 671.01	−20.91	−16.83	−4.62	−12.44
19	−259 700.56	−23.08	−17.65	−8.71	−18.79
20	−257 050.26	−21.80	−17.43	−5.99	−13.89
21	−211 848.23	−22.93	−16.79	−10.30	−12.32
22	−274 757.11	−21.40	−15.81	−9.89	−14.51
23	−259 806.28	−21.63	−17.41	−10.20	−14.50
24	−251 667.58	−21.14	−16.56	−8.76	−15.89
25	−244 767.33	−23.52	−17.57	−9.92	−18.42
26	−251 659.53	−22.56	−16.98	−9.69	−10.89
27	−248 894.98	−20.72	−14.61	−11.10	−15.77
28	−270 895.54	−21.72	−16.47	−8.33	−10.70
29	−259 813.94	−22.82	−16.97	−10.30	−18.95
30	−257 047.02	−21.62	−16.12	−8.48	−15.45
31	−229 763.91	−19.03	−15.59	−10.20	−15.73
32	−229 747.40	−21.35	−15.93	−10.40	−14.73
33	−227 001.23	−23.41	−15.89	−10.10	−17.37
34	−211 979.61	−20.67	−15.94	−10.00	−17.10
35	−263 943.97	−25.84	−16.62	−5.02	−17.15
36	−293 974.67	−26.38	−16.66	−8.95	−21.12
37	−283 180.05	−25.59	−15.85	−8.47	−14.12
38	−291 323.12	−21.58	−17.31	−6.56	−18.88
39	−319 932.51	−23.00	−16.97	−10.50	−16.70

续表

编号	驱避化合物能量	D_{La}^A 缔合能量	D_{Am}^A 缔合能量	D_{Co}^A 缔合能量	D_{Oct}^A 缔合能量
40	−240 920.31	−17.58	−15.55	−9.81	−12.16
41	−240 913.56	−19.58	−14.89	−8.95	−15.07
42	−319 879.54	−22.88	−16.63	−9.91	−19.57
43	−362 304.47	−22.77	−16.21	−9.76	−17.89

由表 7-35 可知，D_{La}^A 的缔合能量在 17~30kJ/mol、D_{Am}^A 的缔合能量在 14~25kJ/mol、D_{Co}^A 的缔合能量在 4~17kJ/mol 和 D_{Oct}^A 的缔合能量在 10~22kJ/mol。D_{La}^A 的缔合能量相比于其余 3 组要高一些，平均值在 23kJ/mol 左右；D_{Am}^A 的缔合能量与 D_{Oct}^A 的缔合能量之间比较接近；D_{Co}^A 的缔合能量比较小，平均值在 10kJ/mol 左右。

2. 双分子缔合的距离和角度

表 7-36～表 7-39 分别是 L-乳酸-驱避剂双分子、氨-驱避剂双分子、二氧化碳-驱避剂双分子和 1-辛烯-3-醇-驱避剂双分子缔合的距离与角度。

表 7-36 L-乳酸-驱避剂双分子缔合的距离和角度

编号	缔合区域	距离/Å	角度/(°)	编号	缔合区域	距离/Å	角度/(°)
1	C=O⋯H—O	2.09	167.11	10	C=O⋯H—O	2.08	169.26
	C=O⋯H—C	2.34	149.08		C=O⋯H—C	2.41	151.86
2	C=O⋯H—O	2.07	165.53	11	C=O⋯H—O	2.08	178.46
	C=O⋯H—C	2.26	156.59		C=O⋯H—C	2.39	164.57
3	C=O⋯H—O	2.07	166.09	12	C=O⋯H—O	2.16	158.97
	C=O⋯H—C	2.26	157.07		C=O⋯H—C	2.32	174.54
4	C=O⋯H—O	2.07	168.18	13	C=O⋯H—O	2.17	158.41
	C=O⋯H—C	2.28	162.20		C=O⋯H—C	2.32	174.16
5	C=O⋯H—O	2.09	163.54	14	C=O⋯H—O	2.09	165.25
	C=O⋯H—C	2.29	159.59		C=O⋯H—C	2.30	163.58
6	C=O⋯H—O	2.10	165.50	15	C=O⋯H—O	2.08	166.53
	C=O⋯H—C	2.30	149.34		C=O⋯H—C	2.34	159.75
7	C=O⋯H—O	2.07	158.27	16	C=O⋯H—O	2.09	170.24
	C=O⋯H—C	2.29	158.65		C=O⋯H—C	2.38	150.23
8	C=O⋯H—O	2.09	163.68	17	C=O⋯H—O	2.09	164.49
	C=O⋯H—C	2.37	144.90		C=O⋯H—C	2.37	145.62
9	C=O⋯H—O	2.08	171.89	18	C=O⋯H—O	2.15	157.36
	C=O⋯H—C	2.45	145.72		C=O⋯H—C	2.33	162.96

编号	缔合区域	距离/Å	角度/(°)	编号	缔合区域	距离/Å	角度/(°)
19	C=O⋯H—O	2.09	149.98	32	C=O⋯H—O	2.09	166.97
	C=O⋯H—C	2.31	165.82		C=O⋯H—C	2.30	151.26
20	C=O⋯H—O	2.16	158.40	33	C=O⋯H—O	2.08	177.65
	C=O⋯H—C	2.32	171.50		C=O⋯H—C	2.33	175.30
21	C=O⋯H—O	2.10	166.85	34	C=O⋯H—O	2.15	160.04
	C=O⋯H—C	2.34	148.92		C=O⋯H—C	2.41	133.41
22	C=O⋯H—O	2.09	165.20	35	C=O⋯H—O	2.10	162.26
	C=O⋯H—C	2.29	171.69		C=O⋯H—C	2.28	157.16
23	C=O⋯H—O	2.08	161.10	36	C=O⋯H—O	2.07	166.93
	C=O⋯H—C	2.30	161.02		C=O⋯H—C	2.29	139.68
24	C=O⋯H—O	2.10	165.32	37	C=O⋯H—O	2.08	167.41
	C=O⋯H—C	2.29	158.00		C=O⋯H—C	2.29	141.46
25	C=O⋯H—O	2.06	166.10	38	C=O⋯H—O	2.08	156.56
	C=O⋯H—C	2.30	158.84		C=O⋯H—C	2.31	158.85
26	C=O⋯H—O	2.10	155.65	39	C=O⋯H—O	2.09	166.69
	C=O⋯H—C	2.35	141.39		C=O⋯H—C	2.34	148.89
27	C=O⋯H—O	2.11	164.37	40	C=O⋯H—O	2.15	162.64
	C=O⋯H—C	2.29	146.91		C=O⋯H—C	2.44	127.33
28	C=O⋯H—O	2.18	158.80	41	C=O⋯H—O	2.10	160.24
	C=O⋯H—C	2.36	168.47		C=O⋯H—C	2.39	138.67
29	C=O⋯H—O	2.09	166.50	42	C=O⋯H—O	2.09	169.01
	C=O⋯H—C	2.42	148.57		C=O⋯H—C	2.45	142.78
30	C=O⋯H—O	2.08	166.29	43	C=O⋯H—O	2.09	169.28
	C=O⋯H—C	2.30	170.46		C=O⋯H—C	2.45	142.81
31	C=O⋯H—O	2.07	175.34				
	C=O⋯H—C	2.56	118.48				

表 7-37 氨-驱避剂双分子缔合的距离和角度

编号	缔合区域	距离/Å	角度/(°)	编号	缔合区域	距离/Å	角度/(°)
1	C=O⋯H—N	2.46	103.96	3	C=O⋯H—N	2.47	103.20
	H—N⋯H—C	2.85	137.00		H—N⋯H—C	2.89	137.87
2	C=O⋯H—N	2.50	101.33	4	C=O⋯H—N	2.33	113.77
	H—N⋯H—C	2.90	132.08	5	C=O⋯H—N	2.45	104.68

续表

编号	缔合区域	距离/Å	角度/(°)	编号	缔合区域	距离/Å	角度/(°)
6	C=O···H—N	2.42	105.99	26	C=O···H—N	2.40	107.58
7	C=O···H—N	2.44	104.86		H—N···H—C	2.92	170.81
	H—N···H—C	2.90	133.83	27	C=O···H—N	2.43	106.15
8	C=O···H—N	2.46	101.25		H—N···H—C	2.88	161.31
9	C=O···H—N	2.45	100.85	28	C=O···H—N	2.42	106.71
	H—N···H—C	2.93	130.39		H—N···H—C	2.87	134.77
10	C=O···H—N	2.43	105.00	29	C=O···H—N	2.47	103.06
11	C=O···H—N	2.42	106.42		H—N···H—C	2.86	139.10
	H—N···H—C	2.92	134.85	30	C=O···H—N	2.37	110.07
12	C=O···H—N	2.51	100.79		H—N···H—C	2.92	125.49
	H—N···H—C	2.89	133.10	31	C=O···H—N	2.41	105.63
13	C=O···H—N	2.44	105.39	32	C=O···H—N	2.43	105.58
	H—N···H—C	2.90	132.44		H—N···H—C	2.87	153.96
14	C=O···H—N	2.41	107.02	33	C=O···H—N	2.40	105.87
15	C=O···H—N	2.38	109.07	34	C=O···H—N	2.43	103.56
16	C=O···H—N	2.40	106.80	35	C=O···H—N	2.43	105.66
17	C=O···H—N	2.43	103.61		H—N···H—C	2.87	134.88
	H—N···H—C	2.92	158.61	36	C=O···H—N	2.41	105.34
18	C=O···H—N	2.53	104.91		H—N···H—C	2.92	160.95
	H—N···H—C	2.88	134.22	37	C=O···H—N	2.40	107.00
19	C=O···H—N	2.40	107.43	38	C=O···H—N	2.43	105.65
	H—N···H—C	2.96	134.61		H—N···H—C	2.90	131.65
20	C=O···H—N	2.45	100.93	39	C=O···H—N	2.46	104.10
	H—N···H—C	2.92	131.31		H—N···H—C	2.84	137.27
21	C=O···H—N	2.46	104.18	40	C=O···H—N	2.42	107.86
	H—N···H—C	2.84	137.16		H—N···H—C	2.82	140.75
22	C=O···H—N	2.35	112.54	41	C=O···H—N	2.48	101.53
	H—N···H—C	2.93	130.32		H—N···H—C	2.98	172.66
23	C=O···H—N	2.45	104.41	42	C=O···H—N	2.43	106.51
	H—N···H—C	2.88	133.11		H—N···H—C	2.93	122.75
24	C=O···H—N	2.45	104.88	43	C=O···H—N	2.43	104.09
	H—N···H—C	2.88	134.36				
25	C=O···H—N	2.42	107.13				
	H—N···H—C	2.64	131.85				

表 7-38　二氧化碳-驱避剂双分子缔合的距离和角度

编号	缔合区域	距离/Å	角度/(°)	编号	缔合区域	距离/Å	角度/(°)
1	C=O⋯C=O	2.60	161.83	17	C=O⋯C=O	2.57	149.11
	C=O⋯H—C	2.32	158.69	18	C=O⋯C=O	2.56	131.97
2	C=O⋯C=O	2.58	172.52		C=O⋯H—C	2.55	121.70
	C=O⋯H—C	2.44	153.27	19	C=O⋯C=O	2.56	131.66
3	C=O⋯C=O	2.57	139.11		C=O⋯H—C	2.56	120.44
	C=O⋯H—C	2.42	142.41	20	C=O⋯C=O	2.56	131.38
4	C=O⋯C=O	2.56	141.12		C=O⋯H—C	2.64	116.72
	C=O⋯H—C	2.39	148.21	21	C=O⋯C=O	2.60	161.94
5	C=O⋯C=O	2.61	155.18		C=O⋯H—C	2.32	160.40
	C=O⋯H—C	2.37	156.70	22	C=O⋯C=O	2.57	154.98
6	C=O⋯C=O	2.60	153.93		C=O⋯H—C	2.41	143.51
	C=O⋯H—C	2.43	155.46	23	C=O⋯C=O	2.56	138.01
7	C=O⋯C=O	2.56	138.36		C=O⋯H—C	2.42	141.38
	C=O⋯H—C	2.42	139.03	24	C=O⋯C=O	2.57	136.78
8	C=O⋯C=O	2.59	167.17		C=O⋯H—C	2.44	139.88
	C=O⋯H—C	2.41	166.28	25	C=O⋯C=O	2.56	138.74
	C=O⋯H—C	2.43	154.19		C=O⋯H—C	2.43	143.04
9	C=O⋯C=O	2.60	156.11	26	C=O⋯C=O	2.62	161.45
	C=O⋯H—C	2.37	159.10		C=O⋯H—C	2.33	158.17
10	C=O⋯C=O	2.58	151.60	27	C=O⋯C=O	2.57	155.73
	C=O⋯H—C	2.43	150.38		C=O⋯H—C	2.40	165.41
	C=O⋯H—C	2.46	160.56	28	C=O⋯C=O	2.60	137.62
11	C=O⋯C=O	2.60	162.66		C=O⋯H—C	2.54	130.72
	C=O⋯H—C	2.41	157.34	29	C=O⋯C=O	2.58	163.29
12	C=O⋯C=O	2.57	144.54		C=O⋯H—C	2.35	163.06
	C=O⋯H—C	2.41	155.93	30	C=O⋯C=O	2.57	152.36
13	C=O⋯C=O	2.56	149.00	31	C=O⋯C=O	2.58	163.04
	C=O⋯H—C	2.39	161.30		C=O⋯H—C	2.35	167.35
14	C=O⋯C=O	2.58	141.78	32	C=O⋯C=O	2.58	162.61
	C=O⋯H—C	2.42	153.43		C=O⋯H—C	2.35	170.21
15	C=O⋯C=O	2.61	162.28	33	C=O⋯C=O	2.58	162.23
	C=O⋯H—C	2.33	158.21		C=O⋯H—C	2.36	170.63
16	C=O⋯C=O	2.52	166.79	34	C=O⋯C=O	2.58	164.35
	C=O⋯H—C	2.48	156.46		C=O⋯H—C	2.36	166.05
	C=O⋯H—C	2.67	137.63	35	C=O⋯C=O	2.57	131.46

编号	缔合区域	距离/Å	角度/(°)	编号	缔合区域	距离/Å	角度/(°)
35	C=O⋯H—C	2.52	119.82	40	C=O⋯C=O	2.57	155.23
36	C=O⋯C=O	2.56	131.41		C=O⋯H—C	2.39	151.64
	C=O⋯H—C	2.56	117.58	41	C=O⋯C=O	2.60	145.67
37	C=O⋯C=O	2.58	131.44		C=O⋯H—C	2.40	144.77
	C=O⋯H—C	2.52	121.41	42	C=O⋯C=O	2.57	149.47
38	C=O⋯C=O	2.56	130.85		C=O⋯H—C	2.43	155.91
	C=O⋯H—C	2.57	116.50	43	C=O⋯C=O	2.55	137.20
39	C=O⋯C=O	2.59	162.95		C=O⋯H—C	2.46	138.85
	C=O⋯H—C	2.33	164.24				

表 7-39　1-辛烯-3-醇-驱避剂双分子缔合的距离和角度

编号	缔合区域	距离/Å	角度/(°)	编号	缔合区域	距离/Å	角度/(°)
1	C=O⋯H—O	2.14	158.30	12	C=O⋯H—O	2.17	146.38
	C—O⋯H—C	2.46	120.58		C—O⋯H—C	2.33	159.82
2	C=O⋯H—O	2.18	165.26	13	C=O⋯H—O	2.17	146.77
	C—O⋯H—C	2.56	118.72		C—O⋯H—C	2.28	160.4
3	C=O⋯H—O	2.15	159.54	14	C=O⋯H—O	2.17	145.36
	C—O⋯H—C	2.29	150.53		C—O⋯H—C	2.33	158.42
4	C=O⋯H—O	2.14	143.18	15	C=O⋯H—O	2.16	157.47
	C—O⋯H—C	2.33	153.46		C—O⋯H—C	2.39	108.29
5	C=O⋯H—O	2.18	153.43	16	C=O⋯H—O	2.15	147.15
	C—O⋯H—C	2.42	158.77		C—O⋯H—C	2.51	103.53
6	C=O⋯H—O	2.17	158.33	17	C=O⋯H—O	2.15	104.24
	C—O⋯H—C	2.44	115.60		C—O⋯H—C	2.48	154.64
7	C=O⋯H—O	2.16	144.98	18	C=O⋯H—O	2.17	143.38
	C—O⋯H—C	2.34	146.97		C—O⋯H—C	2.33	130.90
8	C=O⋯H—O	2.20	161.02	19	C=O⋯H—O	2.16	161.47
	C—O⋯H—C	2.56	102.49		C—O⋯H—C	2.32	145.77
9	C=O⋯H—O	2.18	147.18	20	C=O⋯H—O	2.18	144.15
	C—O⋯H—C	2.42	149.75		C—O⋯H—C	2.34	127.37
10	C=O⋯H—O	2.18	161.74	21	C=O⋯H—O	2.12	166.28
	C—O⋯H—C	2.50	123.38		C—O⋯H—C	2.63	122.40
11	C=O⋯H—O	2.16	148.37	22	C=O⋯H—O	2.17	149.41
	C—O⋯H—C	2.37	155.99		C—O⋯H—C	2.36	140.78

续表

编号	缔合区域	距离/Å	角度/(°)	编号	缔合区域	距离/Å	角度/(°)
23	C=O···H—O	2.16	141.77	34	C=O···H—O	2.18	170.76
	C—O···H—C	2.70	128.68		C—O···H—C	2.39	114.72
24	C=O···H—O	2.16	161.60	35	C=O···H—O	2.24	147.86
	C—O···H—C	2.55	123.41		C—O···H—C	2.34	117.35
25	C=O···H—O	2.14	156.82	36	C=O···H—O	2.25	148.20
	C—O···H—C	2.44	138.59		C—O···H—C	2.36	115.97
26	C=O···H—O	2.18	158.62	37	C=O···H—O	2.28	135.35
27	C=O···H—O	2.22	148.47	38	C=O···H—O	2.25	147.84
	C—O···H—C	2.37	145.60		C—O···H—C	2.36	115.41
28	C=O···H—O	2.18	161.65	39	C=O···H—O	2.19	140.39
29	C=O···H—O	2.17	143.58		C—O···H—C	2.39	142.91
	C—O···H—C	2.33	147.36	40	C=O···H—O	2.20	160.13
30	C=O···H—O	2.15	147.72		C—O···H—C	2.48	152.76
	C—O···H—C	2.41	150.48	41	C=O···H—O	2.19	139.80
31	C=O···H—O	2.16	166.28		C—O···H—C	2.28	147.87
	C—O···H—C	2.51	113.51	42	C=O···H—O	2.20	153.56
32	C=O···H—O	2.17	147.68		C—O···H—C	2.43	153.55
	C—O···H—C	2.34	174.24	43	C=O···H—O	2.14	150.99
33	C=O···H—O	2.14	164.63		C—O···H—C	2.47	123.56
	C—O···H—C	2.63	121.31				

通过分析表 7-36 可知，L-乳酸-驱避剂双分子缔合的距离和缔合角度分别为 2.06~2.56Å 和 118.48°~178.46°。在 L-乳酸与酰胺类驱避剂的缔合过程中，大多数时候 L-乳酸中的羰基作为氢键形成时氢的受体（C=O···H），也有少数时候 L-乳酸能作为氢键形成时氢的供体（C—O···H），如 12 号、28 号和 34 号 D_{La}^A；由于酰胺类驱避剂中也含有羰基，它也能成为氢键形成时氢的受体。

通过分析表 7-37 可知，氨-驱避剂双分子缔合的距离和缔合角度分别为 2.33~2.98Å 和 100.79°~172.66°。在氨与酰胺类驱避剂的缔合过程中，大多数时候氨分子作为氢键形成时氢的供体（C=O···H）及受体（H—N···H）；由于酰胺类驱避剂中含有羰基，少数时候它只作为氢键形成时氢的受体，如 4 号、5 号、6 号、14 号、15 号、16 号、33 号、34 号和 43 号 D_{Am}^A。

通过分析表 7-38 可知，二氧化碳-驱避剂双分子缔合的距离和缔合角度分别为 2.32~2.67Å 和 116.50°~172.52°。在二氧化碳与酰胺类驱避剂的缔合过程中，二氧化碳既充当了氢的供体（O=C···O），又可作为氢的受体（C=O···H）。

通过分析表 7-39 可知，1-辛烯-3-醇–驱避剂双分子缔合的缔合距离和缔合角度分别为 2.12～2.70Å 和 102.49°～174.24°。在 1-辛烯-3-醇与酰胺类驱避剂的缔合过程中，大多数时候 1-辛烯-3-醇作为氢键形成时氢的受体（C—O···H），有时候也可作为氢键形成时氢的供体，如 26 号、28 号和 37 号 D_{Oct}^{A}。

7.2.1.3 小结

本研究采用量子化学计算的手段研究了 43 个酰胺类蚊虫驱避化合物与 4 种蚊虫引诱物（L-乳酸、氨、二氧化碳和 1-辛烯-3-醇）之间的缔合作用，由表 7-35～表 7-39 中 4 种双分子缔合的距离、角度和能量，我们推断驱避化合物分别与 4 种蚊虫引诱物之间存在中弱强度氢键形式的缔合作用。

7.2.2 双分子缔合对驱避活性影响的定量计算

7.2.2.1 计算方法

1. 双分子缔合体的 QSAR 建模方法

L-乳酸–驱避剂双分子缔合体的模型构建（M_{La}^{A}）：将对数处理后的活性数据及 D_{La}^{A} 分子结构导入 Codessa 2.7.10 软件并计算结构参数。然后将前期处理好的 43 个酰胺类蚊虫驱避剂的结构参数导入该软件，利用 HM 逐一筛选并筛选出对驱避活性产生显著影响的结构参数，再进行回归计算，建立不同参数个数的 QSAR 模型。

用同样的方法构建氨–驱避剂双分子缔合体的模型（M_{Am}^{A}）、二氧化碳–驱避剂双分子缔合体的模型（M_{Co}^{A}）、1-辛烯-3-醇–驱避剂双分子缔合体的模型（M_{Oct}^{A}）。

2. 最佳模型的判定方法

参考 6.1.1.1 中的方法完成。

3. 模型的检验方法

参考 6.1.1.1 中的方法完成。

7.2.2.2 缔合作用对驱避活性影响定量计算结果

1. 双分子缔合体的 QSAR 模型

利用由 Codessa 2.7.10 软件中 HM 方法筛选出的化合物理化性质参数进行回归计算，建立了一系列 QSAR 模型，其对应的相关系数平方值见表 7-40。4 个模型中随着筛选的参数个数逐渐递增，R^2 也相应增高。当模型选 4 个参数时，M_{La}^{A} 模型的 R^2 为 0.8969，与三参数模型的 R^2 相比，$\Delta R^2=0.0266$，符合 $\Delta R^2 < 0.02 \sim 0.05$；4 个参数及以上，随着描述符个数的增加，模型的 R^2 没有显著提高，且两两之间的 ΔR^2 均小于 0.02。根据转折点规则，我们选择 M_{La}^{A} 模型的最佳参数个数为 4。其

余 3 个模型选择最佳参数个数的方法参照 M_{La}^A 模型。

表 7-40 不同参数个数的模型对应的 R^2 和 R_{cv}^2

参数个数	M_{La}^A 模型		M_{Am}^A 模型		M_{Co}^A 模型		M_{Oct}^A 模型	
	R^2	R_{cv}^2	R^2	R_{cv}^2	R^2	R_{cv}^2	R^2	R_{cv}^2
1	0.7172	0.6923	0.7172	0.6923	0.7172	0.6923	0.7172	0.6923
2	0.8132	0.7835	0.8172	0.7711	0.8264	0.7959	0.8349	0.8045
3	0.8703	0.8397	0.8750	0.8490	0.8796	0.8541	0.8759	0.8502
4	0.8969	0.8671	0.8987	0.8718	0.9032	0.8737	0.8956	0.8560
5	0.9158	0.8835	0.9169	0.8856	0.9255	0.8949	0.9175	0.8796
6	0.9372	0.9085	0.9318	0.9013	0.9367	0.9058	0.9296	0.8670
7	0.9513	0.9228	0.9435	0.8918	0.9492	0.9095	0.9485	0.9195

2. 双分子缔合体的最佳 QSAR 模型

根据最佳 QSAR 模型的判定方法，得出 4 个最佳 QSAR 模型，分别为 M_{La}^A 最佳模型、M_{Am}^A 最佳模型、M_{Co}^A 最佳模型和 M_{Oct}^A 最佳模型。

M_{La}^A 最佳四参数模型见表 7-41，$R^2=0.8969$，$R_{cv}^2=0.8671$，$F=82.65$，$s^2=0.0869$。4 个参数均源于驱避剂。其中，α_1 和 α_4 属于量子化学描述符，分别表示驱避剂分子的 γ 极化度和碳原子的最低化合价（Katritzky et al.，1995）；α_2 和 α_3 属于静电描述符，分别表示驱避剂分子总电荷加权部分正电荷分子表面积与总电荷加权部分负电荷分子表面积之间的差值及氢原子最小净原子电荷数（Golmohammadi et al.，2013；许锡招等，2015b）。根据 t 检验值的绝对值判断最佳模型中 4 个参数对蚊虫驱避化合物驱避活性的影响程度大小为 $\alpha_2>\alpha_1>\alpha_3>\alpha_4$。

表 7-41 M_{La}^A 最佳四参数模型

描述符序号	回归系数	回归系数标准误	t 检验值	描述符
α_0	24.9473	8.0586	3.0958	Intercept
α_1	0.0623	0.0259	8.8429	A-(1/6)X GAMMA polarizability (DIP)
α_2	0.1775	0.0188	9.4612	A-ESP-DPSA-2 Difference in CPSAs (PPSA2-PNSA2) [Quantum-Chemical PC]
α_3	6.3364	1.4587	4.3439	A-ESP-Minimum net atomic charge for a H atom
α_4	−6.5951	7.7436	−3.1332	A-Minimum valency of a C atom

注：A-为驱避化合物分子描述符的前缀，下同

M_{Am}^A 最佳四参数模型见表 7-42，$R^2=0.8987$，$R_{cv}^2=0.8718$，$F=84.29$，$s^2=0.0854$。4 个参数符中 β_1 和 β_4 源于驱避剂，余下的源于双分子缔合体。其中，β_1 和 β_4 属于量子化学描述符，分别表示驱避剂分子的 γ 极化度和缔合体分子中碳原子的最低

化合价；$β_2$ 和 $β_3$ 属于静电描述符，分别表示驱避剂分子总电荷加权部分正电荷分子表面积与总电荷加权部分负电荷分子表面积之间的差值及缔合体分子中氢原子最小净原子电荷数。根据 t 检验值的绝对值判断最佳模型中 4 个参数对蚊虫驱避化合物驱避活性的影响程度大小为 $β_2>β_1>β_3>β_4$。

表 7-42　M_{Am}^A 最佳四参数模型

描述符序号	回归系数	回归系数标准误	t 检验值	描述符
$β_0$	25.2648	8.0392	3.1426	Intercept
$β_1$	0.0600	0.0259	8.5052	A-(1/6)X GAMMA polarizability (DIP)
$β_2$	0.1144	0.0622	9.5561	AN-ESP-DPSA-2 Difference in CPSAs (PPSA2-PNSA2) [Quantum-Chemical PC]
$β_3$	6.2487	1.4365	4.3499	A-ESP-Minimum net atomic charge for a H atom
$β_4$	−6.7117	7.7327	−3.1931	AN-Minimum valency of a C atom

注：AN-为双分子缔合体描述符的前缀

M_{Co}^A 最佳四参数模型见表 7-43，$R^2=0.9032$，$R_{cv}^2=0.8737$，$F=79.27$，$s^2=0.0640$。4 个参数中 $γ_2$ 和 $γ_4$ 源于驱避剂，余下的源于双分子缔合体。其中，$γ_1$ 和 $γ_4$ 属于量子化学描述符，分别表示缔合体分子的 $γ$ 极化度和驱避化合物分子的溶剂化能力（Xie et al.，2014）；$γ_2$ 和 $γ_3$ 属于静电描述符，分别表示驱避剂分子表面加权带电部分正电荷区域表面积（Xie et al.，2014）和缔合体分子中氢原子最小净原子电荷数。根据 t 检验值的绝对值判断最佳模型中 4 个参数对蚊虫驱避化合物驱避活性的影响程度大小为 $γ_1>γ_2>γ_3>γ_4$。

表 7-43　M_{Co}^A 最佳四参数模型

描述符序号	回归系数	回归系数标准误	t 检验值	描述符
$γ_0$	1.0861	1.9459	2.0532	Intercept
$γ_1$	0.0624	0.0221	10.4146	AC-(1/6)X GAMMA polarizability (DIP)
$γ_2$	0.1116	0.0304	5.9918	A-ESP-WPSA-2 Weighted PPSA (PPSA2*TMSA/1000) [Quantum-Chemical PC]
$γ_3$	6.0934	1.3501	4.5133	AC-ESP-Minimum net atomic charge for a H atom
$γ_4$	−6.0707	7.3084	−3.0558	A-Image of the Onsager-Kirkwood solvation energy

注：AC-为双分子缔合体描述符的前缀

M_{Oct}^A 最佳四参数模型见表 7-44，$R^2=0.8956$，$R_{cv}^2=0.8560$，$F=81.46$，$s^2=0.0880$。4 个参数中 $δ_1$ 源于双分子缔合体，余下的源于驱避剂。$δ_1$ 属于量子化学描述符，表示缔合体分子的 $γ$ 极化度；$δ_2$ 属于静电描述符，表示驱避剂分子表面加权带电部分正电荷区域表面积；$δ_3$ 属于量子化学描述符，表示驱避剂分子中氢原子的最大键级；$δ_4$ 属于几何描述符，表示驱避剂分子中碳原子的转动惯量（余冬冬等，2016）。

根据 t 检验值的绝对值判断最佳模型中 4 个参数对蚊虫驱避化合物驱避活性的影响程度大小为 $\delta_1 > \delta_2 > \delta_3 > \delta_4$。

表 7-44 M_{Oct}^A 最佳四参数模型

描述符序号	回归系数	回归系数标准误	t 检验值	描述符
δ_0	17.2239	21.8425	2.9010	Intercept
δ_1	0.0575	0.0216	9.8074	AO-1X GAMMA polarizability (DIP)
δ_2	0.0793	0.0331	8.8155	A-ESP-WPSA-2 Weighted PPSA (PPSA2*TMSA/1000) [Quantum-Chemical PC]
δ_3	−17.7832	22.3462	−2.9276	A-Maximum bond order of a H atom
δ_4	15.8685	5.9403	2.6713	A-Moment of inertia C

注：AO- 为双分子缔合体描述符的前缀

3. 最佳模型的检验结果

利用三重内部检验分别对获得的最佳模型进行交互检验，结果见表 7-45～表 7-48。4 个模型中训练组 R^2 的平均值分别为 0.9009、0.9013、0.9126、0.9053，测试组 R^2 的平均值分别为 0.8632、0.8666、0.9046、0.8471，两者之间相差不大，表明最佳模型的稳定性良好。

表 7-45 M_{La}^A 最佳模型检验

训练集	相关系数平方值	方差	测试集	相关系数平方值	方差
A+B	0.9248	0.0685	C	0.8576	0.4093
B+C	0.8985	0.0848	A	0.9003	0.3158
A+C	0.8793	0.1110	B	0.8318	0.3598
平均值	0.9009	0.0881	平均值	0.8632	0.3613

表 7-46 M_{Am}^A 最佳模型检验

训练集	相关系数平方值	方差	测试集	相关系数平方值	方差
A+B	0.9231	0.0700	C	0.8590	0.3991
B+C	0.9051	0.0794	A	0.8961	0.3222
A+C	0.8756	0.1144	B	0.8447	0.3453
平均值	0.9013	0.0879	平均值	0.8666	0.3555

表 7-47 M_{Co}^A 最佳模型检验

训练集	相关系数平方值	方差	测试集	相关系数平方值	方差
A+B	0.9008	0.0903	C	0.9213	0.3046
B+C	0.9401	0.0501	A	0.8750	0.3884

训练集	相关系数平方值	方差	测试集	相关系数平方值	方差
A+C	0.8969	0.0988	B	0.9176	0.2599
平均值	0.9126	0.0797	平均值	0.9046	0.3176

表 7-48 M_{Oct}^{A} 最佳模型检验

训练集	相关系数平方值	方差	测试集	相关系数平方值	方差
A+B	0.9296	0.0640	C	0.8168	0.4271
B+C	0.9011	0.0827	A	0.9012	0.3412
A+C	0.8853	0.1055	B	0.8233	0.3595
平均值	0.9053	0.0841	平均值	0.8471	0.3759

7.2.3 小结

4个最佳模型的 R^2 分别为 0.8969、0.8987、0.9032、0.8956。模型中的参数有的来源于驱避剂，如分子的 γ 极化度和氢原子最小净原子电荷数；有的来源于驱避剂与引诱剂的双分子缔合体，如碳原子的最低化合价和碳原子的转动惯量。通过比较4个最佳模型中训练集及测试集之间的相关系数平方值、训练集与测试集之间的相关系数平方值平均值，得到彼此间差值不大，表示最佳模型的检验结果很理想。

研究结果表明，43个酰胺类蚊虫驱避剂与4种蚊虫引诱物的双分子缔合能够显著影响蚊虫驱避剂的生物活性数值，更加说明这两种物质之间会形成氢键及其对于驱避活性有着重要的意义。在今后蚊虫驱避剂的机理研究中我们有必要考虑这种作用，并且需要深入探究单个驱避剂分子与多个引诱物之间是否存在互相作用，以及借助定量计算手段寻找和发掘新型高效蚊虫驱避剂。

7.3 避蚊胺类似物与引诱物双分子缔合作用的理论计算

7.3.1 双分子缔合作用的计算

7.3.1.1 材料与方法

1. 化合物及其活性数据

本次研究的对象包括40个避蚊胺类似物及嗅觉引诱物 L-乳酸。40个化合物对埃及伊蚊（*Aedes egypti*）的驱避活性数据（保护时间）来自 Suryanarayana 等（1991）的研究。按照保护时间的降序，表7-49列出了这40个避蚊胺类似物的信息和活性数据。

表 7-49 避蚊胺类似物的结构及缔合能量 (单位: kJ/mol)

编号	骨架	X	R_1	R_2	保护时间/h	避蚊胺类似物能量	L-乳酸能量	缔合体能量	缔合能量
1	B		C_2H_5	C_2H_5	6.00	−221 613.1	−137 838.1	−359 472.1	20.9
2	A	3-CH_3	C_2H_5	C_2H_5	5.00	−221 607.1	−137 838.1	−359 467.5	22.3
3	A	2-Cl	CH_3	CH_3	5.00	−211 247.8	−137 838.1	−349 107.8	21.8
4	A	4-CH_3	CH_3	CH_3	4.00	−191 559.5	−137 838.1	−329 419.6	22.0
5	A	4-CH_3	CH_3	CH_3	4.00	−206 575.3	−137 838.1	−344 435.0	21.6
6	C		C_2H_5	C_2H_5	4.00	−214 713.5	−137 838.1	−352 573.9	22.3
7	A	2-OC_2H_5	C_2H_5	C_2H_5	3.50	−267 483.0	−137 838.1	−405 342.0	20.9
8	A	H	$IsoC_3H_7$	$IsoC_3H_7$	3.00	−236 595.9	−137 838.1	−374 455.6	21.5
9	A	H	C_5H_{10}		3.00	−218 942.3	−137 838.1	−356 802.0	21.5
10	A	3-CH_3	CH_3	CH_3	3.00	−191 559.1	−137 838.1	−329 417.2	19.9
11	A	2-Cl	C_2H_5	C_2H_5	3.00	−241 295.6	−137 838.1	−379 156.2	22.4
12	C		CH_3	CH_3	3.00	−184 665.3	−137 838.1	−322 524.4	21.0
13	A	4-CH_3	C_2H_5	C_2H_5	2.83	−221 607.3	−137 838.1	−359 461.9	16.4
14	A	2-OC_2H_5	CH_3	CH_3	2.83	−237 436.1	−137 838.1	−375 294.6	20.3
15	A	3-CH_3	$IsoC_3H_7$	$IsoC_3H_7$	2.67	−251 627.6	−137 838.1	−389 488.1	22.4
16	B		C_5H_{10}		2.58	−233 968.4	−137 838.1	−371 840.6	34.1
17	B		CH_3	CH_3	2.17	−191 564.4	−137 838.1	−329 423.5	20.9
18	C		$IsoC_3H_7$	$IsoC_3H_7$	2.00	−244 729.9	−137 838.1	−382 590.0	22.0
19	C		C_5H_{10}		2.00	−227 080.0	−137 838.1	−364 936.7	18.5
20	A	H	CH_3	CH_3	1.67	−176 527.4	−137 838.1	−314 387.2	21.7
21	A	3-CH_3	C_5H_{10}		1.42	−233 974.0	−137 838.1	−371 834.1	22.0
22	A	2-OC_2H_5	C_5H_{10}		1.33	−279 851.8	−137 838.1	−417 711.7	21.7
23	A	4-OCH_3	$IsoC_3H_7$	$IsoC_3H_7$	1.17	−282 488.8	−137 838.1	−420 349.3	22.3
24	A	2-OC_2H_5	$IsoC_3H_7$	$IsoC_3H_7$	1.08	−297 503.5	−137 838.1	−435 358.5	16.9
25	A	4-OCH_3	CH_3	CH_3	1.00	−222 420.8	−137 838.1	−360 280.0	21.1
26	A	4-OCH_3	C_2H_5	C_2H_5	1.00	−252 467.2	−137 838.1	−390 327.1	21.8
27	A	4-CH_3	C_5H_{10}		1.00	−233 970.6	−137 838.1	−371 829.6	20.8
28	A	2-Cl	$IsoC_3H_7$	$IsoC_3H_7$	1.00	−271 316.2	−137 838.1	−409 158.5	4.2

续表

编号	骨架	X	R_1	R_2	保护时间/h	避蚊胺类似物能量	L-乳酸能量	缔合体能量	缔合能量
29	A	2-Cl	C_5H_{10}		1.00	−253 663.0	−137 838.1	−391 523.6	22.4
30	B		C_2H_5	H	1.00	−191 622.3	−137 838.1	−329 485.1	24.7
31	B		$IsoC_3H_7$	$IsoC_3H_7$	1.00	−251 630.4	−137 838.1	−389 489.5	20.9
32	A	4-OCH_3	C_5H_{10}		0.75	−264 835.9	−137 838.1	−402 695.6	21.6
33	A	3-CH_3	C_2H_5	H	0.67	−191 617.3	−137 838.1	−329 478.7	23.2
34	A	H	C_2H_5	H	0.58	−176 585.5	−137 838.1	−314 445.1	21.4
35	A	2-Cl	C_2H_5	H	0.58	−211 306.1	−137 838.1	−349 164.3	20.1
36	A	4-CH_3	$IsoC_3H_7$	$IsoC_3H_7$	0.50	−251 628.0	−137 838.1	−389 488.6	22.4
37	C		C_2H_5	H	0.50	−184 720.1	−137 838.1	−322 565.0	6.8
38	A	4-OCH_3	C_2H_5	H	0.08	−222 479.0	−137 838.1	−360 338.7	21.5
39	A	4-CH_3	C_2H_5	H	0.08	−191 617.8	−137 838.1	−329 477.1	21.1
40	A	2-OC_2H_5	C_2H_5	H	0.08	−237 500.2	−137 838.1	−375 357.9	19.6

2. 量子化学计算

在 Gaussian View 4.1 软件中，分别构建 L-乳酸、避蚊胺类似物分子、L-乳酸与避蚊胺类似物发生缔合作用时（形成缔合体）的三维结构。由于引诱化合物中的羟基、羧基和驱避化合物中的羰基、氮原子、醚键等都可能发生缔合作用，因此在构建缔合体时，通常将引诱化合物围绕驱避化合物立体旋转，以寻找所有可能的构象。随后，在 Gaussian 03W 完成对这些结构的优化计算，计算水平为 HF/6-31G(d)。优化结束后，将获得缔合体缔合部位的各项几何参数，包括所有结构的能量、缔合距离、缔合角度等多种几何参数。引诱化合物与驱避化合物缔合的能量可以用式（7-3）计算获得：

$$E(\text{association}) = E(A) + E(R) - E(AR) \tag{7-3}$$

式中，E(association) 表示缔合能量；E(A) 表示引诱化合物的能量；E(R) 表示驱避化合物的能量；E(AR) 表示缔合体的能量。

3. 描述符计算

描述符通常包括两类：分子描述符和局部描述符。分子描述符是对整个分子进行描述的描述符，具体类型包括 6 类：结构组成描述符、拓扑描述符、几何描述符、静电描述符、量子化学描述符和热力学描述符。局部描述符是对特定分子片段或结构区域进行描述的描述符，图 7-4 显示的是 30 号化合物与 L-乳酸发生缔合作用时两个不同局部片段的选择（红色和蓝色虚线框内为选取的片段），选取这两个片段是由于它们是缔合作用的重要位点。局部描述符类型包括结构组成描述符、拓扑描述符、几何描述符和量子化学描述符。本研究中，利用 Ampac 和 Codessa 软件计算了 40 个避蚊胺类似物的分子描述符、40 个缔合体的分子描述符和局部描述符，总共获得了描述符 1700 多个。

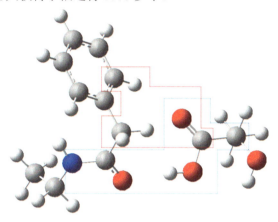

图 7-4　缔合体中用于局部描述符计算的片段选择（以 30 号化合物与 L-乳酸缔合为例）

7.3.1.2　缔合计算结果

1. 缔合能量和缔合类型

经过结构优化后，得到了 40 个避蚊胺类似物、L-乳酸、40 个 L-乳酸-避蚊胺类似物缔合体的最低能量构型。经计算，获得了避蚊胺类似物、L-乳酸和缔合体的能量（表 7-49），同时，缔合体内各个原子间的距离和角度也可以从最低能量构型中读取（表 7-50）。由表 7-50 可知，避蚊胺类似物与 L-乳酸的缔合方式为氢键相互作用。在缔合过程中，避蚊胺类似物一般充当质子接受者，而 L-乳酸充当质子提供者。

表 7-50　L-乳酸-避蚊胺类似物缔合的距离和角度

编号	缔合类型	距离/Å	角度/(°)	编号	缔合类型	距离/Å	角度/(°)
1	—OH⋯O=C<	2.090 70	167.386 51	9	—OH⋯O=C<	2.089 60	166.066 29
2	—OH⋯O=C<	2.100 74	161.389 89	10	—OH⋯O=C<	2.113 07	133.829 76
3	—OH⋯O=C<	2.097 47	166.103 84	11	—OH⋯O=C<	2.088 72	177.159 80
4	—OH⋯O=C<	2.087 44	164.507 34	12	—OH⋯O=C<	2.095 58	167.694 01
5	—OH⋯O=C<	2.080 16	176.675 70	13	—OH⋯O=C<	2.177 72	145.315 19
6	—OH⋯O=C<	2.085 24	165.254 25	14	—OH⋯O=C<	2.095 25	166.694 45
7	—OH⋯O=C<	2.094 86	168.005 65	15	—OH⋯O=C<	2.099 04	159.871 52
8	—OH⋯O=C<	2.088 24	163.657 60	16	—OH⋯O=C<	2.062 71	171.621 07

续表

编号	缔合类型	距离/Å	角度/(°)	编号	缔合类型	距离/Å	角度/(°)
17	—OH···O=C<	2.095 51	167.423 91	29	—OH···O=C<	2.072 98	165.489 54
18	—OH···O=C<	2.086 18	163.369 62	30	—OH···O=C<	2.061 98	174.089 86
19	—OH···O=C<	2.092 97	163.956 85	31	—OH···O=C<	2.100 25	134.247 83
20	—OH···O=C<	2.099 08	167.117 48	32	—OH···O=C<	2.087 41	164.850 25
21	—OH···O=C<	2.099 13	169.145 26	33	—OH···O=C<	2.100 96	161.366 46
22	—OH···O=C<	2.085 59	169.967 94	34	—OH···O=C<	2.096 80	167.334 61
23	—OH···O=C<	2.086 07	162.565 58	35	—OH···O=C<	2.127 36	161.503 36
24	—OH···O=C<	2.117 85	138.426 87	36	—OH···O=C<	2.082 81	165.367 19
25	—OH···O=C<	2.100 63	167.162 05	37	—OH···O=C<	2.159 62	141.397 50
26	—OH···O=O<	2.087 32	162.879 42	38	—OH···O=C<	2.096 95	167.052 04
27	—OH···O=C<	2.091 59	167.351 93	39	—OH···O=C<	2.095 92	167.63 378
28	—OH···O=C<	2.169 22	141.732 14	40	—OH···O=C<	2.089 04	166.029 13

典型的氢键键能一般在 8～42kJ/mol。Jeffrey 和 Saenger（1991）根据氢键键能的差别，将氢键分为强氢键（63～167kJ/mol）、中等氢键（17～63kJ/mol）和弱氢键（<17kJ/mol）。表 7-49 列出的避蚊胺类似物与 L-乳酸之间的氢键键能大多为 20kJ/mol 左右，因此归为中等强度的氢键。

另外，表 7-49 中也有 4 个避蚊胺类似物（13 号、24 号、28 号、37 号）与 L-乳酸缔合时强度较低，属于弱相互作用。通过观察缔合体的结构发现：L-乳酸在与 13 号、28 号、37 号缔合时，是以羰基 α 位的羟基参与缔合，而与其他化合物缔合时则是以羧基参与缔合，电负性的差异导致 L-乳酸与 13 号、28 号、37 号的缔合相对较弱；L-乳酸与 28 号、37 号的缔合还受到异丙基位阻效应的影响；L-乳酸与 24 号的缔合减弱主要是由缔合区域存在位阻效应所致。

通常情况下，氢键作用的距离根据氢键的强弱而定，而参与氢键作用的 3 个原子所形成的角度在 90°～180°。本研究计算获得避蚊胺类似物与 L-乳酸之间氢键的距离在 2.0～2.2Å，角度在 130°～180°，均在合理范围之内。

Song 等（2013）研究了 20 个萜类驱避化合物与 L-乳酸的缔合作用，表明萜类化合物与 L-乳酸之间也存在弱氢键相互作用（缔合能量大多在 11kJ/mol 左右），结论与本研究的一致，即驱避化合物与 L-乳酸之间存在缔合作用。

7.3.2 双分子缔合对驱避活性影响的定量计算

7.3.2.1 计算方法

利用 Codessa 软件中的启发式方法（HM），在已获得的描述符中筛选出与活性密切相关的描述符用于构建多元线性 QSAR 模型。最佳模型确定和检验的步骤如下。

1. 模型确定

参考 6.1.1.1 中的方法完成。

2. 模型检验

参考 6.1.1.1 中的方法完成。

7.3.2.2 描述符的筛选和模型

在 Codessa 软件中，应用 HM 方法在 1700 多个描述符中筛选与保护时间密切相关的描述符，根据建模描述符个数的不同，可以构建一系列模型，见表 7-51。根据最佳模型判定规则，当模型少于 5 个描述符时，ΔR^2 均大于 0.1；当描述符个数增加至 5 时，ΔR^2 为 0.04，符合 $\Delta R^2 < 0.02 \sim 0.05$，由此认为 5 个描述符的模型较 4 个描述符的模型没有显著改善，因而选择含有 4 个描述符的模型为最佳模型，组成该模型的 4 个描述符列于表 7-52。

表 7-51　不同参数个数的模型对应的 R^2 和 R_{cv}^2

参数个数	相关系数平方值	交互检验相关系数平方值
1	0.3411	0.2957
2	0.4951	0.4189
3	0.6214	0.5584
4	0.7345	0.6621
5	0.7760	0.7079
6	0.8200	0.7337
7	0.8690	0.7928
8	0.9031	0.8337

表 7-52　最佳定量构效关系模型

描述符序号	回归系数	回归系数标准误	t 检验值	描述符
	\multicolumn{4}{l}{L-乳酸-避蚊胺类似物模型：}	
	\multicolumn{4}{l}{$R^2=0.7345$，$R_{cv}^2=0.6621$，RMSE=0.7633，$s^2=0.6659$，$F=24.20$，$n=40$，}	
	\multicolumn{4}{l}{lgCRR=924.49+5.79A_1+2.76A_2+11.82A_3+27.32A_4}	
A_0	924.49	295.10	3.13	Inercept
A_1	5.79	1.50	3.86	mol-Monomer-Min atomic state energy for a N atom
A_2	2.76	0.33	8.39	f-Amides LA-Kier & Hall index (order 2)
A_3	11.82	2.71	4.37	mol-Monomer-Min total interaction for a C-H bond

续表

描述符序号	回归系数	回归系数标准误	t检验值	描述符
A_4	27.32	7.06	3.87	f-Amides LA-add-ESP-FPSA-3 Fractional PPSA (PPSA-3/TFSA)

注：mol-Monomer-为驱避化合物分子描述符的前缀；f-Amides LA-为 L-乳酸-避蚊胺类似物缔合体局部描述符的前缀；f-Amides LA-add-为 L-乳酸-避蚊胺类似物缔合体的另一组局部描述符的前缀

在获得的4个描述符中，其中两个是避蚊胺类似物分子描述符，另外两个是L-乳酸-避蚊胺类似物缔合体局部描述符。由此看出，驱避化合物与引诱物的缔合作用可能是影响驱避作用的一个重要因素，在驱避作用机理研究中不容忽视。模型中的这些描述符通常含有一些有价值的信息，对于解释驱避作用机理具有重要的参考价值。

第1个描述符为避蚊胺类似物分子描述符，其含义为氮原子的最小原子态能量。第2个描述符为L-乳酸-避蚊胺类似物缔合体局部描述符，属于拓扑描述符，与缔合区域各原子所含电子的情况相关。在前文分析缔合强度时曾提及了电负性对氢键作用的影响，这个描述符进一步提示：氢键周围不同电负性的原子或基团对缔合作用强度的影响可以导致驱避作用的变化。第3个描述符也是避蚊胺类似物分子描述符，属于量子化学描述符。这一描述符与避蚊胺类似物分子内的能量分布有关。第4个描述符来自缔合体的另外一个特定区域，其含义为：该特定区域中正电荷区域表面积占整个选定区域表面积的比例。它是一个电荷加权部分表面积描述符，与表面电子分布和分子间相互作用密切相关。

7.3.2.3 模型的检验

利用留一法和三重内部交互检验对获得的最佳模型进行检验，结果见表7-53。对比分析模型的相关系数平方值 R^2、交互检验相关系数平方值 R_{cv}^2、训练集相关系数平方值 R_{fit}^2 平均值和测试集相关系数平方值 R_{pred}^2 平均值可知，4个值之间相差不大，因此，获得的模型具有较好的稳定性和预测能力。图7-5显示的是利用表7-53中的模型获得的预测值与实验值的对比，发现两者之间存在较好的线性相关。综上所述，获得的模型结果理想。

表 7-53 模型的检验

相关系数平方值	交互检验相关系数平方值	训练集	训练集相关系数平方值	测试集	测试集相关系数平方值
0.7345	0.6621	A+B	0.5851	C	0.6240
		A+C	0.7988	B	0.6407
		B+C	0.7165	A	0.7680
		平均值	0.7001	平均值	0.6776

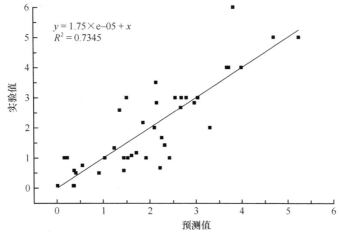

图 7-5 模型预测值与实验值的关系

与 Katritzky 等（2006）、Natarajan 等（2008）获得的模型相比，本研究结合驱避作用机理增加了缔合体相关描述符，并获得了与驱避活性相关的缔合体描述符，更加合理地分析了驱避化合物及其与引诱物缔合体的结构与驱避活性之间的关系。另外，本研究应用的这 40 个避蚊胺类似物与 Natarajan 等（2008）的相同，Natarajan 等（2008）应用岭回归分析获得了 R^2 为 0.734 的最佳模型，与本研究应用 HM 法获得模型的值相近，而 Katritzky 等（2006）将化合物个数减少为 31 后，获得了 R^2 为 0.8 左右的最佳模型。由此看来，避蚊胺类似物（及缔合体）结构与保护时间之间的定量构效关系模型的 R^2 整体不高，尽管如此，这一问题并不影响我们利用这些模型来揭示一些值得关注的科学问题。

7.3.3 小结

本研究应用量子化学计算的方法研究了避蚊胺类似物与 L-乳酸之间的缔合作用（分子间相互作用）。结果表明：避蚊胺类似物与 L-乳酸之间存在着中等强度的氢键作用，氢键键能约为 20kJ/mol，作用距离在 2.0~2.2Å，角度在 130°~180°。

应用 Codessa 软件中的启发式方法研究了避蚊胺类似物及其与 L-乳酸缔合后的缔合体结构与保护时间之间的定量构效关系，获得了一个四参数最佳模型，模型的检验结果理想。组成模型的 4 个描述符中包含两个避蚊胺类似物分子描述符和两个缔合体局部描述符，这一结果显示，避蚊胺类似物与 L-乳酸的缔合对驱避活性存在重要影响，也进一步体现了驱避化合物与引诱物之间的相互作用在驱避作用机理研究中不容忽视，这对于今后驱避作用机理的研究具有积极的推动作用。

7.4 驱避化合物与引诱物三分子缔合作用的理论计算

由于多方面原因,目前仍无法对驱避机理做出清晰的解释。近年来,国外研究者从气味受体、嗅觉神经元等方面来探索蚊虫的嗅觉驱避机理。Ditzen 等(2008)研究发现了避蚊胺(DEET)的分子靶标,并表明 DEET 通过阻断 OR83b 气味受体的功能来起作用;Syed 和 Leal(2008)通过神经元研究与行为学实验得出蚊虫嗅觉神经元通过对 DEET 直接感知而主动躲避;Turner 等(2011)研究发现一些具驱避活性的物质能延长 CO_2 受体神经元的激活状态,致使冈比亚按蚊(*Anopheles gambiae*)、致倦库蚊(*Culex quinquefasciatus*)及埃及伊蚊(*Aedes aegypti*)对宿主的搜寻行为和对引诱气味组分的识别被干扰与阻断;DeGennaro 等(2013)通过对共同受体突变的蚊虫研究发现,气味受体通道对于嗜血蚊虫区别人类和非人类宿主及它们被 DEET 有效击退有着至关重要的作用。国内的研究者从行为学、触角电生理、定量构效关系等几个方面对蚊虫远离驱避剂的机理开展了大量研究。余静等(2013)的驱避剂与引诱剂联合使用研究表明,在适当距离范围内,联合使用提高了蚊虫引诱效率;Hao 等(2013)利用风洞嗅觉仪测定 6 种花香气味化合物单独作用及其与宿主共同作用对白纹伊蚊(*A. albopictus*)行为的影响,结果表明单独作用时茴香醛在所有测定浓度和丁香酚在 48%~96% 浓度时具有引诱效果,其他 4 种化合物在较低浓度和较高浓度时分别具有引诱和驱避效果,然而与宿主共同作用时,除茴香醛外,所有化合物在测定浓度均具有驱避效果;随后 Song 等(2013)通过定量构效关系研究表明,不仅驱避剂的结构对其活性有影响,而且驱避剂和 L-乳酸复合物的结构也对其活性有重要作用;忻伟隆等(2014)从缔合作用的角度,利用 Y 型嗅觉仪分别测定氨、DEET 及氨与 DEET 缔合体对白纹伊蚊(*A. albopictus*)行为反应的影响,结果表明氨与 DEET 的缔合可以增强白纹伊蚊的驱避行为反应。

蚊虫具有高度专一和极其灵敏的嗅觉系统,它们能感知宿主散发的气味并进一步搜寻定位和吸血。研究表明,对蚊虫具有引诱作用的人体引诱物主要包括 L-乳酸、氨、二氧化碳、1-辛烯-3-醇和一些小分子羧酸(Acree et al.,1968;Carlson et al.,1973;Takken and Kline,1989;Kline,1994;Geier et al.,1999)。与 L-乳酸单独存在相比,L-乳酸与氨的混合气味对冈比亚按蚊(*An. gambiae*)的引诱力显著增强(Enserink,2002),宿主气味的组成、含量和比例的差异可以影响蚊虫对宿主的偏好。宿主气味组成发生改变,有可能导致其引诱力的变化。据此,我们推测驱避剂有可能改变引诱气味组分,并对驱避活性产生影响。我们在前期研究中使用计算化学的手段研究了单个萜类驱避剂分子分别与单个氨、L-乳酸、1-辛烯-3-醇、二氧化碳分子的缔合,得出了该类缔合作用对驱避活性具有显著影响的初步结论(廖圣良等,2012a,2012b,2014b;Song et al.,2013)。

在单个驱避剂分子和单个引诱物分子缔合作用研究成果的基础上，我们推测驱避化合物可能同时与多个引诱物分子发生缔合作用，并对活性产生影响。因此，我们借助 Gaussian View 4.1、Gaussian 03W、Ampac 8.16 和 Codessa 2.7.10 软件进行了萜类驱避化合物与 2 个不同种类引诱物分子同时发生缔合作用（三分子缔合）的计算研究，初步结果表明三分子缔合作用可以发生，并对驱避活性具有显著影响。

7.4.1 计算方法

7.4.1.1 数据来源

1. 蚊虫驱避剂

本研究选取的 43 个酰胺类蚊虫驱避剂同 6.2.1.1。
22 个萜类化合物的结构及其驱避白纹伊蚊的活性数据同 7.1.1.1。

2. 蚊虫引诱物

选取 4 种人体分泌物中含量较多或引诱力强的蚊虫引诱物：L-乳酸、氨、二氧化碳和 1-辛烯-3-醇。它们的具体结构信息见表 7-34。

7.4.1.2 化合物结构式的构建和优化方法

前面，我们已应用 Gaussian View 4.1 分别构建了 43 个酰胺类蚊虫驱避化合物和 4 个蚊虫引诱物的三维结构，接下来分析驱避剂和引诱物结构中的官能团，寻找三者之间的缔合位点来构建 43 个酰胺类蚊虫驱避剂分子分别与 2 个不同种类引诱物缔合的三分子缔合体：酰胺类驱避剂分子与 L-乳酸-氨的三分子缔合体（D_{La-Am}^{A}）和酰胺驱避剂分子与二氧化碳-1-辛烯-3-醇的三分子缔合体（D_{Co-Oct}^{A}）。同时采用 Gaussian View 4.1 构建 22 个萜类蚊虫驱避剂分子的三维结构（T）；并分别构建其与 1 个引诱物缔合的双分子缔合体：L-乳酸-驱避剂双分子缔合体（D_{La}^{T}）、氨-驱避剂双分子缔合体（D_{Am}^{T}）、二氧化碳-驱避剂双分子缔合体（D_{Co}^{T}）和 1-辛烯-3-醇-驱避剂双分子缔合体（D_{Oct}^{T}），以及其与 2 个不同种类引诱物缔合的三分子缔合体：萜类蚊虫驱避剂分子与 L-乳酸-氨的三分子缔合体（D_{La-Am}^{A}）和萜类蚊虫驱避剂分子与二氧化碳-1-辛烯-3-醇的三分子缔合体（D_{Co-Oct}^{A}）。

在每个化合物构建完成后，我们统一存于一个指定文件夹里。之后，通过记事本打开该文件来指定优化所需的计算方法为从头算方法 HF/6-31G(d)。然后将所有编辑好的文件通过 Gaussian 03W 软件来进行优化，每个结构完成优化后会以 guassian output 的文件形式保存在相同文件夹中。

7.4.1.3 缔合距离、角度和缔合能量的计算方法

在所有结构完成优化后，我们利用 Ampac 8.16 软件把 guassian output 文件转换为 ampac output 的形式。然后直接打开 ampac output 文件，借助软件工具栏中显示原子间键距或者键角的快捷按钮，点击作用区域中引诱物和驱避剂的原子，分别测得它们的缔合距离及缔合角度。

利用写字本或者记事本从 ampac output 文件中获取对应化合物分子的能量。比较缔合前引诱物加驱避剂的总能量与缔合体能量的差异可获得缔合能量，即缔合体能量减去缔合前各个化合物的总能量。计算公式如下：

$$\Delta E = E(\text{D}) - \left[E(\text{R}) + E'(\text{A}) \right] \quad (7\text{-}4)$$

式中，ΔE 定义为缔合能量；$E(\text{D})$ 定义为缔合体的能量；$E(\text{R})$ 定义为驱避剂分子的能量；$E'(\text{A})$ 定义为两种引诱物分子的总能量之和。

7.4.1.4 三分子缔合体 QSAR 模型的构建方法

此前已借助 Codessa 2.7.10 软件获得了 43 个酰胺类蚊虫驱避剂分子、D_{La}^A、D_{Am}^A、D_{Co}^A 和 D_{Oct}^A 的 6 类描述符。这些描述符能体现驱避剂分子和双分子缔合体的内部结构特征，通过解析描述符的含义有助于了解化合物结构与其生物活性之间的关系，更有助于了解缔合作用对蚊虫驱避剂生物活性的重要意义，接下来可将 $D_{La\text{-}Am}^A$ 及 $D_{Co\text{-}Oct}^A$ 两种酰胺类三分子缔合体的结构导入 Codessa 2.7.10 软件并计算它们的分子结构描述符。

$D_{La\text{-}Am}^A$ 的模型（$M_{La\text{-}Am}^A$）：将活性数据导入 Codessa 2.7.10 软件，加入 43 个酰胺类蚊虫驱避化合物、D_{La}^A、D_{Am}^A 和 $D_{La\text{-}Am}^A$ 的分子结构描述符，通过 HM 逐一筛选并筛选出对驱避活性产生显著影响的结构参数进行回归计算，获得具有不同参数个数的 QSAR 模型。用同样的方法构建 $D_{Co\text{-}Oct}^A$ 的模型（$M_{Co\text{-}Oct}^A$）。

参照上述描述符获取过程计算 22 个萜类蚊虫驱避剂分子、D_{La}^T、D_{Am}^T、D_{Co}^T、D_{Oct}^T、$D_{La\text{-}Am}^T$ 和 $D_{Co\text{-}Oct}^T$ 的分子描述符。

$D_{La\text{-}Am}^T$ 的模型（$M_{La\text{-}Am}^T$）：将活性数据导入 Codessa 2.7.10 软件，加入 22 个萜类蚊虫驱避化合物、D_{La}^T、D_{Am}^T 和 $D_{La\text{-}Am}^T$ 的分子描述符，通过 HM 逐一筛选并筛选出对驱避活性产生显著影响的结构参数进行回归计算，获得具有不同参数个数的 QSAR 模型。用同样的方法构建 $D_{Co\text{-}Oct}^T$ 的模型（$M_{Co\text{-}Oct}^T$）。

7.4.1.5 最佳模型的判定方法

参考 6.1.1.1 中的方法完成。

7.4.1.6 模型的检验方法

参考 6.1.1.1 中的方法完成。

7.4.2 三分子缔合作用的计算结果

7.4.2.1 三分子缔合的能量

前期已获得 L-乳酸分子、氨分子、二氧化碳分子和 1-辛烯-3-醇分子的能量分别为 $-137\,837.37$ kJ/mol、$-23\,973.73$ kJ/mol、$-74\,166.24$ kJ/mol 和 $-151\,020.45$ kJ/mol，以及 43 个酰胺类蚊虫驱避剂分子的能量。用写字板打开 43 个 D_{La-Am}^A 的 ampac output 文件获取它们各自的能量。参照上述能量获取方法得到 D_{Co-Oct}^A、22 个萜类蚊虫驱避剂分子、D_{La}^T、D_{Am}^T、D_{Co}^T、D_{Oct}^T、D_{La-Am}^T 和 D_{Co-Oct}^T 分子的能量。根据缔合能量的计算公式获得 D_{La-Am}^A、D_{Co-Oct}^A、D_{La-Am}^T 和 D_{Co-Oct}^T 的缔合能量，见表 7-54 和表 7-55。

表 7-54 酰胺类蚊虫驱避剂与引诱物三分子缔合的能量　　（单位：kJ/mol）

编号	D_{La-Am}^A 能量	D_{Co-Oct}^A 能量	驱避化合物能量	D_{La-Am}^A 缔合能量	D_{Co-Oct}^A 缔合能量
1	-379 243.26	-442 617.92	-217 404.16	-28.00	-27.07
2	-394 270.03	-457 637.97	-232 425.22	-33.71	-26.06
3	-388 736.55	-452 103.51	-226 890.01	-35.44	-26.81
4	-394 250.31	-457 614.29	-232 403.02	-36.19	-24.58
5	-394 246.40	-457 616.58	-232 401.12	-34.18	-28.77
6	-391 485.59	-454 853.66	-229 640.91	-33.59	-26.06
7	-379 229.06	-442 599.02	-217 386.15	-31.81	-26.18
8	-409 266.60	-472 633.96	-247 420.92	-34.58	-26.35
9	-379 194.19	-442 564.07	-217 351.79	-31.30	-25.59
10	-376 423.20	-439 796.77	-214 584.31	-27.80	-25.77
11	-376 524.25	-439 893.49	-214 679.65	-33.50	-27.15
12	-391 504.88	-454 878.89	-229 665.84	-27.95	-26.37
13	-388 739.30	-452 108.52	-226 898.89	-29.32	-22.94
14	-385 975.03	-449 341.37	-224 130.68	-33.26	-24.00
15	-376 488.10	-439 853.83	-214 642.15	-34.86	-24.99
16	-373 720.18	-437 092.11	-211 878.77	-30.32	-26.65
17	-406 513.99	-469 888.65	-244 676.71	-26.19	-25.25
18	-391 514.95	-454 877.36	-229 671.01	-32.84	-19.66
19	-421 523.22	-484 913.93	-259 700.56	-11.56	-26.68

续表

编号	D_{La-Am}^{A} 能量	D_{Co-Oct}^{A} 能量	驱避化合物能量	D_{La-Am}^{A} 缔合能量	D_{Co-Oct}^{A} 缔合能量
20	−418 899.52	−482 254.26	−257 050.26	−38.17	−17.32
21	−373 674.28	−437 050.45	−211 848.23	−14.96	−15.54
22	−436 601.13	−499 968.15	−274 757.11	−32.92	−24.35
23	−421 651.30	−485 011.89	−259 806.28	−33.92	−18.93
24	−413 514.42	−476 872.88	−251 667.58	−35.74	−18.61
25	−406 613.92	−469 982.64	−244 767.33	−35.49	−28.62
26	−413 503.52	−476 868.38	−251 659.53	−32.89	−22.16
27	−410 739.13	−474 106.83	−248 894.98	−33.06	−25.16
28	−432 739.61	−496 108.73	−270 895.54	−32.98	−26.50
29	−421 660.73	−485 030.12	−259 813.94	−35.70	−29.49
30	−418 894.39	−482 253.68	−257 047.02	−36.27	−19.97
31	−391 602.15	−454 975.78	−229 763.91	−27.15	−25.18
32	−391 591.49	−454 955.66	−229 747.40	−32.99	−21.58
33	−388 822.59	−452 214.50	−227 001.23	−10.26	−26.58
34	−373 822.65	−437 188.24	−211 979.61	−31.94	−21.94
35	−425 772.83	−489 147.06	−263 943.97	−17.77	−16.41
36	−455 816.24	−519 188.56	−293 974.67	−30.47	−27.20
37	−445 027.44	−508 391.55	−283 180.05	−36.30	−24.81
38	−453 163.99	−516 532.85	−291 323.12	−29.78	−23.05
39	−481 775.69	−545 148.81	−319 932.51	−32.09	−29.62
40	−402 768.48	−466 127.85	−240 920.31	−37.08	−20.85
41	−402 756.29	−466 119.66	−240 913.56	−31.63	−19.41
42	−481 725.83	−545 092.29	−319 879.54	−35.20	−26.06
43	−524 139.88	−587 518.80	−362 304.47	−24.31	−27.65

表 7-55 萜类蚊虫驱避剂与引诱物三分子缔合的缔合能量 （单位：kJ/mol）

编号	D_{La-Am}^{T} 能量	D_{Co-Oct}^{T} 能量	驱避化合物能量	D_{La-Am}^{T} 缔合能量	D_{Co-Oct}^{T} 缔合能量
1	−410 803.45	−474 168.90	−248 957.23	−35.12	−24.98
2	−425 827.04	−489 190.28	−263 981.87	−34.07	−21.72
3	−371 153.94	−434 518.79	−209 311.87	−30.98	−20.24
4	−414 370.80	−477 735.46	−252 526.34	−33.36	−22.44
5	−429 386.35	−492 752.74	−267 545.51	−29.74	−20.53
6	−444 421.81	−507 779.59	−282 569.79	−40.92	−23.12

续表

编号	D_{La-Am}^{T} 能量	D_{Co-Oct}^{T} 能量	驱避化合物能量	D_{La-Am}^{T} 缔合能量	D_{Co-Oct}^{T} 缔合能量
7	−342 990.35	−406 361.35	−181 150.69	−28.57	−23.97
8	−401 233.16	−464 597.20	−239 385.92	−36.15	−24.59
9	−416 266.12	−479 619.92	−254 410.21	−44.82	−23.03
10	−352 453.34	−415 810.85	−190 606.02	−36.23	−18.15
11	−367 433.53	−430 793.56	−205 589.39	−33.04	−17.48
12	−382 454.34	−445 817.24	−220 612.51	−30.73	−18.04
13	−397 476.54	−460 845.76	−235 640.91	−24.53	−18.16
14	−395 668.98	−459 034.73	−233 825.08	−32.80	−22.96
15	−410 689.64	−474 059.61	−248 848.04	−30.51	−24.88
16	−425 719.50	−489 080.34	−263 872.68	−35.73	−20.98
17	−337 304.50	−400 662.72	−175 458.47	−34.93	−17.56
18	−413 508.22	−476 883.21	−251 669.54	−27.59	−26.98
19	−428 533.11	−491 905.59	−266 694.52	−27.49	−24.39
20	−473 608.83	−536 973.44	−311 763.83	−33.90	−22.92
21	−488 643.45	−552 003.00	−326 792.25	−40.10	−24.07
22	−488 620.65	−551 980.20	−326 772.80	−36.75	−20.71

氢键的键能一般在 8~42kJ/mol，其中弱氢键的键能小于 17kJ/mol，中等强度氢键的键能处在 17~63kJ/mol，范围在 63~167kJ/mol 的则是较强氢键（Jeffrey and Saenger, 1991; Desiraju and Steiner, 1999）。从表 7-54 可知，D_{La-Am}^{A} 的缔合能量在 10~39kJ/mol，D_{Co-Oct}^{A} 的缔合能量在 15~30kJ/mol。从表 7-55 可知，D_{La-Am}^{T} 的缔合能量在 24~45kJ/mol，D_{Co-Oct}^{T} 的缔合能量在 17~27kJ/mol。驱避化合物与 L-乳酸-氨的三分子缔合能量高于驱避化合物与二氧化碳-1-辛烯-3-醇的三分子缔合能量，D_{La-Am}^{A} 的缔合能量平均值在 25kJ/mol 左右，D_{La-Am}^{T} 的缔合能量平均值在 30kJ/mol 左右。

7.4.2.2 三分子缔合的距离和角度

利用 Ampac 8.16 软件分别获得酰胺类蚊虫驱避剂分子与 L-乳酸-氨三分子缔合的距离和角度，如表 7-56 所示。从该表可知，D_{La-Am}^{A} 的缔合距离、缔合角度分别为 2.02~2.95Å、90.70°~177.60°。酰胺类蚊虫驱避剂分子与二氧化碳-1-辛烯-3-醇三分子缔合的距离和角度见表 7-57，从该表可知，D_{Co-Oct}^{A} 的缔合距离、缔合角度分别为 2.11~2.92Å、91.88°~177.64°。萜类蚊虫驱避剂分子与 L-乳酸-氨三分子缔合的距离和角度见表 7-58，从该表可知，D_{La-Am}^{T} 的缔合距离、缔合角度分别为 2.06~2.93Å、90.10°~174.87°。萜类蚊虫驱避剂分子与二氧化碳-1-辛烯-3-醇三分子缔合的距离和角度见表7-59，从该表可知，D_{Co-Oct}^{T}的缔合距离、缔合角度分别为2.14～2.76Å、95.52°～180.00°。

表7-56 D_{La-Am}^{A}的缔合距离和角度

编号	缔合区域	距离/Å	角度/(°)	编号	缔合区域	距离/Å	角度/(°)
1	C=O⋯H—O	2.19	127.85	10	C=O⋯H—O	2.08	172.00
	C—O⋯H—C	2.77	124.26		C=O⋯H—C	2.52	129.45
	H—N⋯H—C	2.79	153.21		C—O⋯H—N	2.37	111.76
	C=O⋯H—N	2.40	111.25	11	C=O⋯H—N	2.17	155.08
2	C=O⋯H—O	2.08	156.22		H—N⋯H—O	2.11	162.20
	C=O⋯H—C	2.31	158.96		C=O⋯H—C	2.52	136.57
	C—O⋯H—N	2.34	113.43		C=O⋯H—N	2.40	115.10
	H—N⋯H—C	2.95	101.72	12	C=O⋯H—O	2.12	167.05
3	C=O⋯H—O	2.07	166.11		C=O⋯H—N	2.42	107.01
	C=O⋯H—C	2.26	157.01		C=O⋯H—N	2.42	107.24
	C—O⋯H—N	2.36	112.26	13	C=O⋯H—O	2.20	131.14
	H—N⋯H—C	2.90	103.92		C=O⋯H—N	2.37	114.02
4	C=O⋯H—O	2.11	160.68		C—O⋯H—C	2.32	177.6
	C=O⋯H—N	2.40	112.65	14	C=O⋯H—O	2.09	165.4
	C—O⋯H—N	2.36	112.75		C=O⋯H—C	2.30	166.84
5	C=O⋯H—O	2.07	168.32		C=O⋯H—N	2.35	112.74
	C=O⋯H—C	2.44	143.65		H—N⋯H—C	2.92	103.03
	C=O⋯H—N	2.18	156.32	15	C=O⋯H—O	2.08	164.68
6	C=O⋯H—O	2.09	166.57		C=O⋯H—C	2.34	155.31
	C=O⋯H—C	2.31	114.00		C=O⋯H—N	2.36	112.26
	C—O⋯H—N	2.33	114.00		H—N⋯H—C	2.89	104.53
7	C=O⋯H—O	2.09	156.44	16	C=O⋯H—N	2.48	100.74
	C=O⋯H—C	2.37	145.53		H—N⋯H—O	2.61	111.03
	C—O⋯H—N	2.15	170.32		C=O⋯H—C	2.30	166.92
8	C=O⋯H—O	2.09	164.17	17	C=O⋯H—N	2.42	104.04
	C=O⋯H—C	2.38	145.23		H—N⋯H—C	2.89	154.00
	C—O⋯H—N	2.33	114.03	18	C=O⋯H—O	2.18	140.01
9	C=O⋯H—O	2.08	174.20		C=O⋯H—C	2.36	177.17
	C=O⋯H—C	2.44	146.40		C=O⋯H—N	2.38	110.49
	C—O⋯H—N	2.16	164.62		H—N⋯H—C	2.88	116.76

续表

编号	缔合区域	距离/Å	角度/(°)	编号	缔合区域	距离/Å	角度/(°)
19	C=O⋯H—O	2.12	154.46	27	C=O⋯H—O	2.11	164.75
	C=O⋯H—C	2.29	165.75		C=O⋯H—C	2.29	147.02
	H—N⋯H—O	2.57	122.15		C—O⋯H—N	2.35	112.94
	C—O⋯H—N	2.87	99.37		H—N⋯H—C	2.91	103.36
20	C=O⋯H—O	2.17	157.36	28	C=O⋯H—O	2.08	159.45
	C=O⋯H—C	2.30	170.14		C=O⋯H—N	2.17	163.74
	H—N⋯H—O	2.53	153.35		H—N⋯H—C	2.95	128.93
	C=O⋯H—N	2.18	147.61		C=O⋯H—N	2.29	117.31
21	C=O⋯H—O	2.07	138.79	29	H—N⋯H—O	2.02	114.70
	C=O⋯H—C	2.38	151.64		C=O⋯H—N	2.43	159.39
	C—O⋯H—N	2.49	141.83		C—O⋯H—C	2.67	144.10
	H—N⋯H—C	2.82	139.98		C—O⋯H—C	2.50	137.28
22	C=O⋯H—N	2.33	115.45	30	C=O⋯H—O	2.09	144.14
	H—N⋯H—O	2.66	156.03		C=O⋯H—N	2.44	107.55
	C—O⋯H—C	2.52	123.15		C—O⋯H—C	2.42	169.87
	C—O⋯H—C	2.61	138.63	31	C=O⋯H—O	2.12	161.16
23	C=O⋯H—O	2.08	160.48		C—O⋯H—N	2.49	102.51
	C=O⋯H—C	2.30	161.71		C—O⋯H—N	2.49	102.35
	C—O⋯H—N	2.36	112.25		H—N⋯H—C	2.86	118.75
	H—N⋯H—C	2.92	102.92	32	C=O⋯H—O	2.09	151.95
24	C=O⋯H—O	2.09	163.79		C=O⋯H—C	2.31	167.21
	C=O⋯H—C	2.37	165.61		C=O⋯H—N	2.39	109.52
	C=O⋯H—N	2.37	92.94	33	C=O⋯H—O	2.12	175.13
	C—O⋯H—N	2.43	108.98		C=O⋯H—C	2.36	175.64
	H—N⋯H—C	2.89	151.38		H—N⋯H—O	2.62	139.89
25	C=O⋯H—O	2.06	167.49	34	C=O⋯H—O	2.06	159.73
	C=O⋯H—C	2.27	172.94		C=O⋯H—C	2.41	143.69
	C—O⋯H—N	2.36	112.50		C—O⋯H—N	2.34	113.72
	H—N⋯H—C	2.91	103.53		H—N⋯H—C	2.93	101.90
26	C=O⋯H—N	2.16	150.56	35	C=O⋯H—O	2.18	136.00
	H—N⋯H—O	2.03	161.88		C=O⋯H—N	2.43	106.65
	C=O⋯H—N	2.43	113.66		H—N⋯H—C	2.75	169.03
	C—O⋯H—C	2.61	162.16	36	C=O⋯H—O	2.18	156.43

续表

编号	缔合区域	距离/Å	角度/(°)	编号	缔合区域	距离/Å	角度/(°)
36	C—O⋯H—N	2.41	115.69	40	C=O⋯H—O	2.12	144.95
	H—N⋯H—O	2.81	90.70		C=O⋯H—N	2.53	98.38
	C=O⋯H—N	2.48	147.66		H—N⋯H—C	2.69	162.38
	C—O⋯H—C	2.61	158.38		C—O⋯H—C	2.47	159.34
37	C=O⋯H—O	2.07	167.89	41	C=O⋯H—O	2.10	160.59
	C=O⋯H—C	2.29	140.99		C=O⋯H—C	2.39	138.77
	C—O⋯H—N	2.18	153.48		C=O⋯H—N	2.35	113.36
38	C=O⋯H—O	2.20	161.26		C—O⋯H—C	2.71	160.55
	H—N⋯H—O	2.67	104.06	42	C=O⋯H—O	2.09	169.19
	C=O⋯H—N	2.31	124.25		C=O⋯H—C	2.45	142.81
	C—O⋯H—C	2.51	156.91		C=O⋯H—N	2.36	112.65
	C—O⋯H—C	2.38	138.49		C=O⋯H—O	2.09	129.49
39	C=O⋯H—N	2.43	107.16		C=O⋯H—C	2.44	144.96
	H—N⋯H—O	2.52	162.43	43	C=O⋯H—N	2.47	108.45
	C—O⋯H—N	2.32	128.71		C—O⋯H—N	2.55	97.65
	C—O⋯H—C	2.36	163.47		H—N⋯H—C	2.91	155.99

表 7-57 $D_{Co\text{-}Oct}^A$ 的缔合距离和角度

编号	缔合区域	距离/Å	角度/(°)	编号	缔合区域	距离/Å	角度/(°)
1	C=O⋯H—O	2.14	154.40	4	C=O⋯H—C	2.49	110.15
	C—O⋯C=O	2.48	100.70		C=O⋯H—C	2.34	165.30
	C=O⋯H—C	2.38	153.70		C=O⋯H—C	2.37	144.23
	C=O⋯H—C	2.62	141.07		C=O⋯H—O	2.33	130.61
2	C=O⋯H—O	2.19	133.95	5	C=O⋯H—C	2.42	161.54
	C—O⋯C=O	2.48	100.99		C=O⋯H—C	2.37	169.74
	C=O⋯H—C	2.41	133.63		C=O⋯H—C	2.28	153.59
	C=O⋯H—C	2.58	142.41		C=O⋯H—O	2.15	139.94
3	C=O⋯H—O	2.13	173.48	6	C—O⋯C=O	2.47	101.51
	C—O⋯C=O	2.54	100.19		C=O⋯H—C	2.43	157.23
	C=O⋯H—C	2.37	145.83		C=O⋯H—C	2.71	140.06
	C=O⋯H—C	2.50	144.01	7	C=O⋯H—O	2.13	160.34
4	C=O⋯H—O	2.23	144.31		C—O⋯C=O	2.48	100.57

续表

编号	缔合区域	距离/Å	角度/(°)	编号	缔合区域	距离/Å	角度/(°)
7	C=O⋯H—C	2.36	149.12	16	C=O⋯H—O	2.18	160.29
	C=O⋯H—C	2.59	141.60		C—O⋯C=O	2.49	101.74
8	C=O⋯H—O	2.21	122.29		C=O⋯H—C	2.53	141.35
	C—O⋯C=O	2.69	102.86		C=O⋯H—C	2.51	128.13
	C=O⋯H—C	2.42	165.50	17	C=O⋯H—O	2.22	157.84
	C=O⋯H—C	2.40	155.96		C=O⋯H—C	2.40	110.19
9	C=O⋯H—O	2.15	167.90		C=O⋯H—C	2.37	159.97
	C—O⋯C=O	2.49	100.98	18	C=O⋯H—O	2.29	161.60
	C=O⋯H—C	2.46	153.35		C=O⋯H—C	2.31	142.54
	C=O⋯H—C	2.54	142.64		C=O⋯C=O	2.54	93.71
10	C=O⋯H—O	2.24	127.74	19	C=O⋯H—O	2.14	175.74
	C—O⋯C=O	2.49	100.75		C=O⋯H—C	2.37	148.59
	C=O⋯H—C	2.42	136.67		C=O⋯H—C	2.37	156.92
	C=O⋯H—C	2.55	143.22		C=O⋯H—C	2.51	143.14
11	C=O⋯H—O	2.15	135.71	20	C=O⋯C=O	2.60	95.74
	C—O⋯C=O	2.47	102.63		C=O⋯H—O	2.44	110.47
	C=O⋯H—C	2.49	155.31	21	C=O⋯H—O	2.11	165.53
	C=O⋯H—C	2.75	139.67		C—O⋯C=O	2.89	93.36
12	C=O⋯H—O	2.17	163.88		C=O⋯H—C	2.92	127.01
	C—O⋯C=O	2.49	101.52	22	C=O⋯H—O	2.18	139.15
	C=O⋯H—C	2.39	148.45		C—O⋯C=O	2.47	100.71
	C=O⋯H—C	2.52	141.26		C=O⋯H—C	2.37	155.83
13	C=O⋯H—O	2.21	147.88		C=O⋯H—C	2.61	141.94
	C—O⋯H—C	2.31	166.34	23	C=O⋯H—O	2.16	152.48
	C=O⋯H—C	2.41	144.42		C—O⋯C=O	2.83	93.57
14	C=O⋯H—O	2.27	125.15		C=O⋯H—C	2.69	143.21
	C—O⋯H—C	2.31	163.26		C=O⋯H—C	2.85	147.33
	C=O⋯H—C	2.38	172.66	24	C=O⋯C=O	2.61	91.88
	C=O⋯H—C	2.49	165.68		C=O⋯H—C	2.40	161.10
15	C=O⋯H—O	2.16	164.71		C=O⋯H—O	2.55	101.77
	C—O⋯C=O	2.49	101.31	25	C=O⋯H—O	2.15	139.04
	C=O⋯H—C	2.56	142.76		C—O⋯C=O	2.49	101.46
	C=O⋯H—C	2.57	134.34		C=O⋯H—C	2.43	144.24

编号	缔合区域	距离/Å	角度/(°)	编号	缔合区域	距离/Å	角度/(°)
25	C=O⋯H—C	2.55	142.27		C=O⋯C=O	2.56	93.79
26	C=O⋯H—O	2.21	132.62	35	C=O⋯H—C	2.47	119.06
	C—O⋯C=O	2.53	102.89		C=O⋯H—C	2.53	104.51
	C=O⋯H—C	2.45	153.80		C=O⋯C=O	2.55	94.37
	C=O⋯H—C	2.41	143.20		C=O⋯H—C	2.49	124.98
27	C=O⋯H—O	2.20	171.74	36	C=O⋯H—O	2.32	147.57
	C—O⋯C=O	2.50	101.05		C=O⋯H—C	2.37	147.26
	C=O⋯H—C	2.50	140.60		C=O⋯H—O	2.20	154.82
	C=O⋯H—C	2.37	152.74	37	C=O⋯H—C	2.55	119.80
28	C=O⋯H—O	2.17	139.73		C=O⋯H—C	2.73	116.64
	C—O⋯C=O	2.59	105.81		C=O⋯H—C	2.55	98.54
	C—O⋯H—C	2.42	146.97		C=O⋯H—O	2.26	153.97
29	C=O⋯H—O	2.20	125.43	38	C=O⋯H—C	2.53	116.54
	C—O⋯H—C	2.44	151.88		C—O⋯H—C	2.55	96.17
	C=O⋯H—C	2.61	117.14		C=O⋯H—O	2.16	149.45
	C=O⋯H—C	2.41	157.45	39	C—O⋯H—C	2.34	134.06
30	C=O⋯C=O	2.56	95.87		C=O⋯H—C	2.39	152.49
	C=O⋯H—C	2.44	166.55		C=O⋯H—C	2.62	114.45
	C=O⋯H—O	2.31	166.68		C=O⋯H—O	2.16	155.64
	C—O⋯H—C	2.33	172.18	40	C—O⋯C=O	2.49	101.07
31	C=O⋯H—O	2.16	141.41		C=O⋯H—C	2.47	150.50
	C—O⋯C=O	2.47	100.98		C=O⋯H—C	2.66	140.63
	C=O⋯H—C	2.50	144.51		C=O⋯H—O	2.15	154.60
	C=O⋯H—C	2.66	140.76	41	C=O⋯C=O	2.50	177.64
32	C=O⋯H—O	2.19	156.31		C=O⋯H—C	2.58	136.34
	C—O⋯C=O	2.73	95.84		C=O⋯H—C	2.66	122.72
	C=O⋯H—C	2.34	176.48		C=O⋯H—O	2.18	133.65
	C=O⋯H—C	2.39	160.62	42	C=O⋯C=O	2.49	102.07
33	C=O⋯H—O	2.17	173.76		C=O⋯H—C	2.53	151.67
	C—O⋯C=O	2.48	99.70		C=O⋯H—C	2.92	136.60
	C=O⋯H—C	2.42	171.91		C=O⋯H—O	2.15	136.74
	C=O⋯H—C	2.51	140.35	43	C=O⋯C=O	2.47	101.76
34	C=O⋯H—O	2.49	148.85		C=O⋯H—C	2.53	156.77
	C=O⋯H—C	2.46	120.17		C=O⋯H—C	2.71	137.36
	C=O⋯H—C	2.49	147.25				

表 7-58 D_{La-Am}^{T} 的缔合距离和角度

编号	缔合区域	距离/Å	角度/(°)	编号	缔合区域	距离/Å	角度/(°)
1	C=O···H—C	2.35	148.53	9	C=O···H—C	2.42	151.00
	H—N···H—C	2.80	100.92		C—O···H—O	2.14	171.37
	C—O···H—N	2.48	109.54		C—O···H—N	2.41	107.51
	C=O···H—O	2.10	135.99		H—N···H—O	2.89	153.00
2	C=O···H—C	2.35	158.22		C=O···H—N	2.41	109.12
	H—N···H—C	2.93	142.94	10	C=O···H—C	2.54	160.42
	C—O···H—N	2.34	129.44		C—O···H—O	2.06	128.58
	C=O···H—O	2.11	142.07		H—N···H—O	2.62	136.33
3	C=O···H—N	2.24	133.80		C—O···H—N	2.26	132.67
	H—N···H—O	2.11	144.54	11	C—O···H—O	2.09	138.86
	C—O···H—N	2.27	132.73		C=O···H—C	2.48	130.23
	C—O···H—O	2.30	144.65		C—O···H—N	2.32	152.00
	C—O···H—O	2.44	90.10		C—O···H—O	2.07	174.87
	C—O···H—O	2.15	108.72	12	C=O···H—N	2.21	150.88
4	C=O···H—O	2.09	166.36		H—N···H—O	2.63	161.95
	C=O···H—C	2.22	125.40		C=O···H—C	2.45	162.93
	C—O···H—N	2.24	134.86		C—O···H—O	2.12	168.51
	H—N···H—O	2.67	133.69	13	C—O···H—O	2.23	137.91
5	C=O···H—O	2.09	167.86		H—N···H—O	2.65	134.43
	C=O···H—C	2.23	166.73		C=O···H—C	2.41	137.87
	C—O···H—N	2.22	142.44		C=O···H—O	2.09	166.56
	H—N···H—O	2.63	162.53	14	C—O···H—N	2.23	134.83
6	C=O···H—O	2.13	169.12		H—N···H—O	2.68	133.35
	C=O···H—N	2.36	111.29		C=O···H—C	2.23	124.68
	H—N···H—O	2.64	155.31		C=O···H—O	2.10	157.23
	C—O···H—O	2.20	158.08	15	C=O···H—C	2.24	161.77
7	C—O···H—O	2.06	164.36		C—O···H—N	2.22	134.00
	C—O···H—N	2.38	110.78		H—N···H—O	2.71	133.52
	H—N···H—O	2.70	167.37		C=O···H—O	2.18	170.30
8	C=O···H—O	2.15	125.60	16	C=O···H—C	2.53	116.90
	C=O···H—C	2.27	148.23		H—N···H—O	2.67	157.18
	C—O···H—N	2.28	120.22	17	C—O···H—O	2.17	126.92
	H—N···H—O	2.76	131.42		C=O···H—C	2.37	147.63

续表

编号	缔合区域	距离/Å	角度/(°)	编号	缔合区域	距离/Å	角度/(°)
17	C—O⋯H—N	2.34	114.21		C=O⋯H—C	2.35	157.85
	C—O⋯H—N	2.4	143.75	20	C—O⋯H—N	2.53	133.67
18	C=O⋯H—O	2.12	170.69		H—N⋯H—O	2.72	119.29
	C=O⋯H—C	2.35	152.78		C=O⋯H—N	2.42	107.64
	C—O⋯H—N	2.22	138.23		C=O⋯H—O	2.13	125.25
	H—N⋯H—O	2.68	133.94	21	C=O⋯H—C	2.31	160.67
19	C=O⋯H—O	2.11	164.46		C—O⋯H—N	2.34	149.86
	C=O⋯H—C	2.54	145.97		C=O⋯H—O	2.13	134.00
	C—O⋯H—N	2.53	133.67	22	C=O⋯H—C	2.32	162.71
	H—N⋯H—O	2.72	119.29		C=O⋯H—N	2.49	126.04
20	C=O⋯H—O	2.11	164.46		C—O⋯H—N	2.32	141.21

表 7-59 $D_{Co\text{-}Oct}^{T}$ 的缔合距离和角度

编号	缔合区域	距离/Å	角度/(°)	编号	缔合区域	距离/Å	角度/(°)
1	C—O⋯H—O	2.21	155.37	5	C=O⋯H—C	2.51	173.75
	C—O⋯H—C	2.45	105.83		C—O⋯H—O	2.16	161.20
	C=O⋯C=O	2.61	163.50	6	C—O⋯H—C	2.47	135.80
	C=O⋯H—C	2.39	176.44		O=C⋯O=C	2.59	140.27
2	C—O⋯H—O	2.33	164.30		C—O⋯H—O	2.28	124.69
	C=O⋯H—O	2.18	148.07	7	C—O⋯H—O	2.18	154.87
	C=O⋯H—C	2.38	166.39		O=C⋯O—C	2.56	143.00
	C=O⋯H—C	2.44	154.70		C=O⋯H—C	2.32	121.31
3	C—O⋯H—C	2.48	116.19		C—O⋯H—O	2.16	169.70
	C=O⋯H—O	2.32	163.57	8	C—O⋯H—C	2.47	125.17
	C—O⋯C=O	2.53	150.35		O=C⋯O—C	2.51	134.88
4	C—O⋯H—O	2.15	159.42		C=O⋯H—C	2.48	143.21
	C—O⋯H—C	2.53	137.94		C—O⋯H—C	2.47	120.80
	O=C⋯O=C	2.65	114.68	9	C=O⋯H—O	2.22	152.06
	C=O⋯H—C	2.58	97.43		C—O⋯H—C	2.36	144.53
5	C—O⋯H—C	2.76	102.05		C=O⋯H—O	2.38	95.52
	C—O⋯H—C	2.69	163.67	10	C—O⋯H—C	2.52	145.54
	C=O⋯H—C	2.44	170.18		C=O⋯H—O	2.47	161.15
	O=C⋯O=C	2.73	111.16	11	C=O⋯H—C	2.46	122.27

续表

编号	缔合区域	距离/Å	角度/(°)	编号	缔合区域	距离/Å	角度/(°)
11	C=O⋯H—O	2.27	167.02	17	C=O⋯H—C	2.51	139.66
	C—O⋯H—C	2.32	157.14		C=O⋯H—C	2.51	133.03
	C—O⋯O=C	2.76	131.68		C—O⋯O=C	2.36	157.31
12	C=O⋯H—C	2.49	137.18	18	C=O⋯H—O	2.19	141.57
	C=O⋯H—C	2.50	144.59		C=O⋯H—C	2.36	151.36
	C=O⋯H—O	2.20	140.96		C=O⋯H—C	2.68	102.31
	C—O⋯H—C	2.41	139.58	19	C=O⋯H—O	2.16	155.67
13	C=O⋯H—O	2.2	142.40		C=O⋯H—O	2.39	141.99
	C=O⋯H—C	2.47	140.28		O=C⋯O—C	2.48	139.29
	C=O⋯H—C	2.50	144.92		C=O⋯H—C	2.63	139.48
	C—O⋯H—C	2.42	138.51	20	C=O⋯H—O	2.16	101.71
14	C=O⋯H—C	2.54	118.67		C—O⋯H—C	2.50	132.00
	C=O⋯H—O	2.23	178.49		C=O⋯H—C	2.38	161.26
	C—O⋯O=C	2.48	140.44		C=O⋯H—C	2.51	145.54
	C=O⋯H—C	2.59	141.47	21	C=O⋯H—C	2.55	142.54
15	C=O⋯H—C	2.47	144.44		O=C⋯O—C	2.49	134.27
	C=O⋯H—C	2.53	142.14		C=O⋯H—C	2.60	161.25
	C=O⋯H—O	2.15	159.72		C=O⋯H—O	2.14	108.59
16	C=O⋯H—O	2.29	168.04	22	C=O⋯H—O	2.22	137.81
	C=O⋯H—C	2.33	137.24		C=O⋯H—C	2.43	162.54
	C=O⋯C=O	2.57	180.00		C=O⋯H—O	2.35	166.87
17	C—O⋯H—O	2.23	170.65		C=O⋯H—C	2.47	152.11

7.4.2.3 三分子缔合体的 QSAR 模型

利用由 Codessa 2.7.10 软件中 HM 方法筛选的描述符进行回归计算，获得 D_{La-Am}^{A}、D_{Co-Oct}^{A}、D_{La-Am}^{T}、D_{Co-Oct}^{T} 的一系列 QSAR 模型，具体数值见表 7-60。

表 7-60　不同参数个数的模型对应的 R^2 和 R_{cv}^2

参数个数	M_{La-Am}^{A} 模型		M_{Co-Oct}^{A} 模型		M_{La-Am}^{T} 模型		M_{Co-Oct}^{T} 模型	
	R^2	R_{cv}^2	R^2	R_{cv}^2	R^2	R_{cv}^2	R^2	R_{cv}^2
1	0.7172	0.6923	0.7172	0.6923	0.5986	0.5144	0.5986	0.5144
2	0.8236	0.7918	0.8349	0.8045	0.8586	0.8244	0.8586	0.8244
3	0.8930	0.8638	0.8868	0.8588	0.9317	0.8483	0.9262	0.8924

续表

参数个数	M_{La-Am}^{A} 模型		M_{Co-Oct}^{A} 模型		M_{La-Am}^{T} 模型		M_{Co-Oct}^{T} 模型	
	R^2	R_{cv}^2	R^2	R_{cv}^2	R^2	R_{cv}^2	R^2	R_{cv}^2
4	0.9090	0.8756	0.9034	0.8733	0.9791	0.9532	0.9568	0.6529
5	0.9255	0.8871	0.9227	0.8911	0.9901	0.9741	0.9729	0.9102
6	0.9397	0.9067	0.9354	0.8965	0.9965	0.9895	0.9821	0.9120
7	0.9508	0.9186	0.9510	0.9226	0.9984	0.9902	0.9950	0.9756
8	0.9662	0.9425	0.9607	0.9335	0.9991	0.9956	0.9971	0.9559

7.4.3 三分子缔合对驱避活性影响的计算结果

7.4.3.1 三分子缔合体的最佳QSAR模型

根据最佳QSAR模型的判定方法，确定四参数模型为 D_{La-Am}^{A} 的最佳模型（表7-61）。最佳模型的 $R^2=0.9090$，$R_{cv}^2=0.8756$，$F=94.84$，$s^2=0.0767$。根据 t 检验值的绝对值判断最佳模型中4个参数对蚊虫驱避化合物驱避活性的影响程度大小为 $A_1>A_2>A_3>A_4$。A_1 属于量子化学描述符，来自 D_{La-Am}^{A}，显示酰胺类蚊虫驱避化合物与L-乳酸-氨三分子缔合体的γ极化度；A_2 属于静电描述符，来自 D_{Am}^{A}，显示氨-驱避剂双分子缔合体表面加权带电部分正电荷区域表面积；A_3 属于量子化学描述符，来自 D_{La}^{A}，显示L-乳酸-驱避剂双分子缔合体中氢原子的最大键级；A_4 属于静电描述符，来自酰胺类蚊虫驱避剂分子，显示驱避化合物分子的总能量取决于分子的电荷分布。

表7-61 M_{La-Am}^{A} 最佳四参数模型

扫描符序号	回归系数	回归系数标准误	t 检验值	描述符
A_0	31.4057	21.7153	5.3204	Intercept
A_1	0.0697	0.0233	10.9935	ALN-(1/6)X GAMMA polarizability (DIP)
A_2	4.5831	0.0233	10.4002	AN-ESP-WPSA-2 Weighted PPSA (PPSA2*TMSA/1000) [Quantum-Chemical PC]
A_3	-32.2776	22.2519	-5.3363	AL-Maximum bond order of a H atom
A_4	5.8860	2.2789	2.5829	A-ESP-HA dependent HDSA-1/TMSA [Quantum-Chemical PC]

注：A-为驱避化合物分子描述符的前缀；AL-为 D_{La}^{A} 分子描述符的前缀；AN-为 D_{Am}^{A} 分子描述符的前缀；ALN-为 D_{La-Am}^{A} 分子描述符的前缀

根据最佳QSAR模型的判定方法，确定四参数模型为 D_{Co-Oct}^{A} 的最佳模型（表7-62）。最佳模型的 $R^2=0.9034$，$R_{cv}^2=0.8733$，$F=88.82$，$s^2=0.0815$。根据 t 检验值的绝对值判断最佳模型中4个参数对蚊虫驱避化合物驱避活性的影响程度大小

为 $A_1 > A_2 > A_3 > A_4$。A_1 属于量子化学描述符，来自 D_{Oct}^A，显示 1-辛烯-3-醇-驱避剂双分子缔合体的 γ 极化度；A_2 属于静电描述符，来自酰胺类蚊虫驱避剂分子，反映驱避剂的表面加权带电部分正电荷区域表面积；A_3 属于量子化学描述符，来自 D_{Co}^A，显示二氧化碳-驱避剂双分子缔合体中氢原子的最大键级；A_4 属于量子化学描述符，来自 D_{Co}^A，显示二氧化碳-驱避剂双分子缔合体中碳原子的最大原子价态能量。

表 7-62 M_{Co-Oct}^A 最佳四参数模型

扫描符序号	回归系数	回归系数标准误	t 检验值	描述符
A_0	18.1556	21.3486	3.1285	Intercept
A_1	0.0498	0.0158	11.5865	AO-1X GAMMA polarizability (DIP)
A_2	0.0724	0.0268	9.9463	A-ESP-WPSA-2 Weighted PPSA (PPSA2*TMSA/1000) [Quantum-Chemical PC]
A_3	−28.9821	20.8669	−5.1095	AC-Maximum bond order of a H atom
A_4	−1.3159	1.8973	−2.5514	AC-Maximum atomic valance state energy for a C atom

注：A-为驱避化合物分子描述符的前缀；AC-为 D_{Co}^A 分子描述符的前缀；AO-为 D_{Oct}^A 分子描述符的前缀

根据最佳 QSAR 模型的判定方法，确定四参数模型为 D_{La-Am}^T 的最佳模型（表 7-63）。最佳模型的 $R^2 = 0.9791$，$R_{cv}^2 = 0.9532$，$F = 199.19$，$s^2 = 0.0002$。根据 t 检验值的绝对值判断最佳模型中 4 个参数对蚊虫驱避化合物驱避活性的影响程度大小为 $T_1 > T_3 > T_2 > T_4$。T_1 属于拓扑描述符，来自萜类蚊虫驱避剂分子，反映驱避剂分子的平均信息量；T_2 属于量子化学描述符，来自萜类蚊虫驱避化合物，显示萜类蚊虫驱避化合物分子中碳原子单电子平均反应指数；T_3 属于量子化学描述符，来自 D_{La-Am}^T，反映萜类蚊虫驱避化合物与 L-乳酸-氨三分子缔合体中氢氧键电子间排斥交换能；T_4 属于静电描述符，来自 D_{La}^T，显示 L-乳酸-驱避剂双分子缔合体中局部分子表面积。

表 7-63 M_{La-Am}^T 最佳四参数模型

扫描符序号	回归系数	回归系数标准误	t 检验值	描述符
T_0	−15.2637	5.1839	−10.8320	Intercept
T_1	0.8309	0.1690	18.0892	T-Average Information content (order 2)
T_2	−13.0461	6.4720	−9.1208	T-Average 1-electron reactivity index for a C atom
T_3	19.9812	1.0310	11.0164	TLN- Exchange energy + e-e repulsion for a H-O bond
T_4	5.0200	2.9728	6.2122	TL-FNSA-3 Fractional PNSA (PNSA-3/TMSA) [Zefirov's PC]

注：T-为驱避化合物分子描述符的前缀；TL-为 D_{La}^A 分子描述符的前缀；TLN-为 D_{La-Am}^A 分子描述符的前缀

根据最佳 QSAR 模型的判定方法，确定四参数模型为 D_{Co-Oct}^T 的最佳模型

（表 7-64）。最佳模型的 $R^2=0.9568$，$R_{cv}^2=0.6529$，$F=94.15$，$s^2=0.0005$。根据 t 检验值的绝对值判断最佳模型中 4 个参数对蚊虫驱避化合物驱避活性的影响程度大小为 $T_1>T_2>T_3>T_4$。T_1 属于拓扑描述符，来自萜类蚊虫驱避剂分子，反映驱避剂分子的平均信息量；T_2 属于量子化学描述符，来自萜类蚊虫驱避化合物，反映萜类蚊虫驱避化合物分子中碳原子单电子平均反应指数；T_3 属于量子化学描述符，来自 $D_{Co\text{-}Oct}^T$，显示 $D_{Co\text{-}Oct}^T$ 中 σ 与 π 的键级；T_4 属于量子化学描述符，来自萜类蚊虫驱避剂分子，反映驱避剂分子中 π 与 π 的键级。

表 7-64 $M_{Co\text{-}Oct}^T$ 最佳四参数模型

扫描符序号	回归系数	回归系数标准误	t 检验值	描述符
T_0	3.0865	1.0779	10.5346	Intercept
T_1	1.0753	0.3507	11.2807	T-Average Information content (order 2)
T_2	−25.0969	8.5797	−10.7610	T-Average 1-electron reactivity index for a C atom
T_3	−1.1637	0.6449	−6.6376	TCO-Maximum δ-π bond order
T_4	−0.7135	0.4728	−5.5512	T-Maximum π-π bond order

注：T- 为驱避化合物分子描述符的前缀；TCO- 为 $D_{Co\text{-}Oct}^T$ 分子描述符的前缀

7.4.3.2 最佳模型的检验结果

利用三重内部检验检验 $M_{La\text{-}Am}^A$ 的最佳 QSAR 模型，具体结果见表 7-65。训练集和测试集相关系数平方值分别为 0.9094 和 0.8920，方差分别为 0.0799 和 0.3390。分析训练集的相关系数平方值，它们之间相差不大；测试集间的差值也不大。

表 7-65 $M_{La\text{-}Am}^A$ 最佳模型检验

训练集	相关系数平方值	方差	测试集	相关系数平方值	方差
A+B	0.9333	0.0583	C	0.8233	0.4391
B+C	0.9129	0.0728	A	0.9395	0.3335
A+C	0.8821	0.1085	B	0.9132	0.2443
平均值	0.9094	0.0799	平均值	0.8920	0.3390

利用三重内部检验检验 $M_{Co\text{-}Oct}^A$ 的最佳 QSAR 模型，具体结果见表 7-66。训练集和测试集相关系数平方值分别为 0.9033 和 0.8005，方差分别为 0.0862 和 0.3892。分析训练集的相关系数平方值，它们之间相差不大；测试集间的差值也不大。

表 7-66 $M_{Co\text{-}Oct}^A$ 最佳模型检验

训练集	相关系数平方值	方差	测试集	相关系数平方值	方差
A+B	0.9363	0.0579	C	0.8095	0.4020
B+C	0.9066	0.0781	A	0.8855	0.3296

续表

训练集	相关系数平方值	方差	测试集	相关系数平方值	方差
A+C	0.8669	0.1225	B	0.7065	0.4361
平均值	0.9033	0.0862	平均值	0.8005	0.3892

利用三重内部检验检验 M_{La-Am}^T 的最佳 QSAR 模型，具体结果见表 7-67。训练集和测试集相关系数平方值分别为 0.9544 和 0.9300，方差分别为 0.0006 和 0.0305。分析训练集的相关系数平方值，它们之间相差不大；测试集间的差值也不大。

表 7-67 M_{La-Am}^T 最佳模型检验

训练集	相关系数平方值	方差	测试集	相关系数平方值	方差
A+B	0.9192	0.0011	C	0.9783	0.0155
B+C	0.9649	0.0005	A	0.8229	0.0533
A+C	0.9792	0.0002	B	0.9887	0.0227
平均值	0.9544	0.0006	平均值	0.9300	0.0305

利用三重内部检验检验 M_{Co-Oct}^T 的最佳 QSAR 模型，具体结果见表 7-68。训练集和测试集相关系数平方值分别为 0.9361 和 0.8827，方差分别为 0.0008 和 0.0388。分析训练集的相关系数平方值，它们之间相差不大；测试集间的差值也不大。

表 7-68 M_{Co-Oct}^T 最佳模型检验

训练集	相关系数平方值	方差	测试集	相关系数平方值	方差
A+B	0.8814	0.0016	C	0.8794	0.0428
B+C	0.9705	0.0004	A	0.8141	0.0433
A+C	0.9565	0.0004	B	0.9545	0.0302
平均值	0.9361	0.0008	平均值	0.8827	0.0388

7.4.4 小结

利用 Gaussian 软件构建和优化了化合物的三维结构，并通过 Ampac 软件获取它们的能量。从表 7-54～表 7-59 中驱避剂分子与两类引诱物三分子缔合所需的能量可知，酰胺类三分子缔合体的缔合能量在 10～39kJ/mol，萜类三分子缔合体的缔合能量在 24～45kJ/mol。两种三分子缔合体的缔合能量都在氢键键能范围内，由此我们认为酰胺类蚊虫驱避剂分子和萜类蚊虫驱避剂分子都可以与两类蚊虫引诱物之间发生中弱强度氢键形式的三分子缔合作用；氢键的缔合距离为 2.00～3.00Å，缔合角度为 90°～180°。

借助 Codessa 软件应用启发式方法（HM）筛选化合物的理化性质参数和结构描述符，并构建和检验获得的 4 个最佳模型。

M_{La-Am}^{A} 最佳模型：R^2=0.9090，F=94.84，s^2=0.0767。4 个分子描述符分别来自酰胺类蚊虫驱避剂分子、D_{La}^{A}、D_{Am}^{A} 和 D_{La-Am}^{A}，说明酰胺类蚊虫驱避剂、酰胺类双分子缔合体和酰胺类三分子缔合体都会影响驱避剂的驱蚊效果，更加说明酰胺类蚊虫驱避剂分子与引诱物之间存在双分子缔合作用。

M_{Co-Oct}^{A} 最佳模型：R^2=0.9034，F=88.82，s^2=0.0815。4 个分子描述符分别来自酰胺类蚊虫驱避剂分子、D_{Co}^{A} 和 D_{Oct}^{A}，说明酰胺类蚊虫驱避剂和酰胺类双分子缔合体都会影响驱避剂的驱蚊效果。

M_{La-Am}^{T} 最佳模型：R^2=0.9090，F=199.19，s^2=0.0002。4 个分子描述符分别来自萜类蚊虫驱避剂分子、D_{La}^{T} 和 D_{La-Am}^{T}，说明萜类蚊虫驱避剂、萜类双分子缔合体和萜类三分子缔合体都会影响驱避剂的驱蚊效果，更加说明萜类蚊虫驱避剂分子与引诱物之间存在双分子缔合作用。

M_{Co-Oct}^{T} 最佳模型：R^2=0.9568，F=94.15，s^2=0.0005。4 个分子描述符分别来自萜类蚊虫驱避剂分子和 D_{Co-Oct}^{T}，说明萜类蚊虫驱避剂和萜类三分子缔合体都会影响驱避剂的驱蚊效果。

第8章 驱避化合物与引诱物缔合的模拟实验和定量计算

8.1 驱避化合物与引诱物缔合的驱避模拟实验及效应评价

人们通过呼吸和排汗释放许多对蚊虫具有引诱活性的化合物，如二氧化碳、1-辛烯-3-醇、L-乳酸、氨等。蚊虫通过对引诱气味的搜寻，可以精准地找到人体，并实施吸血行为。驱避剂可以阻碍蚊虫对人体的定位和叮咬行为，但是现有的驱避作用机理研究尚未形成清晰一致的认识。因此，仍需从多方面对驱避作用机理开展研究。

我们围绕驱避作用机理开展了大量研究，并且在前期理论计算研究中发现，驱避化合物与引诱化合物分子间存在双分子缔合作用，主要是类似于氢键缔合的相互作用，而且可以达到中等强度。同时，本研究的理论计算研究结果显示，萜类驱避剂可以与引诱物发生超分子作用，萜类驱避化合物与L-乳酸的缔合过程是趋于有序的放热过程；结果还表明，氨分子的加入能促使萜类驱避化合物与L-乳酸和氨三分子的超分子缔合作用发生。

为了采用不同的方法和手段来进一步开展研究，从而更全面地认识萜类驱避化合物与引诱物的超分子缔合，我们研究了萜类驱避化合物与L-乳酸双分子超分子缔合、萜类驱避化合物与L-乳酸和氨三分子超分子缔合的驱避活性效应，获得了超分子缔合所产生的驱避效应情况。

另外，为了考察其他类型驱避化合物超分子缔合的驱避效应情况，判断此类驱避效应是否具有普遍性，还增加了当前的主流驱避剂（避蚊胺、酰胺类化合物）进行了平行实验和结果分析。

8.1.1 驱避化合物与引诱物缔合的模拟驱避实验

8.1.1.1 供试蚊虫

白纹伊蚊（*Aedes albopictus*）引自江西省南昌市疾病预防控制中心，在江西农业大学植物天然产物与林产化工研究所试虫饲养室饲养。饲养条件和饲养方法同6.1.2.1。测试蚊虫为羽化后3～5d未吸血的雌蚊。

8.1.1.2 供试化合物及其配制

本实验的22个萜类化合物为实验室自制，化合物名称和结构式见表6-5。避蚊胺（DEET），含量99%；L-乳酸，含量90%，购自阿拉丁试剂（上海）有限公司。氨水，含量25%~28%，分析纯；无水乙醇，含量≥99.7%，分析纯，购自西陇科学股份有限公司。

萜类驱避化合物和DEET用无水乙醇稀释，L-乳酸和氨用蒸馏水稀释，均稀释至0.2g/mL备用。开展驱避化合物与引诱物L-乳酸双分子缔合相关实验时，用前述0.2g/mL的备用溶液，按照体积比为1∶1进行配制，此时驱避化合物的有效浓度为0.1g/mL；开展驱避化合物与引诱物L-乳酸和氨三分子缔合相关实验时，用前述0.2g/mL的备用溶液，按照体积比为1∶1∶1进行配制，此时驱避化合物的有效浓度为0.067g/mL。开展DEET对照实验时，配制方法相同。

8.1.1.3 实验方法

采用国家标准GB/T 13917.9—2009进行人体驱避活性实验。实验温度（26±1）℃，相对湿度65%±10%。

1. 攻击力实验

参考6.1.2.1中的方法完成。

2. 驱避活性实验

参考6.1.2.1中的方法完成。

8.1.2 驱避化合物与引诱物缔合的活性效应评价

8.1.2.1 萜类驱避化合物单体及其与引诱物超分子缔合体的驱避活性

驱避化合物单体（R）、驱避化合物与L-乳酸双分子缔合体（R-La）、驱避化合物与L-乳酸和氨三分子缔合体（R-La-NH$_3$）对白纹伊蚊的驱避活性（对人体的有效保护时间）列于表8-1。

表8-1 R、R-La及R-La-NH$_3$对白纹伊蚊的驱避效果

化合物	纯度/%	有效保护时间/h				
		R（0.2g/mL）	R（0.1g/mL）	R-La（0.1g/mL）	R（0.067g/mL）	R-La-NH$_3$（0.067g/mL）
1	77.16	5.75±0.957	4.75±0.500	5.00±1.414	3.50±0.577	5.25±0.500
2	94.16	2.50±0.577	2.00±0.000	3.00±1.155	2.00±0.000	2.75±0.500
3	99.63	4.00±0.816	3.25±0.957	3.50±0.577	2.25±0.500	3.00±0.816
4	80.29	3.50±0.577	2.75±0.500	3.50±0.577	2.00±0.000	3.00±0.000
5	95.29	3.25±0.957	2.25±0.500	2.50±0.577	2.00±0.000	2.75±0.500
6	95.03	2.50±0.577	2.00±0.000	3.00±0.816	2.00±0.000	2.75±0.500
7	99.50	4.75±0.500	3.00±0.816	4.50±0.577	2.50±0.577	4.25±0.500

续表

化合物	纯度/%	有效保护时间/h				
		R (0.2g/mL)	R (0.1g/mL)	R-La (0.1g/mL)	R (0.067g/mL)	R-La-NH$_3$ (0.067g/mL)
8	98.10	2.25±0.500	2.00±0.000	2.25±0.500	2.00±0.000	2.50±0.577
9	97.20	2.25±0.500	2.00±0.000	2.50±0.577	2.00±0.000	2.00±0.000
10	97.80	2.00±0.000	2.00±0.000	2.00±0.000	2.00±0.000	2.00±0.000
11	99.40	3.50±0.577	2.50±0.577	3.50±0.577	2.00±0.000	3.25±0.500
12	98.30	4.50±0.577	3.00±0.816	4.25±0.957	2.25±0.500	3.50±0.577
13	94.20	2.00±0.000	2.00±0.000	2.25±0.500	2.00±0.000	2.00±0.000
14	95.60	2.25±0.500	2.00±0.000	2.25±0.500	2.00±0.000	2.00±0.000
15	98.80	2.50±1.000	2.00±0.000	2.00±0.000	2.00±0.000	2.25±0.500
16	98.60	2.25±0.500	2.00±0.000	2.00±0.000	2.00±0.000	2.00±0.000
17	98.80	4.50±0.577	3.50±0.577	4.50±0.577	2.75±0.500	4.75±0.500
18	95.60	3.00±0.816	2.00±0.000	3.75±0500	2.00±0.000	2.75±0.500
19	91.10	4.00±0.816	2.75±0.500	4.25±0.957	2.00±0.000	4.00±0.000
20	94.10	3.50±0.577	2.25±0.500	3.00±0.000	2.00±0.000	3.75±0.500
21	94.70	4.00±0.816	3.00±0.816	4.00±0.000	2.25±0.500	4.25±0.500
22	98.20	3.50±0.577	2.00±0.000	3.50±0.577	2.00±0.000	3.50±0.577
DEET	99.00	6.00±0.816	5.25±0.500	5.50±0.577	4.00±0.816	5.50±0.577

注：有效保护时间表示为平均值±标准误差，下同

8.1.2.2 萜类驱避化合物单体的驱避活性分析

在浓度分别为 0.067g/mL、0.1g/mL、0.2g/mL 时，驱避化合物单体的驱避活性比较见图 8-1。

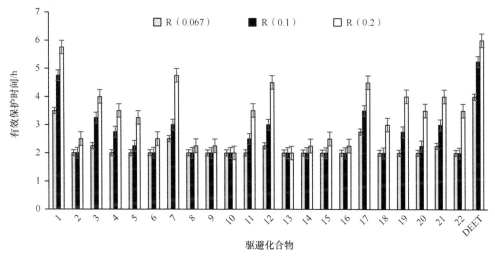

图 8-1 不同浓度下 R 的有效保护时间

由图 8-1 可知，在 22 个萜类驱避化合物中，有 11 个驱避化合物的驱避活性随着浓度的升高有不同程度的增强。

由表 8-1 可知，主流驱避剂避蚊胺（DEET）在浓度为 0.067g/mL、0.1g/mL 时对人体的有效保护时间分别为 4.00h、5.25h，根据国家标准，药效评价达到 B 级标准，在浓度为 0.2g/mL 时对人体的有效保护时间为 6.00h，药效评价达到 A 级标准。在萜类驱避化合物中，1 号（8-羟基别二氢葛缕醇甲酸酯）在浓度为 0.1g/mL 时的有效保护时间为 4.75h，药效评价达到 B 级标准，并且和 DEET 的驱避效果（5.25h）较为接近，1 号、3 号、7 号、12 号、17 号、19 号、21 号（8-羟基别二氢葛缕醇甲酸酯、诺卜乙基醚、氢化诺卜醇、乙酸氢化诺卜酯、N-氢化诺卜基甲酰基吗啉、氢化诺卜醛-1,2-丙二醇缩醛、N-乙基氢化诺卜酰胺）在浓度为 0.2g/mL 时的有效保护时间在 4.00~5.75h，药效评价达到 B 级标准，尤其是 1 号驱避化合物，有效保护时间达到 5.75h，跟 DEET 的驱避效果（6.00h）很接近。

实验结果表明，六元环、桥环萜类衍生物中有多个类型均具有较好的驱避活性，说明在萜类化合物的衍生物中寻找新型驱避剂是有价值的探索。

8.1.2.3 双分子缔合体与萜类驱避化合物单体的驱避活性对比分析

在驱避化合物有效浓度为 0.1g/mL 时，驱避化合物与 L-乳酸双分子缔合后的驱避活性和单体的比较见图 8-2。

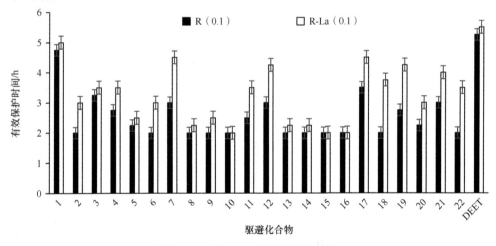

图 8-2 R 和 R-La 的有效保护时间

由图 8-2 可知，在驱避化合物有效浓度为 0.1g/mL 时，22 个萜类驱避化合物与 L-乳酸发生双分子缔合后，有效保护时间表现为不同程度的升高或与单体持平，并且有多个化合物的增强趋势显著，如 2 号、6 号、7 号、11 号、12 号、17 号、18 号、19 号、20 号、21 号、22 号驱避化合物（诺卜甲基醚、乙酸诺卜酯、氢化诺卜醇、氢化诺卜基正戊基醚、乙酸氢化诺卜酯、N-氢化诺卜基甲酰基吗啉、N-甲基氢化诺卜酰胺、氢化诺卜醛-1,2-丙二醇缩醛、氢化诺卜醛-1,3-丙二醇缩醛、N-乙基氢化诺卜酰胺、N-正丙基氢化诺卜酰胺)。增强趋势显著的化合物包括醚类、酯类、醇类、吗啉类、酰胺类和缩醛类,说明和单体相比,萜类驱避化合物与L-乳酸发生双分子缔合可以实现驱避活性的增强,而且增强趋势显著的化合物具有一定的普遍性。

由表 8-1 可知,DEET 的有效浓度为 0.1g/mL 时,在其与 L-乳酸发生双分子缔合后,有效保护时间从 5.25h 上升到 5.50h,表明双分子缔合同样具有增强驱避活性的作用,而且双分子缔合对驱避活性的增强作用确实具有普遍性。

DEET 及 1 号、7 号、12 号、17 号、19 号、21 号萜类驱避化合物(8-羟基别二氢葛缕醇甲酸酯、氢化诺卜醇、乙酸氢化诺卜酯、N-氢化诺卜基甲酰基吗啉、氢化诺卜醛-1,2-丙二醇缩醛、N-乙基氢化诺卜酰胺)与 L-乳酸发生双分子缔合后的有效保护时间均在 4.00~5.50h,药效评价均达到 B 级标准,尤其是 1 号驱避化合物与 L-乳酸发生双分子缔合后的有效保护时间为 5.00h,跟 DEET(5.50h)的驱避效果较为接近。

8.1.2.4 三分子缔合体与萜类驱避化合物单体的驱避活性对比分析

在驱避化合物有效浓度为 0.067g/mL 时,驱避化合物与 L-乳酸及氨三分子缔合后的驱避活性和单体的比较见图 8-3。

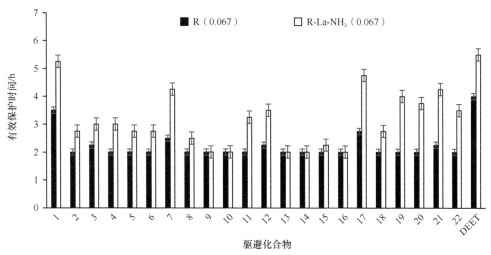

图 8-3 R 和 R-La-NH_3 的有效保护时间

由图 8-3 可知,在驱避化合物有效浓度为 0.067g/mL 时,22 个萜类驱避化合物与 L-乳酸和氨三分子缔合后,与单体相比,有效保护时间表现出不同程度的升高或与单体持平,并且有多个化合物的增强趋势显著,如 1 号、7 号、17 号、19 号、20 号、21 号、22 号驱避化合物(8-羟基别二氢葛缕醇甲酸酯、氢化诺卜醇、N-氢化诺卜基甲酰基吗啉、氢化诺卜醛-1,2-丙二醇缩醛、氢化诺卜醛-1,3-丙二醇缩醛、N-乙基氢化诺卜酰胺、N-正丙基氢化诺卜酰胺）。增强趋势显著的化合物包括酯类、醇类、吗啉类、缩醛类和酰胺类，说明和单体相比，萜类驱避化合物与 L-乳酸和氨三分子缔合可以实现驱避活性的增强，而且增强趋势显著的化合物具有一定的普遍性。

由表 8-1 可知，DEET 的有效浓度为 0.067g/mL 时，在其与 L-乳酸和氨发生三分子缔合后，有效保护时间从 4.00h 上升到 5.50h，表明三分子缔合同样具有增强驱避活性的作用，而且三分子缔合对驱避活性的增强作用确实具有普遍性。

DEET 及 1 号、7 号、17 号、19 号、21 号萜类驱避化合物（8-羟基别二氢葛缕醇甲酸酯、氢化诺卜醇、N-氢化诺卜基甲酰基吗啉、氢化诺卜醛-1,2-丙二醇缩醛、N-乙基氢化诺卜酰胺）与 L-乳酸和氨三分子缔合后的有效保护时间均在 4.00～5.50h，药效评价均达到 B 级标准，尤其是 1 号驱避化合物三分子缔合后的有效保护时间为 5.25h，跟 DEET 的驱避效果（5.50h）相当接近。

8.1.2.5 萜类驱避化合物双分子和三分子缔合体驱避活性的对比分析

驱避化合物双分子和三分子缔合体驱避活性的比较见图 8-4。

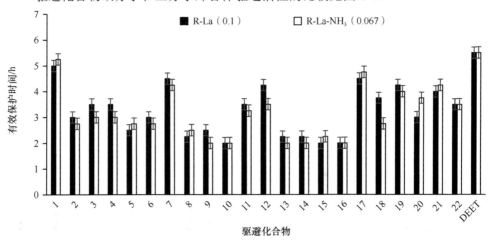

图 8-4　R-La 和 R-La-NH$_3$ 的有效保护时间

由图 8-4 可知，在 22 个萜类驱避化合物中，有 10 个驱避化合物与 L-乳酸和氨三分子缔合后的驱避活性相比双分子缔合后有不同程度的增强或持平。

由于三分子缔合后溶液中驱避化合物的有效浓度只有 0.067g/mL，而双分子缔合后溶液中驱避化合物的有效浓度是 0.1g/mL，因此，将二者浓度的差别纳入考虑，相比较而言，驱避化合物与 L-乳酸和氨三分子缔合后的驱避活性总体上呈现出增强的趋势，且有多个化合物的增强趋势显著，如 1 号、5 号、8 号、15 号、17 号、

20号、21号驱避化合物（8-羟基别二氢葛缕醇甲酸酯、甲酸诺卜酯、氢化诺卜基乙基醚、N,N-二异丙基氢化诺卜基甲酰胺、N-氢化诺卜基甲酰基吗啉、氢化诺卜醛-1,3-丙二醇缩醛、N-乙基氢化诺卜酰胺）。增强趋势显著的化合物包括酯类、醚类、酰胺类、吗啉类和缩醛类，说明萜类驱避化合物三分子缔合有在双分子缔合后驱避活性增强的基础上进一步增强的趋势，而且继续增强的化合物具有一定的普遍性。

由表8-1可知，与双分子缔合相比，DEET在发生三分子缔合后，虽然DEET的有效浓度从0.1g/mL下降到0.067g/mL，但有效保护时间仍然保持在5.50h，考虑到浓度的差别，三分子缔合后对驱避活性的增强作用是显著的。

萜类驱避化合物与DEET的分析结果表明，在双分子缔合增强驱避活性的基础上，三分子缔合具有进一步增强驱避活性的作用。

8.1.3 小结

1. 萜类驱避化合物单体的驱避活性

在22个萜类驱避化合物中，有7个化合物在浓度为0.2g/mL时药效评价达到B级标准，包括六元环、桥环萜类衍生物，说明在萜类衍生物中寻找新型驱避剂是有价值的探索。

2. 萜类驱避化合物与 *L*-乳酸双分子缔合对驱避活性的影响

萜类驱避化合物和 *L*-乳酸双分子缔合后的驱避活性与单体比较，总体上呈现出增强的趋势，且有多个化合物的增强趋势显著，说明和单体相比，萜类驱避化合物与 *L*-乳酸双分子缔合可以实现驱避活性的增强，而且增强趋势显著的化合物具有一定的普遍性。

3. 萜类驱避化合物与 *L*-乳酸和氨三分子缔合对驱避活性的影响

萜类驱避化合物和 *L*-乳酸及氨三分子缔合后的驱避活性与单体比较，总体上呈现出增强的趋势，且有多个化合物的增强趋势显著，说明和单体相比，萜类驱避化合物与 *L*-乳酸和氨三分子缔合可以实现驱避活性的增强，而且增强趋势显著的化合物具有一定的普遍性。

4. 萜类驱避化合物双分子和三分子缔合体驱避活性的比较

与双分子缔合相比，萜类驱避化合物三分子缔合后的驱避活性总体呈现出增强的趋势，且有多个化合物的增强趋势显著，说明萜类驱避化合物三分子缔合有在双分子缔合后驱避活性增强的基础上进一步增强的趋势，而且继续增强的化合物具有一定的普遍性。

5. 综合结果分析

在 22 个萜类驱避化合物中，双分子缔合后有效保护时间与单体持平或有不同程度增强的驱避化合物，或者三分子缔合后有效保护时间与双分子缔合后持平或有不同程度增强的驱避化合物总共有 15 个。将双分子和三分子缔合过程中驱避化合物有效浓度的逐步下降纳入考虑，驱避化合物缔合后的驱避活性总体上呈现出增强的趋势，且有多个化合物分别在双分子或三分子缔合后与单体相比，增强趋势显著。

DEET 在双分子缔合和三分子缔合的过程中，表现出了驱避活性增强的趋势，尤其是在三分子缔合过程中，在双分子缔合的基础上，进一步增强了驱避活性，且增强作用显著。

因此，在实际制剂生产和应用开发中，可以利用双分子缔合和三分子缔合对驱避活性的增强作用，减少驱避剂的用量，增强制剂的驱避活性和对人体的有效保护时间。

8.2 驱避化合物与引诱物缔合的触角电位反应模拟实验及效应评价

蚊虫触角上的感受器在其定位宿主的过程中发挥着重要作用，触角电位反应是重要的研究内容之一。目前，触角电位（electroantennogram，EAG）技术和气相色谱-触角电位联用（GC-EAD）技术是研究蚊虫触角如何感受气味分子与识别信息的重要手段。作者所在研究团队利用触角电位仪测定了白纹伊蚊触角对引诱气味分子 L-乳酸、氨及 1-辛烯-3-醇的触角电位反应情况，获得了其触角电位反应特点和不同引诱气味分子的引诱效果（忻伟隆等，2015）。

为了进一步获得萜类驱避化合物与引诱物超分子缔合对蚊虫触角电位反应的影响和效应，在前期研究的基础上，选择我国重要的病媒蚊虫白纹伊蚊为试虫，开展白纹伊蚊对 22 个萜类驱避化合物单体、单体与 L-乳酸双分子缔合体、单体与 L-乳酸和氨分子三分子缔合体的触角电位反应测定及分析，同时，为了考察其他化学类型驱避化合物的情况和进行对比分析，选择了 DEET 进行并行实验。

8.2.1 驱避化合物与引诱物缔合的触角电位反应模拟实验

8.2.1.1 供试蚊虫

白纹伊蚊（*Aedes albopictus*）引自江西省南昌市疾病预防控制中心，在江西农业大学植物天然产物与林产化工研究所试虫饲养室饲养。饲养条件和饲养方法同 6.1.2.1。测试蚊虫为羽化后 3～5d 未吸血的雌蚊。

8.2.1.2 供试化合物与仪器

本实验的 22 个萜类化合物为实验室自制，化合物名称和结构式见表 6-5。

萜类驱避化合物和 DEET 用无水乙醇稀释，L-乳酸和氨用蒸馏水稀释，配制的浓度梯度为 1000mg/L、100mg/L、10mg/L、1mg/L、0.1mg/L。配制好之后备用。

开展驱避化合物与引诱物 L-乳酸双分子缔合相关实验时，用前述 1000mg/L、100mg/L、10mg/L、1mg/L、0.1mg/L 的备用溶液，按照体积比为 1∶1 进行配制，此时驱避化合物的有效浓度依次为 500mg/L、50mg/L、5mg/L、0.5mg/L、0.05mg/L；开展驱避化合物与引诱物 L-乳酸和氨三分子缔合相关实验时，用前述 1000mg/L、100mg/L、10mg/L、1mg/L、0.1mg/L 的备用溶液，按照体积比为 1∶1∶1 进行配制，此时驱避化合物的有效浓度依次为 333.33mg/L、33.33mg/L、3.3mg/L、0.3mg/L、0.033mg/L。

另外，驱避化合物再配制 2 个系列浓度梯度，分别是 500mg/L、50mg/L、5mg/L、0.5mg/L、0.05mg/L，333.33mg/L、33.3mg/L、3.33mg/L、0.33mg/L、0.033mg/L。

实验仪器：德国 Syntech 公司生产的触角电位仪，主要包括 SyntechUN-06 直流/交流放大器、IDAC-232 双通道串口数据采集控制器、PRG-2 探头及电极固定器、CS-55 刺激气流控制器（含内置泵）、Spectra 360 导电胶、眼科剪刀、镊子、MP-15 显微操作台、EAG 数据记录及分析软件。

8.2.1.3 实验方法

触角电位测定实验的条件：实验温度（27±1）℃，相对湿度（70±5）%。

将 5cm×0.5cm 的滤纸折成"V"形，放入巴斯德管中，抽取 50μL 待测液均匀滴在滤纸上，用保鲜膜将巴斯德管两端封死，让待测液充分挥发。将雌性白纹伊蚊置于 4℃ 环境下低温麻醉，然后用眼科剪刀将其触角从基部剪断，并将触角两端置于已涂抹适量 Spectra 360 导电胶的电极上，使触角与导电胶充分接触。待触角电位反应的基线稳定时，开始实验，将巴斯德管一端连接气体净化装置，另一端插入气流混合管外侧小洞内，持续气流和刺激气流的流量均为 500mL/min，每次给予 500ms 的刺激，每次刺激间隔 1min，保证触角电位反应恢复稳定。每个样品刺激 4 次，取平均值，每种样品按浓度从低到高进行检测，检测样品前都要进行相应的对照实验检测（驱避化合物单体实验用无水乙醇作对照，驱避化合物与引诱化合物缔合体实验用 50% 乙醇溶液作对照），每个样品做 3 次重复实验。触角电位反应相对值计算公式如下：

$$\text{EAG 反应相对值}(\%) = \frac{\text{触角受到待测物刺激前、后电位差值}}{\text{触角受到对照物刺激前、后电位差值}} \times 100\% \quad (8\text{-}1)$$

EAG 反应相对值通过 SyntechEAG 记录软件获取，通过式（8-1）计算所得数据利用 SPSS 进行分析处理。

8.2.2 驱避化合物与引诱物缔合的触角电位反应效应评价

8.2.2.1 萜类驱避剂单体的触角电位反应相对值分析

为了进行系统的对比，萜类驱避剂单体的浓度梯度设置了 3 个系列，分别是 1000mg/L、100mg/L、10mg/L、1mg/L、0.1mg/L，500mg/L、50mg/L、5mg/L、0.5mg/L、0.05mg/L，333.33mg/L、33.33mg/L、3.33mg/L、0.33mg/L、0.033mg/L。

在上述 3 个系列浓度梯度下，白纹伊蚊对驱避化合物单体的触角电位反应相对值分别列于表 8-2～表 8-4。为了更直观地呈现随着单体浓度的升高触角电位反应相对值的变化情况，将表 8-2～表 8-4 的数据以柱状图的形式展示，见图 8-5～图 8-7。

表 8-2　白纹伊蚊对驱避化合物单体的 EAG 反应相对值（第 1 系列浓度梯度）

化合物	EAG 反应相对值/%				
	0.1mg/L	1mg/L	10mg/L	100mg/L	1000mg/L
1	179.59±75.09	183.99±78.98	190.38±74.32	193.80±75.72	196.66±74.98
2	91.89±6.73	89.12±29.55	96.79±10.27	105.55±16.44	100.38±25.22
3	89.83±13.56	98.52±14.19	93.17±27.69	97.75±24.55	96.84±36.50
4	88.53±8.97	83.78±31.32	113.40±30.05	115.41±36.24	120.28±24.09
5	98.34±6.90	108.28±4.74	109.66±15.34	107.12±11.29	116.34±10.30
6	102.35±15.19	109.30±37.59	109.68±33.87	120.38±44.12	106.16±41.16
7	98.21±10.16	126.25±33.58	145.14±50.01	155.88±60.31	169.94±54.02
8	144.52±131.92	147.17±128.00	70.69±45.42	148.31±139.51	146.34±72.13
9	72.57±34.58	91.93±26.56	121.13±34.35	111.90±42.34	132.63±24.53
10	109.69±3.44	138.67±68.43	72.18±12.19	89.01±40.05	99.44±25.81
11	126.88±69.97	115.81±18.53	110.39±31.49	131.67±51.09	136.63±75.48
12	85.38±10.49	92.63±9.82	101.15±8.36	114.69±23.39	134.03±43.08
13	75.84±19.71	82.48±10.17	101.91±14.54	91.86±9.68	91.35±11.59
14	97.60±13.80	108.47±17.47	124.25±38.66	118.65±40.34	130.34±37.42
15	77.75±24.05	74.63±12.74	55.71±15.86	74.01±13.73	80.74±21.74
16	91.38±19.10	106.28±17.50	80.17±21.18	109.05±25.68	117.77±9.36
17	69.58±22.29	93.13±23.46	99.37±28.99	108.63±31.79	132.80±6.27
18	84.25±22.37	101.66±23.66	113.51±21.36	133.10±12.52	143.34±6.91
19	56.15±7.40	67.41±11.54	73.23±8.31	82.84±10.44	92.62±17.31
20	108.53±32.37	112.58±39.38	111.18±11.20	124.14±16.78	130.29±12.26
21	85.81±29.17	101.35±33.48	106.10±32.30	113.24±29.52	119.19±24.97
22	53.63±10.14	77.19±3.13	97.26±11.36	112.62±11.69	146.76±40.96
DEET	131.19±32.17	144.56±31.50	181.52±20.73	218.85±37.59	276.24±80.67

注：触角电位（EAG）反应相对值表示为平均值±标准误差，下同

表 8-3　白纹伊蚊对驱避化合物单体的 EAG 反应相对值（第 2 系列浓度梯度）

化合物	EAG 反应相对值/%				
	0.05mg/L	0.5mg/L	5mg/L	50mg/L	500mg/L
1	136.58±31.27	141.76±28.44	154.21±24.52	157.28±31.87	166.38±36.16
2	76.84±20.48	81.72±29.50	86.52±18.45	101.27±38.58	95.18±20.35
3	105.36±29.03	112.49±16.37	96.94±24.03	124.29±36.68	117.42±14.76
4	61.88±3.40	73.45±8.17	71.58±15.56	80.07±12.92	77.81±18.06
5	100.57±25.58	98.39±22.47	107.43±30.71	118.92±35.17	113.57±26.05
6	72.49±14.86	78.31±19.06	88.97±16.44	97.38±15.85	95.13±10.93
7	103.20±28.00	117.56±20.48	128.04±10.17	147.10±32.79	160.79±40.95
8	93.50±14.05	108.43±32.41	82.60±18.14	97.83±13.44	110.48±16.37
9	80.97±17.42	89.91±8.57	108.16±20.56	98.33±22.10	92.56±19.54
10	121.85±35.17	134.18±48.48	105.73±36.12	114.11±29.88	125.49±23.00
11	95.10±27.49	92.16±15.23	98.20±10.13	106.14±11.12	101.77±24.18
12	91.22±23.60	96.37±14.11	103.55±10.84	109.70±22.61	114.68±17.42
13	46.28±7.63	69.52±5.44	52.49±3.83	60.97±9.36	55.67±3.17
14	105.44±17.09	97.82±15.20	108.16±21.58	101.54±29.68	113.77±25.19
15	83.44±13.86	89.15±19.67	70.20±16.67	81.06±18.66	87.42±11.02
16	104.81±17.09	94.39±11.78	85.55±24.90	113.67±29.34	119.80±18.55
17	73.66±8.27	77.69±5.94	85.44±7.31	92.15±12.07	99.40±15.99
18	104.84±28.71	112.16±25.90	118.30±26.44	127.68±18.05	130.95±31.58
19	83.29±18.02	79.54±13.39	88.20±9.81	104.37±10.29	111.35±17.53
20	63.76±9.99	66.81±7.38	78.23±3.61	85.64±4.56	82.93±6.03
21	83.71±18.14	90.25±13.47	96.07±15.64	104.09±11.06	115.49±18.59
22	102.41±19.01	108.55±24.72	114.67±20.65	121.70±27.36	127.40±30.52
DEET	125.65±58.11	154.32±31.46	174.10±66.38	189.22±50.08	201.48±43.61

表 8-4　白纹伊蚊对驱避化合物单体的 EAG 反应相对值（第 3 系列浓度梯度）

化合物	EAG 反应相对值/%				
	0.033mg/L	0.33mg/L	3.33mg/L	33.33mg/L	333.33mg/L
1	106.25±27.25	118.62±20.93	135.80±37.58	143.73±36.04	154.26±42.21
2	65.33±6.89	71.20±3.17	76.84±5.08	75.23±9.92	69.76±7.43
3	83.42±9.06	90.87±10.59	85.91±13.26	97.30±6.44	104.26±8.79
4	47.51±2.92	53.64±8.88	58.40±7.29	56.92±5.23	60.14±4.86
5	75.61±7.18	72.41±3.70	78.55±2.81	80.17±7.64	86.92±5.08
6	53.40±13.27	58.31±12.45	64.70±19.05	61.08±17.20	65.93±9.42

续表

化合物	EAG 反应相对值/%				
	0.033mg/L	0.33mg/L	3.33mg/L	33.33mg/L	333.33mg/L
7	81.50±7.58	88.23±9.04	97.85±5.11	105.90±8.53	116.71±17.03
8	68.10±14.82	77.06±2.17	72.35±6.34	79.09±10.85	95.16±8.33
9	93.22±11.97	99.18±15.25	105.24±18.66	97.55±17.08	90.81±15.37
10	100.64±19.44	117.59±23.02	94.29±13.60	105.33±17.12	112.48±12.02
11	43.26±2.09	41.57±8.17	53.66±5.39	49.15±3.20	57.04±7.21
12	70.54±9.47	82.09±9.06	91.48±12.78	98.22±12.57	104.62±19.05
13	85.25±17.11	79.11±14.85	86.30±16.09	97.43±13.57	89.05±20.33
14	94.07±10.91	108.77±15.36	101.42±9.55	113.56±18.49	104.95±8.77
15	107.40±25.31	116.59±17.45	104.33±11.72	120.67±9.32	128.05±19.24
16	94.73±20.37	103.54±14.07	89.72±7.62	101.44±16.28	109.37±13.49
17	95.22±29.04	106.40±17.63	114.07±24.31	119.24±22.22	127.69±45.17
18	64.32±5.22	68.03±7.74	82.16±2.86	88.55±3.17	93.73±15.09
19	51.08±4.39	58.22±6.23	70.19±8.03	82.52±10.74	96.33±15.38
20	95.44±16.42	82.07±20.79	91.88±11.12	97.34±9.73	92.07±13.35
21	78.55±13.71	83.64±10.38	91.04±5.33	99.18±9.72	121.33±21.44
22	80.44±17.89	103.57±27.52	111.29±15.64	117.24±20.70	125.30±34.26
DEET	95.73±17.98	128.67±25.37	149.25±30.08	167.28±42.33	182.50±51.45

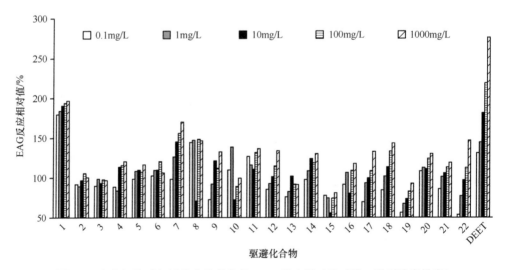

图 8-5 白纹伊蚊对驱避化合物单体的 EAG 反应相对值（第 1 系列浓度梯度）

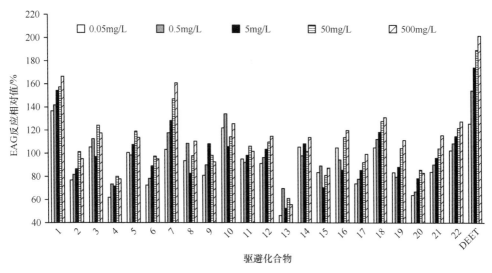

图 8-6　白纹伊蚊对驱避化合物单体的 EAG 反应相对值（第 2 系列浓度梯度）

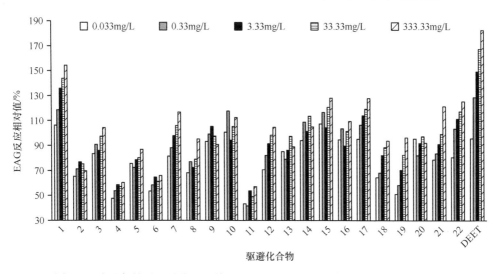

图 8-7　白纹伊蚊对驱避化合物单体的 EAG 反应相对值（第 3 系列浓度梯度）

由图 8-5 可知，随着浓度按照 0.1mg/L、1mg/L、10mg/L、100mg/L、1000mg/L 依次递增，22 个萜类驱避化合物中有 8 个化合物的触角电位反应相对值分别呈现上升趋势，分别是 1 号、7 号、12 号、17 号、18 号、19 号、21 号、22 号驱避化合物（8-羟基别二氢葛缕醇甲酸酯、氢化诺卜醇、乙酸氢化诺卜酯、N-氢化诺卜基甲酰基吗啉、N-甲基氢化诺卜酰胺、氢化诺卜醛-1,2-丙二醇缩醛、N-乙基氢化诺卜酰胺、N-正丙基氢化诺卜酰胺）。触角电位反应相对值呈上升趋势的化合物包括酯类、醇类、吗啉类、酰胺类和缩醛类，说明萜类驱避化合物随着浓度升高而其触角电位反应相对值递增具有一定的普遍性。

除了这 8 个驱避化合物，其他的化合物总体上未呈现随浓度升高触角电位反应相对值上升的趋势，有些化合物还出现触角电位反应相对值下降的现象，甚至显著下降，如 8 号、10 号、15 号、16 号驱避化合物（氢化诺卜基乙基醚、氢化诺卜基异丁基醚、N,N-二异丙基氢化诺卜基甲酰胺、N-氢化诺卜基甲酰基哌啶）在 10mg/L 时的触角电位反应相对值出现显著下降。

随着浓度的升高，DEET 的触角电位反应相对值呈上升趋势，且数值较大，说明六元环、桥环萜类衍生物中有多个类型随着浓度的升高而触角电位反应相对值呈上升趋势。

由图 8-6 可知，随着浓度按照 0.05mg/L、0.5mg/L、5mg/L、50mg/L、500mg/L 依次递增，22 个萜类驱避化合物中有 7 个化合物的触角电位反应相对值分别呈现上升趋势，分别是 1 号、7 号、12 号、17 号、18 号、21 号、22 号驱避化合物（8-羟基别二氢葛缕醇甲酸酯、氢化诺卜醇、乙酸氢化诺卜酯、N-氢化诺卜基甲酰基吗啉、N-甲基氢化诺卜酰胺、N-乙基氢化诺卜酰胺、N-正丙基氢化诺卜酰胺）。触角电位反应相对值呈上升趋势的化合物包括酯类、醇类、吗啉类和酰胺类，说明萜类驱避化合物随着浓度升高而其触角电位反应相对值递增具有一定的普遍性。

除了这 7 个驱避化合物，其他的化合物总体上未呈现随浓度升高触角电位反应相对值上升的趋势，有些化合物还出现触角电位反应相对值下降的现象，甚至显著下降，如 3 号、8 号、10 号、13 号、15 号驱避化合物（诺卜乙基醚、氢化诺卜基乙基醚、氢化诺卜基异丁基醚、正丁酸氢化诺卜酯、N,N-二异丙基氢化诺卜基甲酰胺）在 5mg/L 时的触角电位反应相对值出现显著下降。

随着浓度的升高，DEET 的触角电位反应相对值呈上升趋势，且数值较大，说明六元环、桥环萜类衍生物中有多个类型随着浓度的升高而触角电位反应相对值呈上升趋势。

由图 8-7 可知，随着浓度按照 0.033mg/L、0.33mg/L、3.33mg/L、33.33mg/L、333.33mg/L 依次递增，22 个萜类驱避化合物中有 8 个化合物的触角电位反应相对值分别呈现上升趋势，分别是 1 号、7 号、12 号、17 号、18 号、19 号、21 号、22 号驱避化合物（8-羟基别二氢葛缕醇甲酸酯、氢化诺卜醇、乙酸氢化诺卜酯、N-氢化诺卜基甲酰基吗啉、N-甲基氢化诺卜酰胺、氢化诺卜醛-1,2-丙二醇缩醛、N-乙基氢化诺卜酰胺、N-正丙基氢化诺卜酰胺）。触角电位反应相对值呈上升趋势的化合物包括酯类、醇类、吗啉类、酰胺类和缩醛类，说明萜类驱避化合物随着浓度升高而其触角电位反应相对值递增具有一定的普遍性。

除了这 8 个驱避化合物，其他的化合物总体上未呈现随浓度升高触角电位反应相对值上升的趋势，有些化合物还出现触角电位反应相对值下降的现象，甚至显著下降，如 10 号、15 号、16 号驱避化合物（氢化诺卜基异丁基醚、N,N-二异丙基氢化诺卜基甲酰胺、N-氢化诺卜基甲酰基哌啶）在 3.33mg/L 时的触角电位反应相对值出现显著下降。

随着浓度的升高，DEET 的触角电位反应相对值呈上升趋势，且数值较大，说明六元环、桥环萜类衍生物中有多个类型随着浓度的升高而触角电位反应相对值呈上升趋势。

8.2.2.2 双分子缔合体的触角电位反应相对值分析

在驱避化合物有效浓度为 0.05mg/L、0.5mg/L、5mg/L、50mg/L、500mg/L 时，驱避化合物与 L-乳酸发生双分子缔合后，白纹伊蚊的触角电位反应相对值列于表 8-5。为了更直观地呈现双分子缔合后触角电位反应相对值的变化情况，将表 8-5 的数据以柱状图的形式展示，见图 8-8。

表 8-5 白纹伊蚊对 R-La 的 EAG 反应相对值

化合物	EAG 反应相对值/%				
	0.05mg/L	0.5mg/L	5mg/L	50mg/L	500mg/L
1	91.78±13.37	100.39±9.03	117.26±5.73	121.62±8.56	129.48±9.40
2	84.64±64.00	78.51±16.64	87.65±36.44	88.59±16.69	96.11±25.11
3	154.24±35.30	172.17±37.89	160.64±75.44	173.83±48.85	154.28±7.91
4	91.81±44.56	95.46±40.61	90.26±36.11	80.05±18.63	85.55±28.64
5	119.59±34.14	102.57±79.76	72.78±51.27	102.64±67.37	95.08±73.85
6	95.43±20.58	100.28±12.56	114.06±9.03	112.42±2.03	117.11±7.39
7	109.88±59.71	140.41±46.04	142.31±46.01	149.05±49.97	161.89±54.19
8	83.74±30.44	60.28±31.26	62.60±25.56	65.07±26.88	68.76±22.76
9	80.33±20.67	99.90±15.40	129.81±70.67	132.38±38.33	131.66±28.79
10	112.10±2.63	139.24±72.95	69.88±13.21	88.55±44.90	99.30±27.53
11	121.50±61.45	111.89±17.46	107.47±28.17	127.16±47.40	129.54±69.49
12	83.29±9.19	89.18±12.29	100.94±8.48	113.08±24.54	132.71±44.09
13	73.08±18.17	83.37±12.90	103.75±15.81	92.74±11.25	90.64±8.59
14	98.80±15.26	112.39±16.96	125.91±40.62	124.07±34.99	140.59±37.11
15	78.88±26.88	76.75±13.87	55.98±14.93	75.31±14.84	81.47±20.16
16	90.21±17.42	104.20±15.49	79.27±20.93	108.15±23.54	117.22±6.74
17	62.58±32.69	92.05±22.95	98.21±28.40	107.38±31.25	131.30±5.53
18	102.53±27.72	113.60±22.29	123.77±24.61	146.15±27.95	152.36±28.81
19	81.54±35.29	62.16±38.49	81.29±18.36	81.03±18.42	86.67±22.25
20	107.10±32.37	111.02±38.92	109.65±12.02	122.33±16.24	128.41±12.03
21	82.99±29.10	96.44±34.74	101.71±29.05	105.55±30.22	117.86±20.36
22	106.51±3.76	44.4±11.16	68.66±11.13	89.69±32.02	133.54±53.97
DEET	104.45±43.31	113.62±38.15	125.08±36.97	157.43±15.21	177.81±25.60

由图 8-8 可知，随着驱避化合物有效浓度按照 0.05mg/L、0.5mg/L、5mg/L、50mg/L、500mg/L 依次递增，22 个双分子缔合体中有 6 个化合物的触角电位反应相对值分别呈现上升趋势，分别是 1 号、7 号、12 号、17 号、18 号、21 号驱避化合物（8-羟基别二氢葛缕醇甲酸酯、氢化诺卜醇、乙酸氢化诺卜酯、N-氢化诺卜基甲酰基吗啉、N-甲基氢化诺卜酰胺、N-乙基氢化诺卜酰胺）。这 6 个驱避化合物也在前文单体随浓度升高触角电位反应相对值依次升高的 7 个化合物（1 号、7 号、12 号、17 号、18 号、21 号、22 号）中，说明驱避化合物双分子缔合后触角电位反应相对值随浓度升高而递增相对于单体有较好的重复性。

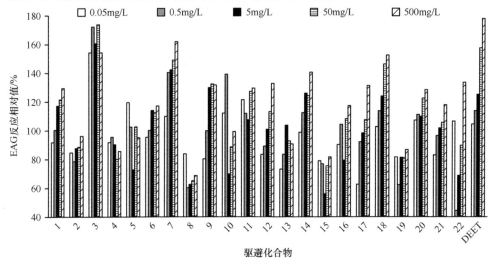

图 8-8　白纹伊蚊对 R-La 的 EAG 反应相对值

除了这 6 个驱避化合物，其他的化合物总体上未呈现随浓度升高触角电位反应相对值上升的趋势，有些化合物还出现触角电位反应相对值下降的情况，甚至显著下降，如 5 号、10 号、15 号、16 号驱避化合物（甲酸诺卜酯、氢化诺卜基异丁基醚、N,N-二异丙基氢化诺卜基甲酰胺、N-氢化诺卜基甲酰基哌啶）在 5mg/L 时的触角电位反应相对值出现显著下降。这与单体（3 号、8 号、10 号、13 号、15 号）中出现显著下降的驱避化合物有较高的吻合度。

随着浓度的升高，DEET 的触角电位反应相对值呈上升趋势，且数值较大，处于 104.45%～177.81%。

8.2.2.3　三分子缔合体的触角电位反应相对值分析

在驱避化合物有效浓度为 0.033mg/L、0.33mg/L、3.33mg/L、33.33mg/L、333.33mg/L 时，驱避化合物与 L-乳酸和氨发生三分子缔合后，白纹伊蚊的触角电位反应相对值列于表 8-6。为了更直观地呈现三分子缔合后触角电位反应相对值的变化情况，将表 8-6 的数据以柱状图的形式展示，见图 8-9。

表 8-6 白纹伊蚊对 R-La-NH$_3$ 的 EAG 反应相对值

化合物	EAG 反应相对值/%				
	0.033mg/L	0.33mg/L	3.33mg/L	33.33mg/L	333.33mg/L
1	118.14±20.82	121.08±21.34	125.76±18.99	128.54±20.36	130.89±22.17
2	91.91±6.08	89.24±29.99	96.85±10.33	105.60±16.53	100.69±25.15
3	88.29±18.29	96.62±18.33	90.07±22.86	95.20±23.91	93.66±33.33
4	85.92±7.31	79.32±23.17	108.27±13.16	109.87±19.31	115.89±13.17
5	100.64±6.81	111.00±8.75	111.85±10.24	109.53±9.99	118.92±7.42
6	105.04±16.11	112.43±40.46	113.27±39.04	124.41±49.96	109.67±46.14
7	94.50±5.80	120.32±21.23	137.72±34.94	147.71±44.04	161.37±36.74
8	82.33±32.88	85.19±22.82	44.78±1.09	83.48±35.50	98.29±16.31
9	95.79±8.19	91.53±25.46	120.50±32.60	111.21±40.94	132.16±23.33
10	108.20±4.95	135.70±63.37	71.20±12.36	87.25±37.74	97.72±23.49
11	142.25±62.28	132.59±21.08	126.51±33.22	146.24±35.24	148.98±60.02
12	89.54±12.29	81.17±11.33	100.17±10.24	113.02±26.68	117.69±20.60
13	75.44±18.88	82.26±10.49	101.38±11.83	91.53±8.79	90.91±9.48
14	116.44±17.30	105.81±16.34	121.35±37.68	115.67±38.70	127.58±37.87
15	81.06±25.49	77.76±13.61	57.98±16.31	77.10±14.52	84.02±22.26
16	90.59±16.12	105.39±13.71	78.69±19.41	107.97±21.88	115.20±7.31
17	72.00±21.34	95.21±23.92	101.59±29.57	111.08±32.48	135.78±6.02
18	83.30±20.00	132.34±9.65	100.59±21.04	112.35±18.27	141.74±2.63
19	70.67±27.90	97.73±28.35	87.70±52.02	94.28±46.63	106.82±27.66
20	106.81±29.03	110.73±35.57	109.90±8.60	122.72±14.20	128.82±9.14
21	86.89±27.02	102.63±30.86	107.51±29.68	114.82±26.58	120.96±21.82
22	64.41±2.45	90.19±33.95	88.37±10.44	80.66±10.86	125.37±10.12
DEET	121.16±28.99	133.57±28.46	167.72±17.85	202.26±33.87	255.34±73.90

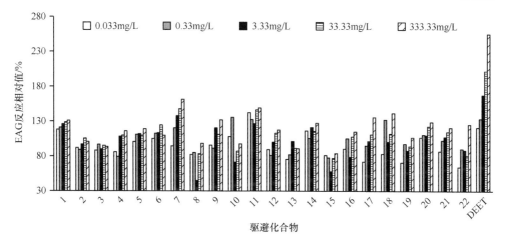

图 8-9 白纹伊蚊对 R-La-NH$_3$ 的 EAG 反应相对值

由图 8-9 可知，随着驱避化合物有效浓度按照 0.033mg/L、0.33mg/L、3.33mg/L、33.33mg/L、333.33mg/L 依次递增，22 个三分子缔合体中有 4 个化合物的触角电位反应相对值分别呈现上升趋势，分别是 1 号、7 号、17 号、21 号驱避化合物（8-羟基别二氢葛缕醇甲酸酯、氢化诺卜醇、N-氢化诺卜基甲酰基吗啉、N-乙基氢化诺卜酰胺）。这 4 个化合物都在单体、双分子缔合体随浓度升高触角电位反应相对值依次升高的化合物中，说明驱避化合物三分子缔合后触角电位反应相对值随浓度升高而递增相对于单体及双分子缔合有较好的重复性。

除了这 4 个驱避化合物，其他的化合物总体上未呈现随浓度升高触角电位反应相对值上升的趋势，有些化合物还出现触角电位反应相对值下降的情况，甚至显著下降，如 8 号、10 号、15 号、16 号驱避化合物（氢化诺卜基乙基醚、氢化诺卜基异丁基醚、N,N-二异丙基氢化诺卜基甲酰胺、N-氢化诺卜基甲酰基哌啶）在 3.33mg/L 时的触角电位反应相对值出现显著下降。这与单体（10 号、15 号、16 号）中和双分子缔合体（5 号、10 号、15 号、16 号）中出现显著下降的化合物基本相同。

随着浓度的升高，DEET 的触角电位反应相对值呈上升趋势，且数值较大，处于 121.16%～255.34%。

8.2.3 小结

1. 萜类驱避化合物单体的触角电位反应相对值分析

在 3 个系列浓度梯度下，22 个萜类驱避化合物中有 7 个化合物的触角电位反应相对值随着浓度升高而升高，化合物包括酯类、醇类、吗啉类和酰胺类，说明萜类驱避化合物随浓度升高而其触角电位反应相对值递增具有一定的普遍性。随着浓度的升高，DEET 的触角电位反应相对值呈上升趋势，且数值较大，六元环、桥环萜类衍生物中有多个类型随着浓度的升高而触角电位反应相对值呈上升趋势。

2. 萜类驱避化合物单体及其与 L-乳酸双分子缔合后的触角电位反应相对值对比分析

驱避化合物有效浓度为 0.05mg/L、0.5mg/L、5mg/L、50mg/L、500mg/L 时，22 个双分子缔合体中有 6 个化合物的触角电位反应相对值随着浓度升高而升高，这 6 个驱避化合物也在前文单体随浓度升高而触角电位反应相对值升高的 7 个化合物中，说明驱避化合物双分子缔合后触角电位反应相对值随着浓度升高而升高相对于单体有较好的重复性。

3. 萜类驱避化合物单体及其与 L-乳酸和氨三分子缔合后的触角电位反应相对值的对比分析

驱避化合物有效浓度为 0.033mg/L、0.33mg/L、3.33mg/L、33.33mg/L、333.33mg/L 时，22 个三分子缔合体中有 4 个化合物的触角电位反应相对值随着浓度升高而升高，这 4 个化合物都在单体、双分子缔合体随浓度升高而触角电位反应相对值依次升高的化合物中，说明驱避化合物三分子缔合后触角电位反应相对值随着浓度升高而升高相对于单体及双分子缔合体有较好的重复性。

4. 综合结果分析

六元环、桥环萜类衍生物中有多个类型随着浓度的升高，其触角电位反应相对值呈升高趋势。萜类驱避化合物单体、单体与 L-乳酸双分子缔合后、单体与 L-乳酸和氨三分子缔合后的触角电位反应相对值随着浓度升高而升高的化合物有较好的重复性。在各浓度梯度的中间浓度下，触角电位反应相对值出现显著下降的化合物也有较好的重复性。

8.3 驱避化合物与引诱物缔合效应的定量构效关系研究

在前期对驱避化合物单体及其与引诱物超分子缔合体进行理论计算及生物活性测试的基础上，建立两者的定量构效关系模型，并对模型进行检验，以期对驱避化合物与引诱化合物发生超分子缔合前、后的驱避活性差异进行分析和讨论。

8.3.1 定量构效关系计算方法

8.3.1.1 活性数据来源

本研究中驱避化合物单体及其与引诱物超分子缔合体的驱避活性数据见表 8-1，驱避化合物单体、驱避化合物与 L-乳酸双分子缔合后、驱避化合物与 L-乳酸和氨三分子缔合后的触角电位反应相对值详见表 8-2、表 8-5 和表 8-6。由于单体和缔合体的触角电位反应相对值与浓度普遍存在剂量依存关系，因此，本研究选取了各浓度梯度的中间浓度对应的触角电位反应相对值作为活性数据，为便于活性数据线性化处理，构建 QSAR 模型的活性数据为原始数据的 1/100。

8.3.1.2 计算方法

1. 分子描述符的计算

打开 Codessa 2.7.10 软件，导入上述编辑好的驱避活性数据 codessa input 文件，然后计算分子描述符，其中，驱避化合物单体只需要计算自身的分子描述符，其与引诱物的缔合体除计算分子描述符外还计算缔合区域的特征描述符。

2. 建立不同描述符个数的 QSAR 模型

参考 6.1.1.1 中的方法完成。

3. 最佳参数模型的确定

参考 6.1.1.1 中的方法完成。

4. 模型的检验

参考 6.1.1.1 中的方法完成。

8.3.2 缔合作用驱避活性效应的定量构效关系研究

8.3.2.1 双分子缔合体对白纹伊蚊驱避活性的 QSAR 研究

以驱避化合物与 L-乳酸双分子缔合体对白纹伊蚊的驱避活性为因变量，以驱避化合物与 L-乳酸双分子缔合体的结构描述符为自变量，应用启发式方法进行回归分析，建立 QSAR 模型，其相关系数平方值 R^2 和交互检验相关系数平方值 R_{cv}^2、最佳参数模型及最佳参数模型检验分别列于表 8-7～表 8-9。

表 8-7 不同参数个数的模型对应的 R^2 和 R_{cv}^2

参数个数	相关系数平方值	交互检验相关系数平方值
1	0.4575	0.3365
2	0.6969	0.5979
3	0.7821	0.6873
4	0.8436	0.7443
5	0.9016	0.8098
6	0.9325	0.8486
7	0.9492	0.8822
8	0.9701	0.9244

表 8-8 最佳五参数模型

扫描符序号	回归系数	回归系数标准误	t 检验值	描述符
0	11.3418	4.5545	9.1610	Intercept
1	0.7851	0.3294	8.7667	F-PPSA-1 Partial positive surface area [Quantum-Chemical PC]
2	−8.9393	3.7629	−8.7391	M-Relative number of C atoms
3	−17.2548	3.3302	−5.1814	F-FPSA-3 Fractional PPSA (PPSA-3/TFSA) [Quantum-Chemical PC]
4	−282.7584	64.0655	−4.4135	M-Min nucleoph. react. index for a C atom
5	5.9881	7.1714	3.0718	F-ESP-FPSA-3 Fractional PPSA (PPSA-3/TFSA) [Quantum-Chemical PC]

注：F-为来自缔合体的特征区域描述符；M-为来自驱避化合物的分子描述符。下同

表 8-9 最佳五参数模型检验

模型	相关系数平方值	交互检验相关系数平方值	训练组	相关系数平方值	测试组	相关系数平方值
最佳五参数模型	0.9016	0.8098	A+B	0.9427	C	0.9308
			B+C	0.8790	A	0.8557
			A+C	0.9008	B	0.8949
			平均值	0.9075	平均值	0.8938

所获得的具有良好稳定性的含有 5 个建模参数的 QSAR 模型如下：

PT=$0.7851X_1$−$8.9393X_2$−$17.2548X_3$−$282.7584X_4$+$5.9881X_5$+11.3418　　（模型 1）

由模型检验结果可知，训练组 R^2 的平均值为 0.9075，测试组 R^2 的平均值为 0.8938，两组之间 R^2 的平均值相差不大，表明所确定的最佳五参数模型具有很强的稳定性。

最佳五参数模型的 5 个描述符中，第 1、第 3 和第 5 个描述符来自缔合体，第 2 和第 4 个描述符来自驱避化合物分子，第 1、第 3 和第 5 个描述符 PPSA-1 Partial positive surface area [Quantum-Chemical PC]、FPSA-3 Fractional PPSA (PPSA-3/TFSA) [Quantum-Chemical PC] 和 ESP-FPSA-3 Fractional PPSA (PPSA-3/TFSA) [Quantum-Chemical PC] 均属于静电描述符，它们的含义分别是缔合区域带正电荷部分的表面积、缔合区域带正电荷的分子表面积及其占分子总面积的比例。第 2 个描述符 Relative number of C atoms 属于结构组成描述符，其含义为驱避化合物分子的碳原子相对数量。第 4 个描述符 Min nucleoph. react. index for a C atom 属于量子化学描述符，它表示驱避化合物分子碳原子的最小亲核反应指数。根据 t 检验值的绝对值判断最佳模型的 5 个描述符对驱避化合物驱避活性的影响程度大小依次为 1＞2＞3＞4＞5。

8.3.2.2　三分子缔合体对白纹伊蚊驱避活性的 QSAR 研究

以驱避化合物与 L-乳酸和氨三分子缔合体对白纹伊蚊的驱避活性为因变量，以驱避化合物与 L-乳酸和氨三分子缔合体的结构描述符为自变量，应用启发式方法进行回归分析，建立 QSAR 模型，其相关系数平方值 R^2 和交互检验平方值 R_{cv}^2、最佳参数模型及最佳参数模型检验分别列于表 8-10～表 8-12。

表 8-10　不同参数个数的模型对应的 R^2 和 R_{cv}^2

参数个数	相关系数平方值	交互检验相关系数平方值
1	0.4992	0.3092
2	0.6681	0.5732
3	0.8270	0.7626

续表

参数个数	相关系数平方值	交互检验相关系数平方值
4	0.9007	0.8115
5	0.9272	0.8730
6	0.9543	0.9121
7	0.9724	0.9422

表 8-11 最佳四参数模型

描述符序号	回归系数	回归系数标准误	t 检验值	描述符
0	1.4649	1.6263	0.9008	Intercept
1	1.8699	0.6641	10.3587	F-RPCS Relative positive charged SA (SAMPOS*RPCG) [Quantum-Chemical PC]
2	38.2951	23.6029	5.9687	F-Max 1-electron react. index for a O atom
3	56.3778	8.9445	6.3031	M-HACA-2/TMSA [Zefirov's PC]
4	−10.5885	2.9814	−3.5516	M-ESP-FHACA Fractional HACA (HACA/TMSA) [Quantum-Chemical PC]

表 8-12 最佳四参数模型检验

模型	相关系数平方值	交互检验相关系数平方值	训练组	相关系数平方值	测试组	相关系数平方值
最佳四参数模型	0.9007	0.8115	A+B	0.8852	C	0.8293
			B+C	0.8076	A	0.9157
			A+C	0.9045	B	0.8467
			平均值	0.8658	平均值	0.8639

最终获得一个具有良好稳定性的含有 4 个建模参数的 QSAR 模型，如下：

$$PT=1.8699X_1+38.2951X_2+56.3778X_3-10.5885X_4+1.4649 \quad （模型 2）$$

由模型检验结果可知，训练组 R^2 的平均值为 0.8658，测试组 R^2 的平均值为 0.8639，两组之间 R^2 的平均值相差不大，表明所确定的最佳四参数模型具有很强的稳定性。

最佳四参数模型的 4 个描述符中，第 1 和第 2 个描述符来自缔合体，第 3 和第 4 个描述符来自驱避化合物分子，第 1、第 3 和第 4 个描述符 RPCS Relative positive charged SA (SAMPOS*RPCG) [Quantum-Chemical PC]、HACA-2/TMSA [Zefirov's PC] 和 ESP-FHACA Fractional HACA (HACA/TMSA) [Quantum-Chemical PC] 属于静电描述符，它们的含义分别是缔合区域正电荷部分表面的表面积、驱避化合物分子氢键受体原子表面电荷加权部分的表面积和分子局部氢键受体能力。第 2 个描述符 Max 1-electron react. index for a O atom 属于量子化学描述符，它表示缔合区域氧原子的最大 1-亲电反应指数。根据 t 检验值的绝对值判断最佳模型的 4 个描述符对驱避化合物驱避活性的影响程度大小依次为 1>3>2>4。

8.3.3　缔合作用触角电位反应效应的定量构效关系研究

8.3.3.1　白纹伊蚊触角对双分子缔合体电位反应的 QSAR 研究

以白纹伊蚊对驱避化合物与 L-乳酸双分子缔合体的触角电位反应数据为因变量，以驱避化合物与 L-乳酸双分子缔合体的结构描述符为自变量，应用启发式方法进行回归分析，建立 QSAR 模型，其相关系数平方值 R^2 和交互检验相关系数平方值 R_{cv}^2、最佳参数模型及最佳参数模型检验分别列于表 8-13~表 8-15。

表 8-13　不同参数个数的模型对应的 R^2 和 R_{cv}^2

参数个数	相关系数平方值	交互检验相关系数平方值
1	0.4170	0.6723
2	0.6997	0.7642
3	0.8074	0.8175
4	0.8750	0.8473
5	0.9042	0.8592
6	0.9245	0.8601
7	0.9327	0.8611

表 8-14　最佳四参数模型

描述符序号	回归系数	回归系数标准误	t 检验值	描述符
0	-2.7366	3.2251	-3.1215	Intercept
1	4.4708	4.2146	3.9023	M-ESP-RNCG Relative negative charge (Qmneg/Qtminus) [Quantum-Chemical PC]
2	147.9173	136.4611	-3.9876	M-Min nucleoph. react. index for a C atom
3	4.6033	1.8949	2.4293	M-Molecular volume/XYZ Box
4	1.5025	0.6570	2.2867	F-Average Complementary Information content (order 2)

表 8-15　最佳四参数模型检验

模型	相关系数平方值	交互检验相关系数平方值	训练组	相关系数平方值	测试组	相关系数平方值
最佳四参数模型	0.8750	0.8473	A+B	0.9022	C	0.8964
			B+C	0.8273	A	0.8017
			A+C	0.8427	B	0.8526
			平均值	0.8574	平均值	0.8502

最终获得一个具有良好稳定性的含有 4 个建模参数的 QSAR 模型，如下：

$$EAG = 4.4708X_1 + 147.9173X_2 + 4.6033X_3 + 1.5025X_4 - 2.7366 \quad （模型 3）$$

由模型检验结果可知，训练组 R^2 的平均值为 0.8574，测试组 R^2 的平均值为 0.8502，两组之间 R^2 的平均值相差不大，表明所确定的最佳四参数模型具有很强的稳定性。

最佳四参数模型的 4 个描述符中，第 1、第 2 和第 3 个描述符来自驱避化合物分子，第 4 个描述符来自缔合体，第 1 个描述符 ESP-RNCG Relative negative charge (Qmneg/Qtminus) [Quantum-Chemical PC] 属于静电描述符，其含义为驱避化合物分子中原子最大负电荷数与总电荷数的比值。第 2 个描述符 Min nucleoph. react. index for a C atom 属于量子化学描述符，它的含义是驱避化合物分子中碳原子的最小亲核反应指数。第 3 个描述符 Molecular volume/XYZ Box 属于几何描述符，它的含义是驱避化合物分子的体积。第 4 个描述符 Average Complementary Information content (order 2) 属于拓扑描述符，它表示缔合区域的平均补充信息量。根据 t 检验值的绝对值判断最佳模型的 4 个描述符对驱避化合物驱避活性的影响程度大小依次为 2>1>3>4。

对比分析模型 3 和模型 2 可知，模型 3 的建模描述符主要是缔合体缔合区域局部正电荷分布相关的描述符，以及驱避化合物碳原子数量和亲核反应活性相关的描述符。模型 2 的建模描述符主要是驱避化合物电负性、碳原子亲核反应活性和分子体积相关的描述符，以及缔合区域碳原子数量相关的描述符。

两个模型具有 1 个相同的建模描述符 Min nucleoph. react. index for a C atom，含义相近的建模描述符有：模型 3 中的 Relative number of C atoms 与模型 2 中的 Molecular volume/XYZ Box。上述描述符都是来自驱避化合物分子，表明驱避化合物分子的碳原子数和分子体积与缔合体的生物活性相关联。模型 3 中的 PPSA-1 Partial positive surface area [Quantum-Chemical PC]、FPSA-3 Fractional PPSA (PPSA-3/TFSA) [Quantum-Chemical PC] 及 ESP-FPSA-3 Fractional PPSA (PPSA-3/TFSA) [Quantum-Chemical PC] 和模型 2 中的 ESP-RNCG Relative negative charge (Qmneg/Qtminus) [Quantum-Chemical PC] 都是与电荷分布情况相关的描述符，但不同的是来自模型 3 的描述符是描述缔合区域的电荷分布情况，来自模型 2 的描述符是描述驱避化合物整体的电荷分布情况。

综合分析可知，萜类驱避化合物与单个引诱物 L-乳酸发生超分子缔合作用的效应主要与驱避化合物分子表面电荷分布和分子尺寸密切相关，同时与缔合区域的电荷分布情况关联紧密。

8.3.3.2　白纹伊蚊触角对三分子缔合体电位反应的 QSAR 研究

以白纹伊蚊对驱避化合物与 L-乳酸和氨三分子缔合体的触角电位反应数据为因变量，以驱避化合物与 L-乳酸和氨三分子缔合体的结构描述符为自变量，应用启发式方法进行回归分析，建立 QSAR 模型，其相关系数平方值 R^2 和交互检验相关系数平方值 R_{cv}^2、最佳参数模型及最佳参数模型检验分别列于表 8-16～表 8-18。

表 8-16 不同参数个数的模型对应的 R^2 和 R_{cv}^2

参数个数	相关系数平方值	交互检验相关系数平方值
1	0.5384	0.5749
2	0.6956	0.6551
3	0.7972	0.7260
4	0.8653	0.7893
5	0.9126	0.8271
6	0.9364	0.8679
7	0.9489	0.9148
8	0.9578	0.9372

表 8-17 最佳五参数模型

描述符序号	回归系数	回归系数标准误	t 检验值	描述符
0	−2.1902	2.1707	−1.0090	Intercept
1	5.5660	3.2996	6.2056	M-ESP-FHDCA Fractional HDCA (HDCA/TMSA) [Quantum-Chemical PC]
2	2.6826	2.1332	4.6262	F-XY Shadow/XY Rectangle
3	159.2300	109.8096	−5.3345	M-Min nucleoph. react. index for a C atom
4	0.1574	0.1863	−3.1083	M-ESP-PPSA-3 Atomic charge weighted PPSA [Quantum-Chemical PC]
5	2.2193	0.8971	2.4738	F-HACA-2/SQRT (TFSA) [Quantum-Chemical PC]

表 8-18 最佳五参数模型检验

模型	相关系数平方值	交互检验相关系数平方值	训练组	相关系数平方值	测试组	相关系数平方值
最佳五参数模型	0.9126	0.8271	A+B	0.8872	C	0.9268
			B+C	0.8419	A	0.8349
			A+C	0.8795	B	0.8622
			平均值	0.8695	平均值	0.8746

最终获得一个具有良好稳定性的含有 5 个建模参数的 QSAR 模型，如下：

EAG=5.5660X_1+2.6826X_2+159.2300X_3+0.1574X_4+2.2193X_5−2.1902   （模型 4）

由模型检验结果可知，训练组 R^2 的平均值为 0.8695，测试组 R^2 的平均值为 0.8746，两组之间 R^2 的平均值相差不大，表明所确定的最佳五参数模型具有很强的稳定性。

最佳五参数模型的 5 个描述符中，第 1、第 3 和第 4 个描述符来自驱避化合物分子，第 2 和第 5 个描述符来自缔合体，第 1、第 4 和第 5 个描述符 ESP-FHDCA Fractional HDCA (HDCA/TMSA) [Quantum-Chemical PC]、ESP-PPSA-3 Atomic charge weighted PPSA [Quantum-Chemical PC] 和 HACA-2/SQRT(TFSA) [Quantum-Chemical PC] 均属于静电描述符，它们的含义分别是驱避化合物分子局部的氢键供体能力、缔合区域氢键受体原子表面电荷加权部分的表面积和驱避化合物原子电荷加权部分正电荷区域表面积。第 2 个描述符 XY Shadow/XY Rectangle 属于几何描述符，它的含义是缔合区域结构片段在 XY 平面的投射阴影。第 3 个描述符 Min nucleoph. react. index for a C atom 属于量子化学描述符，它表示驱避化合物分子中碳原子的最小亲核反应指数。根据 t 检验值的绝对值判断最佳模型的 5 个描述符对驱避化合物驱避活性的影响程度大小依次为 1>3>2>4>5。

对比分析模型 3 和模型 4 可知，模型 3 的建模描述符主要与驱避化合物分子的氢键受体能力和缔合区域的电荷分布及氧原子的亲电反应活性相关。模型 4 的建模描述符主要与驱避化合物的氢键供体能力、碳原子的亲核反应活性和电荷分布相关，同时与缔合区域的大小和氢键受体能力相关。

在两个模型之间，含义相近的描述符包括：模型 3 中的 RPCS Relative positive charged SA (SAMPOS*RPCG) [Quantum-Chemical PC] 和模型 4 中的 ESP-PPSA-3 Atomic charge weighted PPSA [Quantum-Chemical PC]，前者来自缔合体，后者来自驱避化合物分子，两者均对缔合体的活性有影响，都用于描述电荷分布；模型 3 中的 Max 1-electron react. index for a O atom 和模型 4 中的 Min nucleoph. react. index for a C atom，都是描述原子反应活性的参数；模型 3 中的 HACA-2/TMSA [Zefirov's PC] 和 ESP-FHACA Fractional HACA (HACA/TMSA) [Quantum-Chemical PC] 与模型 4 中的 ESP-FHDCA Fractional HDCA (HDCA/TMSA) [Quantum-Chemical PC] 及 HACA-2/SQRT (TFSA) [Quantum-Chemical PC]，都是描述氢键供体/受体相关信息的参数。

经过综合分析，可推测萜类驱避化合物可与多个引诱物分子发生超分子缔合作用，其主要作用形式为氢键相互作用，其中氢键供体与氢键受体的供受能力与缔合体发挥的效应密切相关，影响氢键供体与氢键受体供受能力的因素可能与供体/受体结构中氧原子的亲电反应活性及碳原子的亲核反应活性相关，同时与缔合作用前萜类驱避化合物分子表面电荷分布，以及缔合作用后缔合区域的电荷分布情况相关。

8.3.4 小结

1. 萜类驱避化合物单体分子结构与其活性的 QSAR 研究

萜类驱避化合物单体分子的结构参数分别和驱避活性数据之间、白纹伊蚊触角电位反应数据之间建立的 QSAR 模型显示，萜类驱避化合物分子的表面电荷分布情况、成键情况、极性大小及分子大小对其驱避活性具有较大影响。

2. 萜类驱避化合物与 *L*-乳酸双分子缔合体结构与其活性的 QSAR 研究

萜类驱避化合物与 *L*-乳酸双分子缔合体分子的结构参数分别和驱避活性数据之间、白纹伊蚊触角电位反应数据之间建立的 QSAR 模型显示，萜类驱避化合物与单个引诱物 *L*-乳酸发生超分子缔合作用的效应主要与驱避化合物分子表面电荷分布和分子大小密切相关，同时与缔合区域的电荷分布情况关联紧密。

3. 萜类驱避化合物与 *L*-乳酸和氨三分子缔合体结构与其活性的 QSAR 研究

萜类驱避化合物与 *L*-乳酸及氨三分子分子缔合体的结构参数分别和人体驱避活性数据之间、白纹伊蚊触角电位反应数据之间建立的 QSAR 模型显示，萜类驱避化合物可与多个引诱物分子发生主要作用形式为氢键的超分子缔合作用，其中氢键供体与氢键受体的供受能力与缔合体发挥的效应密切相关，影响氢键供体与氢键受体供受能力的因素可能与供体/受体结构中氧原子的亲电反应活性及碳原子的亲核反应活性相关，同时与缔合作用前萜类驱避化合物分子表面电荷分布，以及缔合作用后缔合区域的电荷分布情况相关。

参考文献

蔡美萍. 2012. 萜类驱避剂 R2 的合成与剂型研究. 南昌: 江西农业大学硕士学位论文.

陈金珠, 肖转泉, 王宗德. 2006. 4-(1-甲基乙烯基)-1-环己烯-1-乙醇的酯类衍生物的合成. 江西农大学报（自然科学版）, 28(6): 953-955.

陈敬亭, 高长兰, 徐建霞. 1989. 一种蚊虫驱避剂及配制方法: 中国, CN 106877A.

陈素文. 1997. 松香松节油深度加工技术与利用. 北京: 中国林业出版社.

陈韵和. 1994. 胺化法合成羟基香茅醛. 化学工业与工程, 11(3): 30-34.

丁德生, 孙汉董. 1983. 野薄荷精油中驱避有效成分的结构鉴定. 植物学报, 25(1): 62-66.

董桂蕃. 1995. 我国植物驱蚊药的研究. 卫生杀虫药械, (1): 13-16.

高南, 于志钢, 黄庆荣. 1991. 相转移催化合成蒎酮酸. 上海科技大学学报, 14(3): 91-93.

宫莉萍, 赵怀清. 2011. 老鹳草凝胶剂制备工艺. 中国实验方剂学杂志, 17(24): 19-22.

韩招久, 姜志宽, 陈超, 等. 2005a. 萜类化合物对蚊虫驱避活性的研究. 西南国防医药, 15(6): 601-603.

韩招久, 姜志宽, 王宗德, 等. 2005b. 萜类化合物对蚊虫驱避活性的研究. 中华卫生杀虫药械, 11(3): 154-156.

韩招久, 王宗德, 姜志宽, 等. 2007. 萜类化合物对小菜蛾幼虫的拒食活性. 昆虫知识, 44(6): 863-867.

韩招久, 王宗德, 姜志宽, 等. 2008. 桥环类萜类化合物的合成及其对蚂蚁驱避活性的研究. 江西农大学报（自然科学版）, 30(4): 586-591.

黄明达, 朗富和, 夏开元. 1990. 含有天然植物油的蚊虫驱避剂: 中国, CN 1046441A.

姜志宽, 郑智民. 2005. 卫生杀虫药械学研究与应用（二）. 北京: 海潮出版社.

姜志宽, 郑智民, 赵学忠. 2001. 卫生杀虫药械学研究与应用. 南京: 南京大学出版社.

赖春球, 嵇志琴. 1996. 由 α-蒎烯合成四元环类香料的研究. 精细化工, 13(3): 10-12.

李洁, 吴光华, 张应阔, 等. 1997a. 萜类驱避剂研究概况. 中国媒介生物学及控制杂志, 8(1): 76-78.

李洁, 张应阔, 钱万红. 1997b. 天然萜类驱避剂在媒介昆虫防治上的应用. 医学动物防治, 13(4): 241-242.

李群, 柏亚罗. 2002. 昆虫驱避剂的过去、现在和将来. 现代农药, 1(15): 24-27.

李世新. 1984. 合成萜类驱避剂. 林产化工通讯, 18(10): 310-314.

李世新. 1986. α-蒎烯的环氧化实验. 林化科技通讯, (1): 5-7.

李晏, 杨廷莉, 邹豪, 等. 2002. 卡波姆及其在药剂学的应用. 解放军药学学报, 18(2): 91-94.

厉明蓉, 梁凤凯. 2003. 气雾剂: 生产技术与应用配方. 北京: 化学工业出版社.

廖圣良, 姜志宽, 宋杰, 等. 2012a. 氨分子与驱避剂缔合对驱避活性影响的定量计算. 中华卫生杀虫药械, 18(2): 106-110.

廖圣良, 宋杰, 范国荣, 等. 2014a. 酰胺类驱避化合物与 L-乳酸缔合及其对驱避活性影响的计算. 计算机与应用化学, 31(5): 595-600.

廖圣良, 宋杰, 范国荣, 等. 2014b. 定量计算萜类蚊虫驱避化合物与羧酸缔合作用对其驱避活性的影响. 昆虫学报, 57(5): 547-556.

廖圣良, 宋杰, 王宗德, 等. 2012b. 定量计算萜类驱避化合物与二氧化碳缔合对其蚊虫驱避活性的影响. 昆虫学报, 55(9): 1054-1061.

刘洪霞, 徐劲秋, 刘曜, 等. 2016. 淡色库蚊吡丙醚抗性品系和敏感品系羧酸酯酶生化性质差异研究. 中国媒介生物学及控制杂志, 27(2): 103-106.

刘起勇. 2004. 环境有害生物防治. 北京: 化学工业出版社.

刘铸晋, 陆仁荣, 顾禹归. 1987. 从 (−)-α-蒎烯合成 (1R,3R)-(+)-反式菊酸甲酯. 化学学报, 45(9): 887-892.

孟凤霞, 靳建超, 陈云, 等. 2011. 我国淡色库蚊/致倦库蚊对常用化学杀虫剂的抗药性. 中国媒介生物及控制杂志, 22(6): 517-520, 528.

史春薇, 陈烨璞. 2005. 臭氧化反应应用研究进展. 化工进展, (9): 985-988.

舒国欣, 董桂藩, 姚文莉. 1992. 固态驱蚊剂: 中国, CN 1057564A.

宋湛谦, 王宗德, 姜志宽, 等. 2006. 由松节油开发绿色杀虫化学品的现状与展望. 林业科学, 42(10): 117-122.

孙汉董, 丁靖凯, 李顺林. 1995. d-8-酰氧基别二氢葛缕酮类化合物及其合成方法: 中国, CN 1105658A.

孙曙光. 1992. 蒎酮酸的相转移催化合成法. 林产化工通讯, (1): 26-30.

王定选, 宋湛谦, 高德华. 1981. 蒎酸的合成与在助焊剂中的应用. 林产化学与工业, 1(4): 40-43.

王鲁豫, 赵耀. 2004. 媒介生物在生物恐怖中的作用及防范策略. 中国媒介生物学及控制杂志, 15(3): 238-240.

王学铭, 丁德生. 1987. 一种驱蚊爽身粉: 中国, CN 105233A.

王宗德. 2005. 萜类驱避化合物的合成及其活性研究. 北京: 中国林业科学研究院博士后出站报告.

王宗德, 陈金珠, 宋湛谦, 等. 2007a. 8-羟基别二氢葛缕醇及其衍生物的合成与驱避性研究. 林产化学与工业, 27(4): 1-6.

王宗德, 陈金珠, 宋湛谦, 等. 2007b. 甲酸诺卜酯和诺卜甲基醚的合成及其 ^{13}C 化学位移分析. 福建农林大学学报, 36(4): 385-388.

王宗德, 陈金珠, 宋湛谦, 等. 2010a. 羟基香茅醛缩醛类化合物的合成及对蚊虫的驱避活性. 昆虫学报, 53(11): 1241-1247.

王宗德, 姜志宽, 陈金珠, 等. 2010b. 羟基香茅醛-1,2-丙二醇缩醛用作驱避剂: 中国, CN 1018895720.

王宗德, 姜志宽, 韩招久, 等. 2005. 萜类化合物对蚊虫驱避活性的初步筛选研究. 中华卫生杀虫药械, 11(2): 88-89.

王宗德, 姜志宽, 宋湛谦. 2004a. 萜类驱避剂的研究与合成分析. 中华卫生杀虫药械, 10(1): 37-40.

王宗德, 宋杰, 姜志宽, 等. 2008. 驱避剂的构效关系和驱避机理研究. 中华卫生杀虫药械, 14(6): 472-476.

王宗德, 宋杰, 姜志宽, 等. 2009. 松节油基萜类蚂蚁驱避剂的驱避活性与定量构效关系研究. 林产化学与工业, 29: 47-53.

王宗德, 肖转泉, 陈金珠. 2003. 相转移催化合成诺卜基醚类化合物. 化学通报, 66(7): W055.

王宗德, 肖转泉, 陈金珠. 2004b. 诺卜醇衍生物的合成与表征. 化学世界, 45(2): 89-92.

吴建福, 迈克尔·哈曼蒂. 2003. 试验设计与分析及参数优化. 张润楚, 郑海燕, 兰燕, 译. 北京: 中国统计出版社: 33-37.

吴锦荣, 龙达霖, 尹淳熙. 1995. 檀香（KS-1）合成研究. 云南化工, (2): 3-6.

吴文君. 2000. 农药学原理. 北京: 中国农业出版社.

夏卫华, 哈成勇, 刘治猛. 2002. 一种合成藜酮酸新方法的研究. 林产化学与工业, 22(3): 11-14.

肖转泉. 1989. ω-甲酰基莰烯合成方法的改进. 江西师范大学学报（自然科学版）, 13(3): 73-75.

肖转泉. 1992. γ-异莰烷基醇及β-异莰烷基酮的合成. 林产化学与工业, 12(4): 299-305.

肖转泉, 赖春球, 傅海萍. 1995. 内型异莰烷基甲醇的合成. 林产化学与工业, 15(3): 12-16.

肖转泉, 李竹青, 陈金珠, 等. 1999. 合成 Nopol 反应中主要副产物结构的分析和确认. 江西师范大学学报（自然科学版）, 23(4): 360-362.

忻伟隆, 廖圣良, 姜志宽, 等. 2014. 氨与避蚊胺缔合对白纹伊蚊行为影响的研究. 中国媒介生物学及控制杂志, 25(2): 109-112.

忻伟隆, 王宗德, 韩招久, 等. 2015. 白纹伊蚊对几种引诱物的行为和触角电位反应. 应用昆虫学报, 25(4): 890-895.

许锡招. 2016. 蚊虫驱避剂与引诱物的缔合作用研究. 南昌: 江西农业大学硕士学位论文.

许锡招, 宋杰, 王鹏, 等. 2015b. 酰胺类蚊虫驱避化合物与引诱物氨分子缔合作用的计算. 昆虫学报, 58(6): 642-649.

许锡招, 翁玉辉, 姜志宽, 等. 2015a. 蚊虫驱避剂作用机理及定量构效关系研究进展. 中华卫生杀虫药械, 21(2): 194-197.

薛飞群. 1994. 寄生性蝇类驱避剂的合成、筛选及构效关系的研究. 兰州: 中国科学院兰州化学物理研究所博士学位论文.

易封萍, 柯敏, 王立升, 等. 2000. $ZnCl_2$ 催化下的β-蒎烯与多聚甲醛的反应条件优化研究. 林产化学与工业, 20(4): 55-58.

易封萍, 李伟光, 周永红, 等. 2001. 密闭容器法和催化剂法合成诺卜醇的研究. 广西大学学报（自然科学版）, 26(2): 108-111.

余冬冬. 2018. 萜类蚊虫驱避物与引诱物超分子缔合的计算与效应研究. 南昌: 江西农业大学硕士学位论文.

余冬冬, 王宗德, 韩招久, 等. 2016. 酰胺类驱避化合物与引诱物 1-辛烯-3-醇缔合作用的研究. 中华卫生杀虫药械, 22(1): 14-18.

余静, 王杰, 张富强, 等. 2013. 驱避-引诱联合使用对蚊子控制效果的现场测试. 中国媒介生物学及控制杂志, 24(3): 193-195.

曾玲, 陆永跃, 陈忠南, 等. 2005. 红火蚁监测与防治. 广州: 广东科技出版社.

翟士勇, 黄钢, 董建臻, 等. 2006. 我国重要吸血双翅目昆虫区系的研究进展. 寄生虫与医学昆虫学报, 13(3): 178-184.

张保献, 张卫华, 聂其霞. 2004. 药用凝胶的应用概况. 中国中医药信息杂志, 11(11): 1028-1032.

张贵举. 1991. 驱蚊爽身粉: 中国, CN 1052254A.

张桂林, 孙响, 邢丹, 等. 2010. 2 种新型驱避剂现场防蚊效果的研究. 中华卫生杀虫药械, 16(6): 418-419.

郑卫青. 2008. 萜类化合物对昆虫驱避与拒食活性研究. 南昌: 江西农业大学硕士学位论文.

郑卫青, 姜志宽, 韩招久, 等. 2008a. 两种测定蚂蚁驱避活性实验方法的比较分析. 中华卫生杀虫药械, 14(1): 27-29.

郑卫青, 姜志宽, 韩招久, 等. 2008b. 萜类化合物筛选蚂蚁驱避剂的研究. 中华卫生杀虫药械, 14(2): 84-86.

钟旭东, 程芝. 1993. 蒎烯环氧化及其产物的催化异构化反应的研究. 林产化学与工业, 13(3): 176-186.

朱成璞. 1988. 卫生杀虫药械应用指南. 上海: 上海交通大学出版社.

Acree F, Turner RB, Gouck HK, et al. 1968. L-lactic acid: a mosquito attractant isolated from humans. Science, 161(848): 1346-1347.

Alexander BH, Beroza M. 1963. Aliphatic amides of cyclic amines and tolyl maleimides as mosquito repellents. Journal of Economic Entomology, 56(1): 58-60.

Ansari MA, Vasudevan P, Tandon M, et al. 2000. Larvicidal and mosquito repellent action of peppermint (*Mentha pierita*) oil. Bioresoure Technology, 71(3): 267-271.

Anthony P. 1994. Repellant material: WO, 06298.

Aungtikun J, Soonwera M. 2020. Mosquito-repellent activity of star anise (*Illicium verum* Hook. f.), bustard cardamom (*Amomum villosum* Lour.) and best cardamom (*Amomum krervanh* Pierre.) essential oils against *Aedes albopictus* (Skuse). International Journal of Agricultural Technology, 16(1): 19-26.

Barnard DR. 1999. Repellency of essential oils to mosquitoes (Diptera: Culicidae). Journal of Medical Entomology, 36(5): 625-629.

Bartlett PD, Daubenh J. 1951. Insect repellents: US, 2564664.

Bar-Zeev M, Maibach HI, Khan AA. 1977. Studies on the attraction of *Aedes aegypti* (Diptera: Culicidae) to man. Journal of Medical Entomology, 14(1): 113-120.

Basak SC, Bhattacharjee A. 2020. Computational approaches for the design of mosquito repellent chemicals. Current Medicinal Chemistry, 27(1): 32-41.

Basak SC, Natarajan R, Nowak W, et al. 2007. Three-dimensional structure-activity relationships (3D-QSAR) for insect repellency of diastereoisomeric compounds: a hierarchical molecular overlay approach. SAR and QSAR in Environmental Research, 18(3): 237-250.

Behan JM, Birch RA. 2003. Insect repellents: US, 6660288.

Bhatt S, Gething PW, Brady OJ, et al. 2013. The global distribution and burden of dengue. Nature, 496(7446): 504-507.

Bhattacharjee AK, Dheranetra W, Nichols DA, et al. 2005. 3D pharmacophore model for insect repellent activity and discovery of new repellent candidates. QSAR and Combinatorial Science, 24(5): 593-602.

Bhattacharjee AK, Gupta RK, Ma D, et al. 2000. Molecular similarity analysis between insect juvenile hormone and *N*,*N*-diethyl-m-toluamide (DEET) analgs may aid design of novel insect repellents. Journal of Molecular Recognition, 13(4): 213-220.

Braks MAH, Meijerink J, Takken W. 2001. The response of the malaria mosquito, anopheles gambiae, to two components of human sweat, ammonia and L-lactic acid, in an olfactometer. Physiolgical Entomology, 26(2): 142-148.

Briassoulis G. 2001. Toxic encephalopathy associated with use of DEET insect repellents: a case analysis of its toxicity in children. Human & Experimental toxicology, 20: 8-14.

Carlson DA, Smith N, Gouck HK, et al. 1973. Yellow fever mosquitoes: compounds related to lactic acid that attract females. Journal of Economic Entomology, 66(2): 329-331.

Clem JR, Havemann DF, Raebel MA. 1993. Insect repellent (*N*,*N*-diethyl-m-toluamide) cardiovascular toxicity in an adult. Annals of Pharmacotherapy, 27: 289-293.

Clementi E. 1980. Computational Aspects of Large Chemical Systems. New York: Springer Verlag.

Cork A, Park AC. 1996. Identification of electrophysiolgically-active compounds for the malaria mosquito, anopheles gambiae, in human sweat extracts. Medical and Veterinary Entomology, 10(3): 269-276.

Davis EE, Rebert CS. 1972. Elements of olfactory receptor coding in the yellow fever mosquito. Journal of Economic Entomology, 65(4): 1058-1061.

Davis EE, Sokolove PG. 1976. Lactic acid-sensitive receptors on the antennae of the mosquito, *Aedes aegypti*. Journal of Comparative Physiology, 105(1): 43-54.

Davis EE, Sokolove PG. 1985. Insect repellents: concepts of their mode of action relative to potential sensory mechanisms in mosquitoes (Diptera: Culicidae). Journal of Medical Entomology, 22(3): 237-243.

DeGennaro M, McBride CS, Seeholzer L, et al. 2013. Orco mutant mosquitoes lose strong preference for humans and are not repelled by volatile DEET. Nature, 498(7455): 487-491.

Desiraju GR, Steiner T. 1999. The Weak Hydrogen Bond. Oxford: Oxford University Press.

Ditzen M, Pellegrino M, Vosshall LB. 2008. Insect odorant receptors are molecular targets of the insect repellent DEET. Science, 5871(319): 1838-1842.

Dline DL, Bernier UR, Posey KH, et al. 2003. Olfactometric evaluation of spatial repellents for *Aedes aegypti*. Journal of Medical Entomology, 40(4): 463-467.

Dogan EB, Ayres JW, Rossignol PA. 1999. Behavioural mode of action of deet: inhibition of lactic acid attraction. Medical and Veterinary Entomology, 13(1): 97-100.

Dubitzky W, Azuaje F. 2004. Artificial Intelligence Methods and Tools for Systems Biology. Dordrecht: Springer.

Eisner T, Deyrup M, Jacobs R, et al. 1986. Necrodols: anti-insectan terpenes from defensive secretion of carrion beetle (*Necrodes surinamensis*). Journal of Chemical Ecology, 12(6): 1407-1415.

Eisner T, Eisner M, Aneshansley DJ, et al. 2000. Chemical defense of the mint plant, *Teucrium marum* (Labiatae). Chemoecology, 10(4): 211-216.

Enserink M. 2002. What mosquitoes want: secrets of host attraction. Science, 298(5591): 90-92.

Feroz M. 1971. Biochemistry of malathion resistance in a strain of *Cimex lectularius* resistant to organophosphorus compounds. Bulletin of the World Health Organization, 45(6): 795-804.

Fischer GS, Stinson JS. 1955. Pinonic acid: preparation by ozonolysis of alpha-pinene. Industrial and Engineering Chemistry, 47(8): 1569-1572.

Francisco P, Álvaro I, Paula F, et al. 2021. Development and characterization of electrosprayed microcaspules of poly ε-caprolactone with citronella oil for mosquito-repellent application. International Journal of Polymer Analysis and Characterization, 26(6): 497-516.

García-Domenech R, Aguilera J, Moncef AE, et al. 2010. Application of molecular topology to the prediction of mosquito repellents of a group of terpenoid compounds. Molecular Diversity, 14(2): 321-329.

Geier M, Bosch OJ, Boeckh J. 1999. Ammonia as an attractive component of host odour for the yellow fever mosquito, *Aedes aegypti*. Chemical Senses, 24(6): 647-653.

Gilbert IH, Gouck HK, Smith CN. 1955. New mosquito repellents. Journal of Economic Entomology, 48(6): 741-743.

Golmohammadi H, Dashtbozorgi Z, Jr Acree WE. 2013. Prediction of heat capacities of hydration of various organic compounds using partial least squares and artificial neural network. Journal of Solution Chemistry, 42(2): 338-357.

Hadis M, Lulu M, Mekonnen Y, et al. 2003. Field trials on the repellent activity of four plant products against mainly mansonia population in western ethiopia. Phytother Research, 17(3): 202-205.

Hallem EA, Nicole Fox A, Zwiebel LJ, et al. 2004. Olfaction: mosquito receptor for human-sweat odorant. Nature, 427(6971): 212-213.

Hao HL, Sun JC, Dai JQ. 2013. Dose-dependent behavioral response of the mosquito *Aedes albopictus* to floral odorous compounds. Journal of Insect Science, 13(127): 1-8.

Harries C. 1915. Über die einwirkung des ozons auf organische verbindungen. Justus Liebig's Annalen Der Chemie, 410(1): 1-21.

Hebbalka DS, Hebbalka GD, Sharmar RN, et al. 1992. Mosquito repellent activity of oils from *Vites negundo* Linn leaves. The Indian Journal of Medical Research, 5(9): 200-203.

Hemingway J. 2004. Taking aim at mosquitoes. Nature, 430(7002): 936.

Herriott AW, Picker D. 1975. Phase transfer catalysis: an evaluation of catalysts. Journal of the American Chemical Society, 97(9): 2345-2349.

Hoel DF, Kline DL, Allan SA, et al. 2007. Evaluation of carbon dioxide, 1-octen-3-ol, and lactic acid as baits in mosquito magnet pro traps for *Aedes albopictus* in north central Florida. Journal of the American Mosquito Control Association, 23(1): 11-17.

Holloway F, Anderson J, Rodin W. 1955. Ozonolysis of alpha-pinene. Industrial and Engineering Chemistry, 47(10): 2111-2113.

Jalil AA, Zaki ZM, Kamal M, et al. 2021. Screening of selected local plant extracts for their repellent activity against *Aedes albopictus* mosquitoes. Asian Journal of Pharmacognosy, 4(3): 30-37.

Janardhan S, Srivani P, Sastry GN. 2006. 2D and 3D quantitative structure-activity relationship studies on a series of bis-pyridinium compounds as choline kinase inhibitors. QSAR and Combinatorial Science, 25(10): 860-872.

Jeanne RL. 1970. Chemical defense of brood by a social wasp. Science, 168(3938): 1465-1466.

Jeffrey GA, Saenger W. 1991. Hydrogen Bonding in lgBiolgical Structures. Berlin: Springer.

Johnson HL, Skinner WA, Skidmore D, et al. 1968. Topical mosquito repellents. II. Repellent potency and duration in ring-substituted *N,N*-dialkyl- and -aminoalkylbenzamides. Journal of Medicinal Chemistry, 11(6): 1265-1268.

Kain P, Boyle SM, Tharadra SK, et al. 2013. Odour receptors and neurons for DEET and new insect repellents. Nature, 502 (7472): 507-512.

Karelson M. 2000. Molecular Descriptors in QSAR/QSPR. New York: John Wiley and Sons Inc.

Karunaratne SHPP, Damayanthi BT, Fareena MHJ, et al. 2007. Insecticide resistance in the tropical bedbug *Cimex hemipterus*. Pesticide Biochemistry and Physiology, 88(1): 102-107.

Katritzky AR, Dobchev DA, Tulp I, et al. 2006. QSAR study of mosquito repellents using Codessa Pro. Bioorganic and Medicinal Chemistry Letters, 16(8): 2306-2311.

Katritzky AR, Lobanov VS, Karelson M. 1995. Comprehensive Descriptors for Structural and Statistical Analysis. Reference Manual. Gainesville: University of Florida.

Katritzky AR, Lobanov VS, Karelson M, et al. 1996. Comprehensive descriptors for structural and statistical analysis. Revue Roumaine de Chimie, 41(11): 851-867.

Katritzky AR, Wang ZQ, Slavov S, et al. 2008. Synthesis and bioassay of improved mosquito repellents predicted from chemical structure. Proc Natl Acad Sci USA, 105(21): 7359-7364.

Kim S, Chang K, Yang YC, et al. 2004. Repellency of aerosol and cream products containing fennel oil to mosquitoes under laboratory and field conditions. Pest Management Science, 60(11): 1125-1130.

Kline DL. 1994. Introduction to symposium on attractants for mosquito surveillance and control. Journal of the American Mosquito Control Association, 10(2): 253-257.

Kline DL, Takken W, Wood JR, et al. 1990. Field studies on the potential of butanone, carbon dioxide, honey extract, 1-octen-3-ol, L-lactic acid and phenols as attractants for mosquitoes. Medical and Veterinary Entomology, 4(4): 383-391.

Korenromp EL, Williams BG, Gouws E, et al. 2003. Measurement of trends in childhood malaria mortality in Africa: an assessment of progress toward targets based on verbal autopsy. The Lancet Infectious Diseases, 3(6): 349-358.

Kumar S, Prakash S, Rao KM. 1995. Comparative activity of three repellents against bedbugs *Cimex hemipterus* (Fabr.). Indian Journal of Medical Research, 102: 20-23.

Lees RS, Knols B, Bellini R, et al. 2014. Review: improving our knowledge of male mosquito biology in relation to genetic control programmes. Acta Tropica, 132: 2-11.

Lehane MJ. 2005. Biology of Blood-Sucking Insects. 2nd ed. Cambridge: Cambridge University Press.

Liu CH, Mishra AK, Tan RX. 2006a. Repellent, insecticidal and phytotoxic activities of isoalantolactone from *Inula racemosa*. Crop Protection, 25(5): 508-511.

Liu CH, Mishra AK, Tan RX, et al. 2006b. Repellent and insecticidal activities of essential oils from *Artemisia princeps* and *Cinnamomum camphora* and their effect on seed germination of wheat and broad bean. Bioresource Technology, 97(15): 1969-1973.

Liu Y, Natasha A, Kenneth JL, et al. 2020. A survey of chemoreceptive responses on different mosquito appendages. Journal of Medical Entomology, 58(1): 475-479.

Ma D, Bhattacharjee AK, Gupta RK, et al. 1999. Predicting mosquito repellent potency of DEET analgs from molecular electronic properties. American Journal of Tropical Medicine and Hygiene, 60(1): 1-6.

Masetti A, Maini S. 2006. Arm in cage tests to compare skin repellents against bites of *Aedes albopictus*. Bulletin of Insectology, 59(2): 157-160.

McCabe ET, Barthel WF, Gertler SI, et al. 1954. Insect repellents. III. *N,N*-diethylamides. Journal of Organic Chemistry, 19(4): 493-498.

McIver SB. 1981. A model for the mechanism of action of the repellent DEET on *Aedes aegypti* (Diptera: Culicidae). Journal of Medical Entomology, 18(5): 357-361.

Meshali MM, El-Sayed GM, El-Said Y, et al. 1996. Preparation and evaluation of theophylline sustained-release tablets. Drug Development and Industrial Pharmacy, 22(4): 373-377.

Moore DJ, Miller DM. 2006. Laboratory evaluations of insecticide product efficacy for control of *Cimex lectularius*. Journal of Economic Entomology, 99(6): 2080-2086.

Moraes CMD, Mescher MC, Tumlinson JH. 2001. Caterpillar-induced nocturnal plant volatiles repel conspecific females. Nature, 410(6828): 577-580.

Mukabana WR, Takken W, Killeen GF, et al. 2004. Allomonal effect of breath contributes to differential attractiveness of humans to the African malaria vector *Anopheles gambiae*. Malaria Journal, 3(1): 1-8.

Myamba J, Maxwell CA, Asidi A, et al. 2002. Pyrethroid resistance in tropical bedbugs, *Cimex hemipterus*, associated with use of treated bednets. Medical and Veterinary Entomology, 16(4): 448-451.

Natarajan R, Basak SC, Balaban AT, et al. 2005. Chirality index, molecular overlay and biological activity of diastereoisomeric mosquito repellents. Pest Management Science, 61(12): 1193-1201.

Natarajan R, Basak SC, Mills D, et al. 2008. Quantitative structure-activity relationship modeling of mosquito repellents using calculated descriptors. Croatica Chemica Acta, 81(2): 333-340.

Ogino T, Mochizuki K. 1979. Homogeneous permanganate oxidation in non-aqueous organic solution. Selective oxidations of olefins into 1,2-diols or aldehydes. Chemistry Letters, 8(5): 443-446.

Oliferenko PV, Oliferenko AA, Poda GI, et al. 2013. Promising *Aedes aegypti* repellent chemotypes identified through integrated QSAR, virtual screening, synthesis, and bioassay. PLOS ONE, 9(8): 1-13.

Panagiotakopulu E, Buckland PC. 1999. *Cimex lectularius* L., the common bed bug from Pharaonic Egypt. Antiquity, 73(282): 908-911.

Pellegrino M, Steinbach N, Stensmyr MC, et al. 2011. A natural polymorphism alters odour and DEET sensitivity in an insect odorant receptor. Nature, 478(7370): 511-514.

Peterson CJ, Coats JR. 2001. Insect repellents-past, present and future. Pesticide Outlook, 12(4): 154-158.

Peterson CJ, Nemetz LT, Jones LM, et al. 2002. Behavioral activity of catnip (Lamiaceae) essential oil compounds to the *German cockroach* (Blattodea: Blattellidae). Journal of Economic Entomology, 95(2): 377-380.

Plata-Rueda A, Martínez LC, Rolim GDS, et al. 2020. Insecticidal and repellent activities of *Cymbopogon citratus* (Poaceae) essential oil and its terpenoids (citral and geranyl acetate) against *Ulomoides dermestoides*. Crop Protection, 137: 105299.

Qiu HC, Jon HW, McCall JW. 1998. Pharmacokinetics, formulation and safety of insect repellent *N,N*-diethyl-3- methylbenzamide (deet): a review. Journal of the American Mosquito Control Association, 14(1): 12-27.

Rayner HB, Wright RH. 1966. Far infrared spectra of mosquito repellents. The Canadian Entomolgist, 98(1): 76-80.

Reinhardt K, Siva-Jothy MT. 2007. Biology of the bed bugs (Cimicidae). Annual Review of Entomology, 52: 351-374.

Roadhouse LAO. 1953. Laboratory studies on insect repellency. Canadian Journal of Zoology, 31(5): 535-546.

Romero A, Potter MF, Potter DA, et al. 2007. Insecticide resistance in the bed bug: a factor in the pest's sudden resurgence? Journal of Medical Entomology, 44(2): 175-178.

Sakamoto JM, Rasgon JL. 2006. Geographic distribution of *Wolbachia* infections in *Cimex lectularius* (Heteroptera: Cimicidae). Journal of Medical Entomology, 43(4): 696-700.

Sam DJ, Simmonsh E. 1972. Crown polyether chemistry. Potassium permanganate oxidations in benzene. Journal of the American Chemical Society, 94(11): 4024-4025.

Sato K, Pellegrino M, Nakagawa T, et al. 2008. Insect olfactory receptors are heteromeric ligand-gated ion channels. Nature, 452(7190): 1002-1006.

Schultze A, Breer H, Krieger J. 2014. The blunt trichoid sensillum of female mosquitoes, *Anopheles gambiae*: odorant binding protein and receptor types. International Journal of Biolgical Sciences, 10(4): 426-437.

Si H, Wang T, Zhang K, et al. 2006. QSAR study of 1,4-dihydropyridine calcium channel antagonists based on gene expression programming. Bioorganic and Medicinal Chemistry, 14(14): 4834-4841.

Skinner WA, Johnson HL. 1980. The design of insect repellents. Medicinal Chemistry, 11(10): 277-305.

Song FC, Wang W, Ma XF, et al. 2019. Quantitative structure activity relationship study on the carboxamides derivatives as mosquito repellents. Chronic Diseases Prevention Review, 12: 45-56.

Song J, Wang ZD, Findlater A, et al. 2013. Terpenoid mosquito repellents: a combined DFT and QSAR study. Bioorganic and Medicinal Chemistry Letters, 23(5): 1245-1248.

Spencer CC, Weaver WI, Oberright EA, et al. 1940. Ozonization of organic compounds. The Journal of Organic Chemistry, 5(6): 610-617.

Stanczyk NM, Brookfield JFY, Ignell R, et al. 2010. Behavioral insensitivity to DEET in *Aedes aegypti* is a genetically determined trait residing in changes in sensillum function. Proc Natl Acad Sci USA, 107(19): 8575-8580.

Stanton DT, Egolf LM, Jurs PC, et al. 1992. Computer-assisted prediction of normal boiling points of pyrans and pyrroles. Journal of Chemical Information and Computer Sciences, 32(4): 306-316.

Stanton DT, Jurs PC. 1990. Development and use of charged partial surface area structural descriptors in computer-assisted quantitative structure-property relationship studies. Analytical Chemistry, 62(21): 2323-2329.

Sugarman N, Daughty PM. 1956. Oxidation of alpha-pinene. Industrial and Engineering Chemistry, 48(10): 1831-1835.

Sugawara R, Tominaga Y, Suzuki T. 1977. Effects of ring unsaturation on the activity of propyl cyclohexaneacetate as an attractant for the German cockroach. Insect Biochemistry, 7(5): 483-485.

Suryanarayana MVS, Pandey KS, Prakash S, et al. 1991. Structure-activity relationship studies with mosquito repellent amides. Journal of Pharmaceutical Sciences, 80(11): 1055-1057.

Syed Z, Leal WS. 2008. Mosquitoes smell and avoid the insect repellent DEET. Proc Natl Acad Sci USA, 105(36): 13598-13603.

Szalanski AL, Austin JW, Mckern JA, et al. 2008. Mitochondrial and ribosomal internal transcribed spacer 1 diversity of *Cimex lectularius* (Hemiptera: Cimicidae). Journal of Medical Entomology, 45(2): 229-236.

Takao S, Toshiji M. 1986. Repellent for Birds and Beasts: JP, 19860173225.

Takikawa H, Yamazaki Y, Mori K. 1998. Synthesis of mono- and sesquiterpenoids, XXVI synthesis and absolute configuration of rotundial, a mosquito repellent from the leaves of *Vitex rotundifolia*. European Journal of Organic Chemistry, (2): 229-232.

Takken W, Kline DL. 1989. Carbon dioxide and 1-octen-3-ol as mosquito attractants. Journal of the American Mosquito Control Association, 5(3): 311-316.

Ter PMC, Prose NS. 2005. The return of the common bedbug. Pediatric Dermatology, 22(3): 183-187.

Thomas I, Kihiczak GG, Schwartz RA. 2004. Bedbug bites: a review. International Journal of Dermatology, 43(6): 430-433.

Thorsell W, Mikiver A, Malandet I, et al. 1998. Efficacy of plant extracts and oils as mosquito repellents. Phytomedicine International Journal of Phytotherapy and Phytopharmacology, 5(4): 311-323.

Traboulsi AF, Samih EH, Tueni M, et al. 2005. Repellency and toxicity of aromatic plant extracts against the mosquito *Culex pipiens molestus* (Diptera: Culicidae). Pest Management Science, 61(6): 597-604.

Trongtokit Y, Rongsriyam Y, Komalamisra N, et al. 2005. Comparative repellency of 38 essential oils against mosquito bites. Phytotherapy Research, 19(4): 303-309.

Turner SL, Li N, Guda T, et al. 2011. Ultra-prolonged activation of CO_2-sensing neurous disorients mosquitoes. Nature, 474(7349): 87-91.

Tyaig BK, Shah AK, Kaul BL. 1998. Evaluation of repellent activities of *Cymbopogon* essential oil against mosquito vectors of malaria, filariasis and dengue fever in Indian. Phytomedicine, 5(4): 324-329.

Verhulst NO, Beijleveld H, Knols BGJ, et al. 2009. Cultured skin microbiota attracts malaria mosquitoes. Malaria Journal, 8(1): 1-12.

Visser JH. 1986. Host odor perception in phytophagous insects. Annual Review of Entomology, 31(1): 121-124.

Wang J, Zhu F, Zhou XM. 2006. Repellent and fumigant activity of essential oil from *Artemisia vulgaris* to *Tribolium castaneum* (Herbst) (Coleoptera: Tenebrionidae). Journal of Stored Products Research, 42(3): 339-347.

Wang ZD, Song J, Chen JZ, et al. 2008a. QSAR study of mosquito repellents from terpenoid with a six-member-ring. Bioorganic and Medicinal Chemistry Letters, 18(9): 2854-2859.

Wang ZD, Song J, Han ZJ, et al. 2008b. Quantitative structure-activity relationship of terpenoid aphid antifeedants. Journal of Agricultural and Food Chemistry, 56(23): 11361-11366.

Watkins SD, Hills MJ, Birch RA. 2002. Use of menthyl-2 pyrrolidone-5-carboxylate as an insect repellent: US, 6451844 B1.

Wiberg KB, Saegebarth KA. 1957. The mechanisms of permaganate oxidation. IV. Hydroxylation of olefins on related reactions. Journal of the American Chemical Society, 79(11): 2822-2824.

Winkler DA. 2002. The role of quantitative structure-activity relationships (QSAR) in biomolecular discovery. Briefings in Bioinformatics, 3(1): 73-86.

Wolk JL, Goldschmidt Z, Dunkelblum E. 1986. A short stereoselective synthesis of (+)-*cis*-planococcyly acetate, sex pheromone of the citrus mealybug *Planococcus citri* (Riso). Synthesis, 4: 347-348.

Wright RH. 1975. Why mosquito repellents repel. Scientific American, 233(1): 104-111.

Wu H, Fu CC, Yu DD, et al. 2013. Repellent activity screening of 11 kinds of essential oils against *Aedes albopictus* Skuse: microcapsule preparation of *Herba schizonepetae* oil and repellent bioassay on hand skin. Transactions of the Royal Society of Tropical Medicine and Hygiene, 107(8): 471-479.

Xia Y, Wang G, Buscariollo D, et al. 2008. The molecular and cellular basis of olfactory-driven behavior in *Anopheles gambiae* larvae. Proc Natl Acad Sci USA, 105(17): 6433-6438.

Xie WJ, Liu CW, Yang LJ, et al. 2014. On the molecular mechanism of ion specific Hofmeister series. Science China (Chemistry), 57(1): 36-47.

Xue RD, Barnard DR, Ali A. 2003. Laboratory evaluation of 18 repellent compounds as oviposition deterrents of *Aedes albopictus* and as larvicides of *Aedes aegypti*, *Anopheles quadrimaculatus*, and *Culex quinquefasciatus*. Journal of the American Mosquito Control Association, 19(4): 397-403.

Yaffe D, Cohen Y, Espinosa G, et al. 2001. A fuzzy ARTMAP based on quantitative structure-property relationships (QSPRs) for predicting aqueous solubility of organic compounds. Journal of Chemical Information and Computer Sciences, 41(5): 1177-1207.

Yasue M, Hitoshi K, Kanya K, et al. 2021. New mosquito repellency bioassay for evaluation of repellents and pyrethroids using an attractive blood-feeding device. Parasites and Vectors, 14(1): 151.

Yuasa Y, Tsuruta H, Yuasa Y. 2000. A practical and efficient synthesis of *p*-menthane-3,8-diols. Organic Process Research and Development, 4(3): 159-161.

Zana R, Eljebari MJ. 1993. Fluorescence probing investigation of the self-association of alcohols in aqueous solution. Journal of Physical Chemistry, 97(42): 11134-11136.

Zhu JW, Zeng XP, O'neal M, et al. 2008. Mosquito larvicidal activity of botanical-based mosquito repellents. Journal of the American Mosquito Control Association, 24(1): 161-168.